가족을 고쳐드립니다

가족을 고쳐드립니다

작은 불편에도 큰 불행에도 흔들리지 않는 가족 만들기

The Secrets of Happy Families

브루스 파일러 지음
이영아 옮김

모든 행복한 가족은 비슷하고,
불행한 가족은 그들만의 불행을 껴안고 있다.

레프 톨스토이

왜 가족에 대한 새로운 사고가 필요한가

매년 8월에 열리는 가족모임의 첫날 저녁. 우리는 새우찜과 옥수수를 먹으며 정치 사안에 대해 격한 토론을 벌이면서 떠들썩한 식사를 했다. 병마개나 도미노 패들을 이용해 별난 모양새의 예술작품을 함께 만들고, 해파리에 쏘이기도 했다. 이렇게 우리 가족은 4대째 매년 여름이 되면 조지아 주 서배너 동쪽에 있는 타이비 아일랜드에서 즐거운 시간을 보낸다.

바로 그곳에서 우리는 할아버지에게 블랙잭을 배웠다. 그곳에서 나는 첫 키스를 했다. 나의 아내 린다는 이 색다른 낙원을 무척이나 아껴, 우리의 쌍둥이 딸 중 한 명에게 타이비라는 이름을 붙여주었다. 다른 한 명의 딸에게는 마법의 정원인 에덴이라는 이름을 지어주었다.

그런데 그 낙원에 위기가 닥쳤다.

맨 처음 위기를 맞은 사람은 린다와 나였다. 딸들이 다섯 살이 되면서 우리는 드디어 젖병과 기저귀의 악몽으로부터 벗어날 수 있었다. 하지만 우리 부부는 새로운 난관에 쩔쩔맬 수밖에 없었다. 매일 아침 아이들을 깨워 학교로 보내고, 아이들이 얌전히 앉아서 밥을 먹도록 달래고, 가끔은 부부끼리 오붓한 시간을 보내는 것도 잊지 않아야 했다. 가장 고달픈 일은, 깜박하고 딸들에게 인형을 챙겨주지 않았다가는 아내와 달콤한 잠자리를 즐겨야 할 바로 그 시간에 혼자 쓸쓸히 침대를 지켜야 한다는 것이었다.

우리 다음은 누나 부부 차례였다. 하루 종일 게임기만 붙들고 있는 사춘기 아들과 집 안에서 자기가 해야 할 일을 잘 하지 않는 딸 때문에 애를 먹었고, 학교에서 벌어질지도 모를 왕따나 친구들과의 힘겨운 경쟁에 아이들을 대비시켜야 했다.

마지막으로, 형이 우리에게 부모님에 대해 진지하게 대화를 나눌 때가 되었다고 일렀다. 아버지가 이제는 하루 종일 휠체어 신세를 지셔야 할까? 어머니의 시력이 나빠졌으니 야간 운전을 그만두셔야 할까? 두 분이 우리들 가까이로 이사 오셔야 할까? 아니면 집을 팔고 더 멀리로 옮기셔야 할까?

나는 노년의 부모와 성장 중인 아이들 사이에 끼인 샌드위치 세대의 비애를 실감했다.

아니나 다를까, 그 모든 긴장감이 폭발 직전까지 고조되었다. 저녁식사를 위해 다 같이 모였을 때 조카가 테이블 밑에서 문자메시지를 보내고 있는 것이 언뜻 보였다. 그냥 잠자코 있어야 한다는 걸 알면서도 난 참지 못하고 조카에게 휴대전화를 치우라고 말했다.

우르르 쾅! 핵폭탄이 터지고 말았다. 누나는 자기 아들에게 잔소리하지 말라고 쏘아붙였고, 어머니는 손자들이 하나같이 예의를 모른다며 화를 내셨고, 아버지는 코에 숟가락을 올려놓고 있는 네 딸들이나 혼내라고 꼬집으셨고, 형은 어른다운 대화가 불가능하다고 투덜거렸으며, 아내는 진저리난다는 표정을 짓고는 딸들에게 줄 아이스크림을 가지러 갔다.

"애들이 아직 채소도 다 안 먹었잖아." 나는 불만스럽게 말했다.

"엄마가 바나나 아이스크림 준다고 했단 말이에요!" 아이들이 칭얼거렸다.

"됐어, 애들아, 이제 잘 시간이야!"

그러자 아이들은 저 멀리로 잽싸게 달아났고, 결국엔 모두가 각자의 방으로 들어가버렸다.

그날 밤 늦게 아버지가 나를 침대 곁으로 부르셨다. 아버지의 떨리는 음성에서 처음으로 두려움이 느껴졌다.

"우리 가족이 망가지고 있는 것 같구나."

나는 본능적으로 이렇게 답했다. "아니에요, 아버지. 우리처럼 화목한 집안이 왜 망가지겠어요?"

하지만 그날 밤 침대에 누워 있자니 이런 생각이 들었다. '아버지 말씀이 옳을까?' 우리가 콩가루 집안이 되어가고 있는 걸까? 가족의 끈끈한 유대감을 유지하려면 어떻게 해야 할까? 가슴 아픈 일이 있어도 금세 딛고 일어나 매끄럽게 잘 굴러가는, 행복하고 성공적인 가족이 되는 비결이 있을까?

우리가 아는 모든 이들이 그렇듯이, 린다와 나 역시 이런 질문들에 대한 답을 정확히 알지 못하고 있었다. 우리 아이들도 이제 자기 생각이라는 걸 하게 되었으니, 가족문화를 만드는 일은 더욱 모호하고 민감한 난제처럼 보였다. 우리 부부가 한 가족으로서의 독자성을 만들어내려고 애쓰는 동안, 딸들은 첫 걸음마부터 첫 키스까지, 용변 훈련부터 학교 무도회까지 황금 같은 유년 시절을 보내게 될 것이다. 하지만 모유수유, 수면, 떼쓰는 아이들에 대한 조언은 넘쳐나는 반면, 유년기가 끝나가는 아이들을 어떻게 다루어야 하는가에 대한 지혜는 찾기 어렵다.

더 골치 아픈 문제라서 그럴 수도 있다. 갓난아기들을 다루는 것은 청소년을 상대하는 일에 비하면 식은 죽 먹기이다. 어떻게 하면 딱딱하지 않고 재미있게 아이들에게 규율을 가르칠 수 있을까? 새롭고 즉흥적인 것을 높이 평가하는 이 세상에서 시간을 초월한 영원한 가치관을 아이들에게 심어주는 일이 가능하기는 할까? 자녀 양육에 많은 시간을 쏟아붓는 부부가 정작 서로를 보듬어줄 시간은 어떻게 찾아야 할까?

린다와 나는 이런 의문이 생길 때마다 부모님에게 의지하지만, 그분들의 경험은 옛날 옛적의 일이라 기이해 보이기까지 한다. 아니면 페이스북을 훑어보기도 하는데, 친구들도 우리만큼이나 대책이 없는 것 같다. 잡지와 텔레비전 토크쇼는 대부분 의미 없고 진부한 내용들만 전하고 있다. 빤한 이야기들을 지껄여놓은 실용서적들은 침대 곁에 쌓인 채 먼지만 먹고 있다. 우리가 사용하는 은유법마저 구식이다. 샌드위치 세대? 린다는 가공 처리된 통조림 햄을 아이들에게 절대 먹이지 않을 것이다. 그렇다면 우리는 채식주의자용 샌드위치에 바르는 유기농 잼 같은 존재라도 되는 걸까?

옛 법칙은 이제 먹히지 않지만 새로운 법칙도 아직 정해지지 않았다.

다음 날 아침 나는 린다에게 물었다. 행복한 가족이 되기 위한 비법을 누구에게 얻어야 할까?

행복한 가족을 위한 지침서

참으로 시의적절한 질문이다. 지난 50년 동안 가족의 의미에 대대적인 혁명이 일어났다. 이혼이나 재혼, 입양 등을 통해 혈연관계가 없는 사람들이 한가족을 이루는 경우도 생겼다. 각자의 집에 사는 핵가족도 있고, 각기 다른 가족이 한집에 살기도 한다. 부모가 한 명, 두 명, 세 명 혹은 그 이상인 가족도 있고, 식구들의 종교가 모두 같거나 여럿이거나, 혹은 아예 없는 가족도 있다.

우리가 어떤 가족에 속해 있건 간에, 새로운 조사 결과들에 따르면 가족은 우리의 전반적인 행복과 안녕에 중심적인 역할을 한다. 최신의 연구들은 내가 아끼는 사람들, 나를 아껴주는 사람들과 함께 보내는 시간이 삶의 만족도를 결정한다는 사실을 입증해주고 있다. 간단히 말해, 행복은 다른 사람들과의 관계에 달려 있으며, 우리가 가장 많은 시간을 함께 보내는 다른 사람은 바로 가족이다.

그렇다면 우리가 그 관계를 성공적으로 일구어나가고 있음을 어떻게 확신할 수 있을까? 지난 10년간 가족을 좀 더 순조롭게 이끌어나가는 방법에 대한 연구에 놀라운 진전이 있었다. 신경과학에서부터 유전학에 이르기까지 통념을 깨부수는 수많은 연구가 부모의 자녀 훈육 방식, 가족 식사 시간에 적합한 이야깃거리, 성인이 된 형제자매가 곤란한 대화를 나누는 방법 등을 새로이 제시해주었다. 소셜 네트워크와 사업 분야의 최첨단 혁신으로 인해 사람들의 집단 작업 방식에 변화가 일어났다. 그리고 미국의 군대와 전문 스포츠 분야는 팀의 효율성을 높이고 패배로부터 빨리 회복하는 훌륭한 기법들을 소개했다.

하지만 이 혁명적인 아이디어 대부분이 널리 보급되지 못한 탓에, 정작 가장 절실한 사람들, 즉 가족들이 그것들을 잘 접하지 못하고 있다.

그 문제를 줄이고자 하는 것이 바로 이 책의 목적이다.

나는 배우자, 부모, 삼촌, 형제, 성인 자녀로서 내가 간절히 읽고 싶었던 책을 쓰려고 노력했다. 사랑하고, 다투고, 함께 식사하고, 놀고, 빈둥거리고, 돈을 쓰고, 인생이 걸린 중요한 결정을 내리는 등 모든 가족이 하는 일들을 분석하고, 그 일들을 더 잘할 수 있는 방법을 찾기 위해 노력했다. 본받을 만한 경험들, 지혜로운 사람들, 성공적인 가족들을 찾아, 오늘날 가족들이 기르면 좋을 최선의 습관들을 모아보려 했다. 행복한 가족을 위한 지침서를 만드는 것이 내 목표였다.

이 아이디어들은 대부분 생각 외로 쉽게 얻을 수 있었다. 하버드협상연구소Harvard Negotiation Project의 창립자를 만나 영리하게 싸우는 법을 배웠다. ESPN을 찾아가 최고의 코치들이 팀을 성공적으로 이끌 수 있었던 방법을 들어보았다. 그린베레(게릴라에 대응하는 미국의 특수부대 – 옮긴이)와 함께 완벽한 가족모임을 계획하는 방법을 연구하기도 했다. 워런 버핏의 은행가로부터는 자녀에게 용돈 주는 법에 대한 조언을 얻었다. 그리고 실리콘 밸리에서 활동하는 최고의 게임 디자이너들을 만나, 가족여행을 더욱 재미있게 하는 방법을 들었다.

하루는 〈모던 패밀리Modern Family〉의 촬영장을 방문했다. 미국에서 방영 중인 이 최고 인기 시트콤은 오늘날 가족들이 겪고 있는 갈등을 보여준다. 거기에 등장하는 교외의 한 가족은 과학기술에서부터 데이트에 이르기까지 온갖 문제를 두고 다툰다. 한 동성애자 부부는 베트남 여자아이를 입양한다. 한 심술궂은 할아버지는 젊은 콜롬비아인 아내와 사랑에 번민하는 어른스러운 아들을 두고 있다.

〈모던 패밀리〉가 성공을 거둔 이유는 등장인물이 아무리 무모한 짓을 해도, 이야기가 아무리 터무니없어도 에피소드가 끝나기 직전에 온 가족이 포옹을 나누며 서로를 위로하기 때문이다. 이런 모습을 연출하는 작가처럼 내게도 그런 능력이 있었으면 좋겠다는 생각이 들었다. 나는 출연 배우들과 제작진을 만나, 〈모던 패밀리〉의 성공이 현대 가족에 대해 시사하는 바는 무엇인지, 그리고 우리가 좀 더 시트콤처럼 살아야 하는 건 아닌지에 관해 이야기를 나누었다.

이러한 조사 과정에서 잘못된 정보에 근거하거나 시대에 뒤떨어진 조언 또한 깜짝 놀랄 정도로 많이 접했으며, 나는 이 책을 통해 지금 유행하는 몇몇 경향들에 맞서 전쟁을 벌이는 셈이다.

그 첫 번째 경향은 가족 개선 산업이다. 내가 읽은 200권에 달하는 책들 가운데 치료사, 상담사, 육아 전문가 등 가족의 삶에 대한 전통적 '권위자들'의 저서는 전혀 도움이 되지 않았다. 필력이 좋지 않아서가 아니라 시대에 뒤떨어지고 진부한 내용 때문이다. 그 전문가들은 30~40년 전에나 어울릴 법한 질문을 던지고, 케케묵은 해답을 제시했다. 프로이트 이후 한 세기가 지났건만, 한때 혁신적이던 이 분야는 제자리에서 맴돌고 있는 것 같다.

현대 삶의 모든 측면이 개조되고 다시 구상되고 있는 지금, 가족을 위한 참신한 생각은 어디에 있는가? 나는 일찌감치 과학기술, 경제, 스포츠, 군부의 대가들과 함께 가족에 대한 혁신적인 생각을 나누는 것을 목표로 세웠다. 그리고 치료사들은 만나지 않기로 했다(실은 딱 한 번 그 다짐을 어기고 벨기에 사람인 성적 장애 치료사와 만났다).

두 번째 경향은 행복 찾기 운동이다. 최근 몇 년간 서점에 들르거나 인터넷을 훑어본 사람이라면 21세기 초에 긍정 심리학이라는 새로운 분야가 등장했다는 사실을 알 것이다. 일단의 몽상적인 학자들이 선도한 그 분야는 정신질환 같은 병이 있는 개인보다는 능력 있는 개인들과 그들에게서 배울 수 있는 바에 집중하자는 내용을 담고 있었다. 긍정 심리학은 폭발적인 반응을 불러일으켰고, 다른 많은 이들처럼 나 역시 이 흥미로운 분야로부터 많은 것을 배웠다.

하지만 긍정 심리학을 이끄는 주된 학자들마저 불평하듯이, 개인의 행복에만 초점을 맞추다 보니 우리의 문화는 더 피상적이고 자기중심적으로 변해버렸다. 예를 들어, 행복에 대해 이야기하는 대부분의 책들은 우리를 행복하게 만들어주는 것이 무엇인지 설파하려 든다. 하지만 육아, 노부모 시중, 집안일은 우리에게 행복보다는 고난을 안겨준다. 우리가 깨어 있는 시간의 80퍼센트를 할애하는 일들인데 말이다!

우리는 제 역할을 훌륭하게 해내는 이들에게 초점을 맞추는 행복 찾기 운동의 기본적인 전제를 취하고, 부끄럽게도 지금껏 그것을 간과해온 우리 삶의 영역, 즉 가족들에게 적용해야 한다.

마지막은 육아 전쟁이다. 지난 몇 년 동안 적절한 자녀 교육 방식을 논하는 책과 논문, 잡지 기사 들이 쏟아져나왔다. 중국인들처럼 엄하게 키워라. 아니, 프랑스인들처럼 느슨하게 풀어줘라. 아니, 미국 부모들이 아름다운 옛 시절에 그랬듯이 아이들을 사랑의 매로 다스려라. 이런 논쟁은 사납고 격렬하며, 이상하게 낯설지가 않다. 엄격한 호랑이 엄마는 관대한 교육법을 주장한 벤저민 스팍Benjamin Spock 박사의 정반대에 불과하지 않은가?

그런 책들의 저자들은 자신의 이념을 전파하고 싶어 한다. 나는 그렇지 않다. 모방하고 싶은 나라도 없다. 그저 한 가지 질문을 던지고 싶을 뿐이다. 행복한 가족의 비결은 무엇일까, 그리고 그렇지 않은 가족은 어떻게 하면 더 행복해질 수 있을까?

그리고 나는 한 가지 신념을 가지고 있다. 내가 연구하며 알아낸 사실을 '완벽한 가족이 되기 위해 꼭 해야 하는 다섯 가지 일' 같은 목록으로 만들지는 않을 것이다. 1989년, 스티븐 코비Stephen Covey는 큰 인기를 누린 자기계발서 《성공하는 사람들의 7가지 습관The 7 Habits of Highly Effective People》을 발표했다. 이 책은 2,500만 부 이상 팔렸다. 그 후 수많은 아류 작들이 '5가지 쉬운 단계' 혹은 '6가지 단순한 진실들'을 밝히려 애썼다. 단편적인 지혜를 강조하는 인터넷은 이런 추세를 더욱 부추겼다. 블로그나 트위터를 이용하는 사람들은 독자들이 목록을 좋아한다는 사실을 알고 있다. 나 자신도 그런 목록을 참고하기도 하고 직접 만들어보기도 했지만, 실은 별로 마음에 들지 않는다. 4번 항목을 잊어버리면 어떡하지? 2번 항목에는 동감하기 어려운데 어쩌지? 이런 걱정에 스트레스만 쌓일 뿐이다.

그래서 나는 이 책에서 정반대의 방향을 취하려고 노력했다. 육아뿐만 아니라 결혼, 성性, 돈, 스포츠, 손자 육아까지 다양한 주제를 다루고, 거기에 가장 적절한 참신한 실천법을 소개하려 애썼다. 나의 목표는 행복한 가족을 일구는 데 도움이 되는 200가지 이상의 대담하고 혁신적인 아이디어를 제안하여, 엉성한 목록들이 다시는 나오지 않게 하는 것이었다. 심하게 거창한 이야기 같지만 내 말을 끝까지 들어보길 바란다.

200가지가 넘는다니 처음부터 주눅이 드는 사람도 있겠지만, 그 점 때문에 오히려 마음을 편하게 먹을 수 있다. 그 수많은 조언을 전부 완벽하게 지킬 수 있는 사람은 한 명도 없을 테니 말이다. 린다와 나 같은 사람이라면 거북하게 느껴지는 부분도 있을 것이다. "딸을 목욕시킬 때 '음부'라는 점잖은 단어 대신 '질'이라는 단어를 써야 하나요?" 선뜻 동감하기 어려운 부분도 있을 것이다. "부부끼리의 데이트를 취소하라니 무슨 소리죠?"

그리고 도저히 받아들일 수 없는 내용도 있을 것이다. "아이들이 자기가 받을 벌을 스스로 정하게 하라니요?"

하지만 우리 부부처럼 지금껏 이토록 많은 걸 모르고 있었다는 사실에 충격을 받고 새로운 방법들을 즐겁게 시도하는 사람들도 있을 것이다. 독자들은 이 책에 담긴 내용의 대부분을 처음 접해볼 테고, 그중 몇 가지는 분명 도움이 될 것이다. 여러분이 이 책의 각 장에서 단 한 가지 아이디어만이라도 받아들여 일주일이 지나기도 전에 가족 안에 변화를 일으킬 수 있다면 나는 더 바랄 것이 없다.

누가 그런 일을 바라지 않겠는가? 대부분의 사람들은 말로만 가족이 중요하다고 떠들어대지 정작 행동은 못한다는 두려움에 늘 시달리고 있다. 가족이 우리의 행복에 가장 큰 영향을 미친다는 사실을 알면서도 가족의 발전에 투자하는 시간에는 인색하게 군다. 우리가 나누는 대화에 귀를 기울여보라. 우리는 항상 바쁘고, 근심걱정에 묻혀 있고, 주눅이 들어 있다. 시간이 그냥 사라져버리는 것 같은 기분이 든다. 생체 시계에 맞추어 아이를 낳은 우리는 이제 다른 시계를 전속력으로 돌리며 그 아이들을 가족으로 만들기 위해 애쓰고 있다.

그리고 우리는 그렇게 할 수 있다. 우리 아이들이 평생 따를 탄탄한 가족문화를 만들어줄 수 있다. 배우자와 자녀뿐만 아니라 조부모, 형제자매와도 서로 사랑하고 응원해주는 공동체를 이룰 수 있다. 우리는 행복한 가족을 가질 수 있다.

150년 전쯤에 위대한 러시아 소설가 레프 톨스토이는 세계 문학사상 손꼽힐 정도로 유명한 문장으로《안나 카레니나》를 시작했다. "모든 행복한 가족은 비슷하고, 불행한 가족은 그들만의 불행을 껴안고 있다." 이 문장을 처음 접했을 때, 특히 앞부분이 무의미하게 느껴졌다. 행복한 가족이라고 해서 모두 비슷하지는 않다. 식구 수가 많은 가족도 있고 적은 가족도 있다. 어떤 가족은 시끌벅적하고 어떤 가족은 조용하다. 어떤 가족은 전통을 잘 따르고 어떤 가족은 그렇지 않다.

그런데 이 책을 쓰면서 생각이 바뀌었다. 최근에 이루어진 연구 덕분에 우리는 행복한 가족들의 공통점을 밝히고, 성공적인 가족들이 난관을 극복하는 방법을 이해하며, 우리의 속을 가장 태우는 인간제도인 가족 속에서 좀 더 훌륭하게 처신하는 데 필요한 기술들을 파악할 수 있게 되었다. 모든 행복한 가족은 공통점을 지닌다는 레프 톨스토이의 말이 오랜 세월이 지난 지금도 적절할까?

나는 그렇다고 믿는다. 이제부터 그 이유를 설명해 보이겠다.

차례

PART1

가족은 끊임없이 변화한다

1

'애자일'한 가족

우왕좌왕하는 가족을 위한
21세기 계획

일주일 동안 긴장감이 점점 쌓여간다. 한 아이는 이불을 제대로 개지 않고, 한 아이는 스마트폰을 손에서 놓지 않는다. "오늘 네가 쓰레기 당번 아니야?" "야, 왜 내 껌을 네 마음대로 씹고 난리야!" "엄마아아아아!"

일요일 밤이 되면 가족들은 한 주를 무사히 보냈음에 안도의 한숨을 내쉰다.

저녁 일곱 시가 막 지난 시각. 아이다호 주 보이시 바로 북쪽에 있는, 인구 2,280명의 소도시 히든 스프링스에 해가 뉘엿뉘엿 지고 있었다. 말 두 마리가 꾸불꾸불한 산등성이를 따라 달리고, 드라이크리크 밸리에서는 몇몇 아이들이 야구 경기를 마무리 짓고 있었다. 한편 신전통주의 양식으로 지어진 3층짜리 담갈색 집 안에서는 스타 가의 여섯 식구가 그들의 가장 중요한 주간 행사인 가족회의를 준비하고 있었다.

스타 가 역시 마찬가지로 미국 가족들의 전형적인 문제를 안고 있다. 콧수염과 턱수염을 길렀고 이제 슬슬 탈모가 시작된 통통한 남자 데이비드 스타David Starr는 소프트웨어 엔지니어이다. 그 역시 요즘 시대의 다른 아버지들처럼 가정사로 끊임없이 진땀을 빼고 있다. 게다가 그는 아스페르거 증후군(신경정신과적 장애로 일종의 자폐증. 사회적인 관계 형성이 어렵다는 점이 특징이다－옮긴이)까지 있어서 다른 사람의 감정을 잘 읽지 못한다. 반면 그의 아내인 엘리너는 사랑과 갓 구운 옥수수빵을 이웃들에게 나누어주고 싶어 하며 모성이 넘치는 붉은 머리의 다정다감한 여인이다. 이들 부부는 결혼하고 나서 몇 년 후에 정서 검사를 받았는데, 데이비드는 100점 만점에 8점, 엘리너는 98점을 받았다. "어떻게 우리가 사이좋게 잘 지내고 있는 거지?" 그들은 고개를 갸우뚱했다.

정서가 심하게 다르든 어쨌든, 스타 부부는 5년 동안 네 명의 아이들, 메이슨(이제 열다섯 살), 커터(열세 살), 이자벨(열한 살), 보먼(열 살)을 낳았다. 이들 중 한 아이는 아스페르거 증후군을, 또 다른 아이는 ADHD(주의력 결핍 행동 장애)를 앓고 있었다. 한 아이는 성격이 느긋했고, 또 다른 아이는 자존감이 낮았다. 한 아이는 수학을 아주 잘해서 과외 교사까지 했고, 또 한 아이는 라크로스(하키 비슷한 구기의 일종－옮긴이) 선수로 맹활약을 하고 있었다. 엘리너가 말했다. "우리 가족은 엄청난 혼돈 속에 살고 있어요."

다른 많은 부모들이 그렇듯, 스타 부부도 삐걱거림 없이 잘 굴러가는 밝은 가정이라는 꿈과, 고성이 오가고 진을 빼놓는 가정이라는 현실 사이에서 끝없이 긴장하며 지내고 있었다. 꿈과 현실의 간격이 가장 크게 벌어지는 때는 아이들이 아침에 잠을 깬 후의 시간과 잠들기 전의 시간이다.

현대 가족들은 그 두 시간대에 그야말로 전쟁을 치러야 한다.

“여섯 명이 동시에 이를 닦으려고 하고 모두가 다투는 집에서는 아무도 행복할 수 없어요.” 엘리너가 말했다. “‘사랑하라, 그러면 만사형통하리라’라는 말을 따르려고 노력했지만 잘 되지 않더군요. 결국 두 손 들고 말았죠.”

데이비드가 아이들에게 엄마를 묘사해보라고 한 날, 엘리너는 변화가 필요하다는 생각을 굳혔다. 아이들은 “엄마는 소리를 많이 질러요”라고 대답했다.

그러고 나서 스타 부부는 의외의 행보를 보였다. 부모님과 친구들에게 의견을 구하거나 책이나 텔레비전을 참고하는 대신, 데이비드의 직장으로 눈을 돌린 것이다. 그들은 일본의 자동차 제조사에서 실리콘 밸리의 소프트웨어 디자이너들에게로 빠르게 퍼지고 있던 ‘애자일agile(‘민첩한, 유연한, 기민한’이라는 뜻이다－옮긴이) 개발’이라는 최첨단 프로그램에 주목했다. 애자일 개발이란 노동자들을 작은 팀들로 나누어, 각 팀이 매일 아침 잠깐 모이고, 주말에는 더 오랜 시간 이야기를 나누며 작업을 평가하는 시스템이다. 이런 모임은 일터에서는 ‘검토와 반성’이라 불리며, 스타 가족 사이에서는 ‘가족회의’라 불린다.

데이비드가 2009년에 〈가족을 위한 애자일 실천법Agile Practices for Families〉이라는 유력한 논문에 썼듯이, 주마다 가족회의를 열면 서로의 생각을 소통하기가 더욱 쉬워지고, 허튼 낭비를 막을 수 있고, 스트레스가 줄어들며, 모두가 훨씬 더 행복하게 “가족이라는 팀의 일원이 될 수 있다.”

린다와 내가 애자일 방식을 우리 가족에 적용하여 주마다 가족회의를 열자, 우리의 생활은 아이들이 태어난 후 가장 큰 변화를 맞았다. 가족회의를 중심으로 모든 일을 결정하게 되면서 우리와 아이들의 관계, 그리고 식구들 간의 관계가 생각지도 못한 방향으로 바뀌었다.

20분도 안 되는 가족회의가 이 모든 일을 해냈다.

최고의 감사절

최근 수십 년간 가족제도는 급격한 변화를 겪었다. 결혼의 감소와 이혼의 증가, 여성 취업의 급증과 남성의 육아 참여 증가 등 가정생활의 거의 모든 측면이 바뀌었다.

그 와중에도 가족의 중요성은 더욱 커졌다. 2010년 퓨 리서치 센터의 연구에 따르면, 성인의 4분의 3은 그들 인생에서 가족이 가장 중요한 부분을 차지한다고 말했다. 또한 같은 수의 응답자들이 가족생활에 "아주 만족한다"라고 답했고, 열 명 가운데 여덟 명은 그들이 성장한 가족만큼 혹은 그 이상으로 지금의 가족도 친밀한 관계를 유지하고 있다고 말했다.

하지만 나쁜 소식도 있다. 대부분이 일상의 속도와 압박에 지쳐 있으며, 이런 피로감이 가족의 행복을 위협하고 있다. 수많은 조사들이 증명해주듯, 부모와 자녀 모두 스트레스를 가장 큰 걱정거리로 꼽고 있다. 거기에는 집 밖에서의 스트레스뿐만 아니라 집 안에서의 스트레스도 포함된다. 그리고 부모가 근심걱정에 휘둘리면 그 감정이 아이들에게까지 전해진다. 연구 결과에 따르면, 부모의 스트레스는 아이들의 두뇌 능력을 약화시키고, 아이들의 면역 체계를 무너뜨리며, 아이들이 비만, 정신질환, 당뇨, 알레르기, 충치에 걸릴 위험률을 높인다.

그리고 아이들은 부모가 스트레스를 받고 있다는 사실을 쉽게 눈치 챈다. 가정·노동 연구소Families and Work Institute 소장이자 《내 아이를 위한

7가지 인생 기술Mind in the Making》의 저자인 엘런 갤린스키Ellen Galinsky는 1,000가족을 조사하면서 아이들에게 "부모님에 대해 한 가지 소원을 들어준다면 어떤 소원을 빌겠습니까?"라고 물었다. 대부분의 부모들은 자녀들의 소원이 부모와 함께 더 많은 시간을 보내는 것이리라 짐작했다. 하지만 그들의 예상은 빗나갔다. 아이들은 부모가 덜 피곤해하고 덜 스트레스를 받았으면 좋겠다는 소원을 가장 많이 빌었다.

가정 안에서라도 그 문제를 해결할 방법은 없을까? 가족이란 끊임없이 변화하는 것이기에 어려운 일이 될 수도 있다. 네 아이를 키우고 있는 친구 저스틴이 육아에 대해 한 말이 기억에 남는다. "좋은 일이든 나쁜 일이든 모든 게 잠시 스쳐가는 단계일 뿐이야." 아이들은 밤잠을 제대로 자기 시작하면서 낮잠 자기를 그만두고, 걷기 시작하자마자 떼를 쓰기 시작하고, 축구에 익숙해지는가 싶으면 피아노를 배우기 시작하고, 재우지 않아도 알아서 잘 자는가 싶으면 숙제를 가져오면서 다시 부모에게 도움을 청하고, 시험 치는 요령을 터득하자마자 휴대전화 문자를 보내고, 연애를 하고, 왕따 사건에 휘말린다. 하버드 대학의 명성 높은 가족 이론가인 샐버도어 미누친Salvador Minuchin은 가족의 가장 중요한 특징이 '신속한 적응력'이라고 말했다.

스트레스를 줄이고 적응력을 높이는 방법을 알아낸 사람이 과연 있을까? 있다. 사실, 이 문제를 전문으로 다룬 분야가 있다.

베트남전에서 전투기를 조종한 제프 서덜랜드Jeff Sutherland는 1980년대 초 뉴잉글랜드에 있는 대형 금융회사의 최고 기술자로 일하던 중 소프트웨어 개발이 비효율적이라는 사실을 깨닫기 시작했다. 회사들은 '폭포모델waterfall model', 즉 간부들이 위에서 야심찬 명령을 내리고 그 명령이 아래의 프로그래머들에게 흘러 내려가도록 하는 방식을 따랐다. 그러면 프로젝트의 83퍼센트는 늦게 전달되거나 예산을 초과하거나 완전히 실패로 돌아가고 말았다. 어느 날 오후 제프는 보스턴의 자택에서 내게 이렇게 말했다. "돌아가는 상황을 보고 있자니 이런 생각이 들더군요. '이건 북 베트남으로 비행 나가는 것보다 더 심하잖아.' 거기서는 50퍼센트만 총에 맞아 죽었거든요!"

제프는 아이디어들이 위에서 밑으로 흐르기만 하는 것이 아니라 밑에서 걸러져 위로 전해지는 새로운 시스템을 설계하기로 마음먹었다. 그러던 1990년경의 어느 날, 〈하버드 비즈니스 리뷰Harvard Business Review〉에 30년간 실린 논문들을 읽다가 〈새롭고 새로운 생산품 개발 게임〉이라는 1986년의 한 논문을 우연히 발견했다. 그 저자들인 다케우치 히로타카와 노나카 이쿠지로는 실업계가 점점 더 빠른 속도로 움직이고 있다며, 속도와 융통성을 중시하는 조직이 성공한다고 주장했다. 그리고 도요타와 캐논의 사례를 중점적으로 다루면서, 두 기업의 긴밀하게 조직된 팀들을 럭비의 스크럼scrum(럭비 경기에서 공격진용의 8명 또는 6명이 공을 중심으로 둘러싸며 만드는 진영 – 옮긴이)에 비유했다. "우리는 그 논문을 탁 치면서 '바로 이거야!'라고 했죠." 제프가 말했다.

제프는 '스크럼'이라는 단어를 실업계에 적용한 사람으로 알려져 있다. 후에 '스크럼'은 '애자일 개발'이라는 포괄적인 용어에 포함되었다. 오늘날 애자일 방식은 100개국에서 널리 실행되고 있으며, 전체 소프트웨어의 3분의 2가 그 원리에 따라 개발되고 있다. 휴대전화에서부터 검색엔진에 이르기까지 우리가 오늘 하루 사용한 물건들 가운데 무언가는 애자일 방식으로 만들어졌을 확률이 높다. 제너럴 일렉트릭이나 페이스북 같은 유력 회사들도 마침내 중역실에서 애자일 시스템을 적용하기 시작했다.

여러 면에서 애자일 방식은 권력 분산이라는 더 광범위한 사회 풍조와 관련되어 있다. 세계적인 경영 컨설턴트 톰 피터스Tom Peters는 규칙에 얽매이지 않는 "민활한agile 조직이 성공한다"라고 말했다. 그런 조직들은 자유롭게 새로운 규칙들을 만들어낸다. 수십 년 동안 가족들에게도 비슷한 혁명이 일어나, 아버지가 권력을 독점하던 체제에서 어머니와 자녀들까지 그 권력을 공유하는 방향으로 변화했다. 이에 따라 애자일 방식을 선호하는 이들은 가족에게도 그것을 적용할 수 있을까 하는 의문을 갖기 시작했다.

"가정에서, 특히 자녀들에게 애자일 방식을 사용하는 사람들이 많이 보이기 시작했습니다." 제프가 내게 말했다. 당시 제프 자신의 아이들은 이미 장성해 있었지만, 그와 그의 아내 알린은 주말을 관리하는 데 애자일 방식을 사용하기 시작했다. 그들 부부는 나를 부엌으로 데려가더니 벽에 걸려 있는 큼직한 도표를 보여주었다. 도표는 '해야 할 일' '진행 중인 일' '끝마친 일', 이렇게 세 개의 세로 단으로 나뉘어 있었다. 왼편의 '해야 할 일' 부분에는 '애완동물 돌보기' '장보기' '베로니카와 인터넷 통화하기' 등의 내용이 적힌 포스트잇 메모들이 붙어 있었다. 누구라도 한 가지 일을 시작하면 그 메모지를 두 번째 단으로 옮기고, 일이 끝나면 세 번째 단으로 옮기는 식이다.

애자일 방법론에서 이런 유형의 도표는 '정보 방열판information radiator'으로 불린다. 일의 진행 상황을 보기 쉽게 큼직한 도식으로 그려두면, 모든 팀원이 나머지 사람들의 진척 상황을 쉽게 파악할 수 있다. 제프는 이렇게 장담했다. "집에 이렇게 모두가 볼 수 있도록 도표를 붙여놓으면 두 배는 더 많은 일을 해결할 수 있습니다. 확실해요."

서덜랜드 부부는 그들이 처음으로 애자일 방식을 사용하여 치른 감사절에 대해 흐뭇하게 이야기해주었다. 알린이 말했다. "가족들을 모두 불러서 해야 할 일의 목록을 만들었어요. 장보기, 요리 준비하기, 식탁 차리기 같은 거죠. 그런 다음 각 항목을 맡을 작은 팀을 만들었어요."

제프가 말했다. "손님맞이 팀의 대장은 아홉 살짜리 손자에게 맡겼습니다. 초인종이 울릴 때마다 그 아이가 문으로 달려가서 손님들에게 인사했지요. '안녕하세요! 어서 오세요. 코트 주세요!' 손님들이 얼마나 기분 좋아 보이던지. 우리가 연 감사절 파티 중에 최고라고 모두가 칭찬해주더군요."

물론 시행착오가 없지는 않았다. 식탁 차리는 일을 맡은 팀은 자리를 어떻게 배치할지에 대해 합의를 보지 못했다. 한 며느리는 자기 남편과 나란히 앉고 싶어 했지만, 서덜랜드 가족은 부부가 서로 다른 자리에 앉는 방식을 선호했다. 끝까지 의견의 일치를 보지 못한 탓에 식탁에서 혼란스러운 상황이 벌어졌다.

제프는 이렇게 말했다. "바로 여기서 애자일 방식이 큰 위력을 발휘합니다. 파티 다음 날 다 같이 모여서 반성하는 시간을 가졌어요. 먼저 우리는 문제가 된 점을 언급했지요. '자리 배치에 합의를 보지 못했다.' 그리고 다음 모임을 위한 해결책들을 제안했습니다. '부부끼리 같이 앉는다, 따로 앉는다, 혹은 두 가지 방법을 혼합한다.' 결국 우리는 가족행사 때마다 세 가지 방법을 번갈아 사용하기로 합의했습니다."

그래서 그들은 어떤 교훈을 얻었을까?

"남편과 나는 엄격한 가정교육을 받으면서 자랐어요." 알린이 말했다. "그래서 우리는 우리 부모님들처럼 자식에게 장벽을 세우는 일은 하지 말자고 다짐했죠."

"여기서 또 애자일 방식이 힘을 발휘합니다." 제프가 덧붙였다. "모든 사람이 제 역할을 다하는 것은 불가능한 이야기 같지만 그렇지 않습니다.

모두가 만족하며 사는 세상을 만들 수 있어요. 우리를 불행하게 만드는 장벽을 없애기만 하면 됩니다. 그러면 훨씬 더 행복해질 거예요. 애자일 시스템이 바로 그런 일을 하는 겁니다."

사실 애자일 방식을 사용하다 보면 무질서와 질서가 공존한다는 사실을 받아들이게 된다. 상황이 잘못되리라는 것을 인정하고 그 과오를 잘 해결함으로써 조직(이 경우엔 가족)이 제 기능을 다할 수 있도록 해야 한다.

우리가 잊고 있는 것은 없는가?

엘리너와 데이비드 스타 부부도 더 행복한 가정을 만들겠다는 비슷한 목표를 가지고 있었다.

우선 그들은 아침마다 집이 전쟁터로 변하는 문제부터 해결하기로 마음먹었다. 직장에서 정보 방열판을 사용했던 데이비드는 집에서도 그 방법을 써보자고 제안했다. 가족이 다 같이 앉아 아침 점검표를 작성하면서, 아이들이 등교하기 전에 해야 할 일들을 쭉 적어 내려갔다. 그러고는 그 메모지를 부엌 벽에 압정으로 붙여놓았다. 그들 가족이 처음 작성한 목록은 다음과 같았다.

아침에 해야 할 일들

1. 약 챙겨 먹기(비타민제 등)
2. 아침식사
3. 샤워하기/얼굴과 목 씻기
4. 머리 빗기

5. 이불 정리

6. 양치질(2분)

7. 책가방 챙기기, 양말과 신발 신기

점심 도시락은?

학교 준비물은?

잊은 건 없을까?

첫 몇 주 동안에는 아무런 변화도 없었다. 아이들은 비몽사몽으로 돌아다니면서 뭘 해야 하느냐고 물으며 투덜거렸다. 엘리너는 내게 이렇게 말했다. "애들이 정신없이 돌아다닐 때마다 난 그냥 점검표 보라는 말만 했어요. 얼마 후에는 똑같은 말만 되풀이하게 됐죠. '점검표 보면 되잖아'라고요." 차츰 아이들은 부모가 시키지 않아도 알아서 점검표를 확인하기 시작했다. "그렇게 되기까지 2주 정도 걸린 것 같아요." 엘리너가 말했다. "몇 가지 수정해야 할 점들도 있었어요. 막내는 글을 읽을 줄 모르니까 기호로 표시해줬죠. 결국엔 효과가 있었어요."

스타 가족이 아침 점검표를 사용한 지 5년이 지난 어느 월요일 아침 여섯 시, 나는 그들의 부엌에 가보고는 눈앞에 펼쳐진 광경에 깜짝 놀랐다. 엘리너는 위층에서 내려와 커피를 한잔 만들고는 안락의자에 앉았다. 그녀가 그렇게 90분을 앉아 있는 동안, 첫째와 둘째 아이가 내려와 점검표를 확인하고 스스로 아침식사를 만들고, 다시 점검표를 보고 점심 도시락을 만들고, 점검표를 확인하고 설거지를 하고, 점검표를 다시 보고 애완동물들에게 먹이를 주고, 마지막으로 한 번 더 점검표를 본 다음 각자 소지품을 챙겨서 버스정류장으로 갔다.

왜 아이들이 그렇게 자주 점검표를 보느냐고 묻자, 엘리너가 대답했다. "아이들이 아침에 잠이 덜 깬 상태에서 그렇게 하면 기운이 난대요."

큰아이들이 집에서 나가자마자, 어린 두 아이가 내려와서는 똑같은 방식으로, 하지만 다른 내용의 일들을 했다. 자질구레한 일들이 그렇게 잘 처리되고 있으니 엘리너는 좀 더 온화하게 어머니 노릇을 할 수 있었다. 다가오는 시험에 대해 묻고, 아이들의 고민을 들어주고, 애정을 쏟아부었다. 그들은 내가 본 그 어떤 가족보다 활력이 넘쳐나고 있었다.

나는 엘리너에게 이 방식이 정말 인상적이긴 하지만 우리 집에서는 효과가 없을 거라고 체념하듯 말했다. 우리 부부는 딸들에게서 한시라도 눈을 떼기가 힘들었다. 우리 딸들이 자기가 하던 일을 멈추고 점검표를 확인할 리 만무했다. 엘리너는 동정 어린 눈으로 나를 보며 말했다. "나는 우리 가족도 그럴 줄 알았어요. 그래서 남편한테 '당신 직장에서 쓰는 방식이 우리 집 부엌에서 통할 리 없어'라고 했죠. 하지만 내 생각이 틀렸어요."

데이비드는 활짝 미소 지으며 허공에다 체크 표시(✓)를 그렸다. "이렇게 하면 얼마나 기분이 좋아지는지 모릅니다. 직장에 다니는 어른들도 좋아하는데 애들은 오죽하겠습니까."

이렇듯 아침 점검표가 그들 가족의 가장 큰 골칫거리를 해결해주었다면, 또 다른 애자일 실천법은 그들에게 더욱더 큰 변화를 가져다주었다.

"이번 주에 우리 가족이 잘한 일은 뭘까?"

일요일 저녁식사를 마친 직후, 열 살배기 보먼이 식탁 의자에 털썩 앉아 드럼을 치듯 두 손으로 식탁을 빠르게 두드려대기 시작했다. 이는 가족회의가 곧 시작된다는 신호였고, 다른 가족도 한 명씩 앉아 손 연주에 가세했다. 큰 녀석 둘이 한 의자에 서로 앉겠다고 다투었다. 이자벨이 사탕을 집자 보먼이 그것을 확 잡아챘다. 데이비드가 "다들 그만 해"라고 말했다.

소란이 가라앉자 데이비드는 첫 질문을 던졌다. "이번 주에 우리 가족이 잘한 일은 뭐지?"

애자일 개발의 핵심 개념은 끊임없이 변화하는 삶 속에서 그 변화에 실시간으로 대응할 수 있도록 체계를 세워두어야 한다는 것이다. 그리고 그 중심에는 '점검과 개조'의 원칙에 입각한 주간 평가 시간이 있다. 그때 주로 나오는 질문은 다음의 세 가지이다. (1) 이번 주에 한 일은 무엇입니까? (2) 다음 주에 할 일은 무엇입니까? (3) 우리 도움을 필요로 하는 애로사항이 있습니까?

스타 가족은 이 세 가지 질문을 수정하여 그들의 가족회의에 적용했다.

1. 우리 가족이 이번 주에 잘한 일은 무엇인가?
2. 우리 가족이 개선해야 할 일은 무엇인가?
3. 다음 주에 전념해야 할 일은 무엇인가?

아이들이 열성적으로 답하는 모습이 무척이나 인상적이었다. "잘한 일은 무엇인가?"라는 질문에, 커터는 모든 가족이 사소한 집안일을 잘했다고 답했다. 메이슨은 제초기가 고장 났을 때 자신과 보먼이 잘 해결했다고 말했다. 이자벨은 메이슨하고 덜 다투었다고 말했다.

두 번째 질문 "개선해야 할 일은 무엇인가?"에 대해서는 훨씬 더 의미 있는 답들이 나왔다. 한 아이는 점검 목록이 뒤죽박죽이라 헷갈린다고 말했다. 또 다른 아이는 저녁에 할 일들을 마무리 짓는 것이 점점 더 힘들어진다고 말했다. 엘리너는 아이들이 텔레비전 시청 시간을 지키지 않는다고 말했고, 데이비드는 딴 사람을 방해하는 일이 너무 잦다고 말했다.

바지막 질문 "다음 주에 전념해야 할 일은 무엇인가?"로 넘어가자 진짜 놀라운 일이 일어났다. 데이비드는 '개선해야 할 일들'을 쭉 작성했고, 가족은 투표를 통해 그중 두 가지에 집중하기로 결정했다. 텔레비전 시청 금지 시간을 지키고, 딴 사람을 방해하지 않는 것이다. 아이들은 텔레비전 시청 시간을 통제할 대책들을 제안했다. 텔레비전을 켤 때 비밀번호를 누르게 설정해두면 어때요? 그건 너무 복잡했다. 그럼, 각자가 알아서 규칙을 따르는 건? 너무 약한 방법이었다. 텔레비전 화면에 경고문을 붙여놓는 건 어때요? 엄마는 보기 흉하지만 않으면 괜찮다고 했다. 아이들은 걱정 말라며 경고문을 디자인하는 일을 맡았다.

방해에 관한 문제로 넘어가자 한 아이가 과감한 제안을 했다. 벌로 팔굽혀펴기 해요! 모두가 이 아이디어를 마음에 들어 했다. 몇 개를 해야 할까? 두 개? 열 개? 다섯 개? 결국 일곱 개로 결정이 났다. 그런데 누군가가 딴 사람을 방해하고 있다고 누가 결정하지? 이번에도 기발한 아이디어가 나왔다. 아버지나 어머니 중 한 사람 혹은 아이들 중 두 명이 인정하면 된다. 시범을 보이기 위해 네 아이 모두 바닥에 엎드려 팔굽혀펴기를 시작했다.

"자, 다 끝났니?" 데이비드가 물었다.

"끝났어요." 아이들이 소리쳤다.

〈가족을 위한 애자일 실천법〉에서 데이비드는 애자일 방식을 직장에서 사용하는 것과 가정에서 사용하는 것 사이의 중요한 차이점을 강조했다. 직원들은 그 시스템을 지키는 대가로 보수를 받지만, 가족은 그렇지 않다. 직원은 해고할 수 있지만, 아이들을 쫓아낼 수는 없다.

하지만 그로부터 얻는 이득은 똑같다. 애자일 방식은 서로의 생각을 소통할 수 있는 장치를 마련해준다. 데이비드는 이렇게 설명했다. "가족회의가 효과적인 것은 규칙적인 일정에 따라 특정 문제들에 주의를 기울일 수 있기 때문입니다. 이런저런 고민들을 의논할 수 있는 안전한 환경이 만들어지지 않으면 행복한 가족을 만들겠다는 계획은 무위로 끝나고 말 겁니다."

우리 가족회의에 어서 오세요

집으로 돌아가 애자일 개발론을 가족에게 적용시킨 사례를 설명하자 아내는 귀 기울여 들어주었다. 데이비드는 그의 논문이 온라인에 발표된 후 온라인 세미나 몇 건을 지휘해달라는 부탁을 받았는데, 언론이 그 정보를 입수하면서 그의 아이디어들은 순식간에 퍼져나가기 시작했다. 미국 전역에서 블로그들이 갑자기 생겨나기 시작했다. 애자일 가족이 되는 방법을 소개하는 입문서들이 발간되었다. 린다는 회의적이었지만, 그 기법들 중 일부를 시도해보자는 데 동의했다.

우리가 맨 처음 시도한 것은 아침 점검표였다. 우리 집은 아침마다 비명소리, 협박, 눈물, 짜증이 뒤범벅된 아수라장이 되었고, 어른들만 죽을 맛이었다. 우리는 딸들을 앉혀놓고, 이제 너희도 다 컸으니 아침에 이불 정리하는 일쯤은 스스로 할 줄 알아야 한다는 당부와 함께 우리의 계획을 알려주었다. 그리고 목록을 작성한 뒤, 모든 내용을 한눈에 보기 좋게 포스터로 만들었다. 내가 아침마다 모든 가족이 좀 더 즐거웠으면 좋겠다고 말하자, 딸들은 사촌들에게서 들었던 말을 목록에 보탰다. "즐겁게, 신나

	MONDAY	TUESDAY	WEDNESDAY	THURSDAY	FRIDAY
Get Dressed	✓	✓	✓	✓	✓
Make Bed	✓	✓	✓	✓	✓
Open Shutters	X	X	✓	✓	X
Set the Table	✓	✓	✓	✓ X	✓
Drink Milk	✓	✓	✓	✓	✓
Take Vitamins	✓	✓	✓	✓	✓
Clear the Table	✓	✓	✓		✓
Brush Teeth/Hair	✓	✓	✓		✓
Backpacks Ready	✓	✓	✓		✓
Coats/Mittens/Etc.	X	✓	✓	✓	✓
Joy, Rapture, Yay!	✓	✓	✓	✓	✓

게, 아자!" 우리는 포스터를 부엌 가까이에 붙여놓았다.

내 목표는 이 점검표로 아침마다 일어나는 소동을 20퍼센트 줄이는 것이었다. 첫 주에만 반 정도 줄어들었다. 참으로 놀라운 일이었다. 특히 주목할 만한 사실은, 딸아이들이 자기 평가에 엄해서 자기들이 하지 않은 일에는 절대 체크 표시를 하지 않는다는 것이었다. X표 대신에 그리는 찡그린 얼굴들이 자주 보였다. 린다 역시 내심 놀란 기색이었고, 내가 집으로 끌고 들어오는 이 별난 아이디어들을 너그럽게 받아들여주었다. 물론 그 방식이 마냥 완벽하기만 했던 것은 아니다. 하지만 나는 스타 가족이 우리보다 5년 일찍 시작했고 우리 딸들이 스타 가의 자녀들보다 훨씬 어리다는 사실을 계속 되새기며 위로 삼았다.

한 달이 지나자, 우리 딸들은 점검표에 내성이라도 생겼는지 체크하는 일을 게을리하기 시작했다. 가끔은 예전처럼 우리가 "서둘러, 신발 신어" "장갑 찾아, 늦었어" 같은 잔소리를 해야 할 때도 있었다. 나는 몇 번인가 깜박하고 점검표를 인쇄하지 않았다. 석 달이 됐을 때 우리는 수정작업을 했다. 딸들에게 몇몇 항목의 표현을 바꾸게 하고, 몇몇 항목('옷 입기')은 완전히 없애고, 나머지 항목들을 재배열하고('머리 빗기'를 더 앞으로 올렸다), 보너스 점수 제도를 도입했다. 마침내 애자일 방식을 완전히 이해했다는 자신감이 생기자 우리는 가장 중요한 순서로 넘어갔다.

아침 점검표와 달리 우리의 첫 가족회의는 그리 성공적이지 못했다. 스타 가족처럼 손으로 테이블을 두드리며 멋지게 포문을 열었다. 그런 다음 한 사람이 "두구두구두구" 하다가 딱 멈추고는 "우리 가족회의에 어서 오세요"라고 말했다.

그러고 나서 우리는 세 가지 질문을 했다.

1. 이번 주에 네가 잘한 일은?
2. 이번 주에 네가 잘못한 일은?
3. 다음 주에 네가 할 일은?

여기서부터 문제가 시작되었다. 타이비는 자기가 가장 먼저 대답하고 싶다며 투덜거렸다. 에덴은 친구들과 노는 시간이 정말 좋다고 말했지만,

나머지 가족과는 별로 상관없는 이야기였다. 아내는 어떤 카탈로그를 훌훌 넘겨보고 있었다. 좋지 않은 징조였다. 이렇게 무익한 가족회의를 몇 차례 더 겪은 뒤 나는 데이비드에게 전화를 걸었다.

그는 이렇게 조언해주었다. "초점이 잘못됐어요. 가족회의의 목적은 개개인의 이야기를 하는 것이 아닙니다. 가족의 일원으로서 각자가 어떤 역할을 하고 있는지에 초점을 맞춰야 해요."

그의 말이 옳았다. 가족회의가 아니면 '우리 가족은 안녕한가?'라는 가장 기본적인 문제를 언제 또 논하겠는가. 우리는 질문을 수정했다.

1. 이번 주에 우리 가족이 잘한 일은?
2. 이번 주에 우리 가족이 잘못한 일은?
3. 다음 주에 우리 가족이 할 일은?

갑자기 딸들이 놀라운 말들을 쏟아내기 시작했다. 그리 깊이 있는 생각들이라고 할 수는 없었지만, 딸아이들의 말을 듣던 우리 부부는 깜짝 놀라고 말았다. 이번 주에 우리 가족이 잘한 일은? "자전거 타는 게 무서웠는데 우리가 이겨냈어요." "엄마한테 잔소리 안 듣고 이불을 잘 정리했어요." "밥 먹고 나서 그릇을 잘 치워요." 잘못한 일은? "수학 숙제를 제시간에 못 끝냈어요." "손님이 오시면 문까지 나가서 인사하라는 엄마 말씀을 안 들었어요."

대부분의 부모들이 그렇겠지만, 우리 역시 딸들이 마치 버뮤다 삼각지대처럼 느껴졌다. 속내를 드러내는 말은 도통 뱉어내질 않으니 말이다. 아이들이 어떤 감정을 품은 채 살아가고 있는지 우리에게는 잘 보이지 않았다. 그런 우리에게 가족회의는 아이들의 가장 깊숙한 내면까지 들여다

볼 수 있는 멋진 창이 되어주었다.

놀라운 진전은 여기서 그치지 않았다. 머지않아 딸들은 서로를, 그리고 우리를 평가하기 시작했다. 잘하지 못한 일은? "아침마다 아빠가 고함을 너무 많이 질러요." "엄마가 우유를 준비하지 않아서 프렌치토스트를 못 먹었잖아요." 이번 주에 우리가 잘한 일은? 에덴은 "타이비가 숙제할 때 옆에서 도와줬어요"라고 답했다. 타이비는 "에덴이 아플 때 우리 가족이 잘 도와줬어요"라고 답했다. 딸들이 이토록 자신을 잘 알 줄이야!

'다음 주에 무엇을 할 것인가?'라는 주제로 넘어가자 가장 흡족한 결과가 나왔다. 딸들은 의외로 이 시간을 즐거워하면서 새로운 아이디어들을 계속 제안했다. 그 목록이 너무 길어지는 바람에 선별하는 방법을 생각해내야 했다. 우리는 내가 '올림픽 스타일'이라고 이름 붙인 투표 방식을 사용했다. 올림픽 개최국을 선정할 때처럼, 가족 모두가 각자 마음에 드는 항목들에 투표한 다음 매번 가장 낮은 표를 얻은 항목을 제거해나가면서 마지막까지 남은 두 가지를 택한 것이다. 그러고 나서 딸들은 자신들이 받을 상벌을 제안했다. 이번 주에 다섯 명에게 안부인사를 전하면 잠들기 전 10분 더 책을 읽을 수 있다. 누군가를 발로 차면 한 달 동안 디저트 금지. 한 달은 너무 심하다 싶었는데, 딸들은 뻔뻔스럽게도 벌의 강도를 점점 낮추어나갔다.

물론 이 22분간의 가족회의에서 딸들이 보여준 성숙한 모습과 그 외의 시간에 아이들이 실제로 하는 행동 사이에는 차이가 있었다. 그러나 그건 큰 문제가 아니었다. 린다와 나는 우리가 열심히 뿌리고 있는 이 씨앗이 수년 후 언젠가는 싱싱한 화초로 자라나리라 믿었다. 2년 후에도 우리 가족은 여전히 일요일 저녁마다 가족회의를 열고 있었다. 린다는 그 시간을 엄마로서 누릴 수 있는 가장 소중한 순간으로 여기기 시작했다.

애자일 가족 선언서

'애자일'이라는 단어는 2001년 2월 13일에 실업계 용어가 되었다. 제프 서덜랜드와 16명의 소프트웨어 설계자들은 막 대중화되기 시작한 여러 가지 새로운 기법들의 공통 기반을 마련하기 위해 유타 주에 모였다. 이틀 동안 그들은 쉼 없이 토론을 이어나갔다. 마침내 누군가가 일어나 말했다. "이제 합의 사항들을 정리해볼까요?" 한 시간도 지나지 않아 그들은 '애자일 선언서'라는 12항목의 성명을 완성했다. 그 후 그것은 58개 언어로 번역되었다.

애자일 기법이 여러 가족에게 적용되는 사례를 지켜본 나는 이제 '애자일 가족 선언서'를 발표할 때가 충분히 되었다고 믿는다. 그래서 다음의 다섯 조항을 제안하고자 한다.

1. 해결책은 존재한다

내가 애자일 방식에 대해 처음 알게 된 것은 실리콘 밸리에 있는 한 친구 덕분이었다. 어느 해의 마지막 날 나는 그 친구를 만나 우리 가족에게 도움이 될 만한 것을 물었다. 애자일 방식에 대해 듣고는 가족을 행복하게 만들어줄 혁신적인 기법들이 뜻밖의 곳에 수없이 숨어 있을 거라는 믿음이 생겼다. 가족의 문제를 해결하기 위해 꼭 가족 전문가를 찾아가야 하는 것은 아니다. 어떤 집단이 좀 더 매끄럽게 굴러가도록 만드는 방법을 잘 아는 사람에게 조언을 구해도 좋다. 이것이 바로 애자일 기법의 기본 전제이다. 해결책은 어딘가에 존재한다. 우리는 그것을 찾기만 하면 된다.

2. 아이들에게 자율권을 줘라

우리는 부모로서 본능적으로 자녀들에게 명령을 내린다. 우리가 가장 잘 아니까, 그게 더 속 편하니까, 그리고 말씨름할 시간이 어디 있는가? 게다가, 보통은 우리 생각이 옳다! 가족만큼 '폭포 모델'로 돌아가는 시스템도 드물다. 하지만 모든 부모가 금세 깨닫게 되듯이 아이들에게 똑같은 잔소리를 반복해봐야 그리 큰 효과가 없다. 애자일 방식을 실천하다 보면, 폭포의 흐름을 최대한 자주 뒤집어 아이들이 자신의 가정교육에 직접 참여하도록 해야 한다는 사실을 이해할 수 있다.

최근의 수많은 뇌 연구가 이를 뒷받침해준다. 캘리포니아 대학을 위시한 여러 곳의 과학자들이 발견한 사실에 따르면, 스스로 시간 계획을 짜고, 주간 목표를 세우고, 스스로를 평가하는 아이들은 전전두엽 등의 뇌 영역이 발달하여 자신의 삶을 좀 더 인지적으로 통제할 수 있다고 한다. 이런 애자일 기법들은 아이들이 엉뚱한 곳으로 한눈팔지 않고 스스로 선택한 길의 장단점을 가늠하며 절제력을 키울 수 있도록 도와준다.

자신이 어떤 벌을 받을지 스스로 결정하는 아이들은 그것을 피하고자 하는 심리가 더욱 강해진다. 자신이 받을 상을 스스로 선택하는 아이들은 그것을 얻고자 하는 의욕이 더욱 불타오른다. 부모는 아이들이 제 힘으로 성장할 수 있도록 도와주어야 한다.

나는 점검표(잡일, 일정, 용돈)를 사용하는 친구들을 볼 때마다 기록을 담당하는 사람이 어른인지 아이인지 물어본다. 그러면 돌아오는 답은 언제나 어른이다. 과학적 연구에 따르면, 아이들에게 기록을 맡겨야 최대의 효과를 얻을 수 있다. 그런 과정을 통해 아이들은 자신에 대해 더 많은 사실을 깨닫게 된다. 이런 방법이 모든 경우에 다 먹히지는 않겠지만, 아이들이 앞으로 살아가면서 부닥칠 문제들을 해결하는 한 가지 방법을 가르치는 계기가 될 수 있다.

엘리너 스타는 이렇게 말했다. "내 목표는 우리 아이들이 커서 어른 역할을 제대로 할 수 있도록 하는 거예요. 아이들이 대학생이 되고 나서도 나한테 일일이 물어보는 불상사가 생기면 안 되잖아요. 그 전에 스스로 결정하는 기술을 익혀야죠."

3. 부모는 천하무적이 아니다

아이들에게 전지전능의 존재로 보이고 싶은 욕심이 부모의 또 다른 본능이다. 우리는 무슨 질문에든 척척 대답하고 모든 권한을 가진 만능 해결사가 되려고 애쓴다. 그러나 이런 리더십이 최선은 아니라고 말해주는 수많은 증거가 있다. 2012년, MIT의 학자들은 〈하버드 비즈니스 리뷰〉에 성공적인 팀들에 대한 새로운 시각을 담은 획기적인 연구 결과를 발표했다. 그들이 여러 대륙의 수많은 기업들 속에 있는 작은 팀들을 전자 시스템으로 모니터한 결과, 가장 효율적인 팀은 카리스마 있는 리더가 지배하는 팀이 아니라 팀원들이 활발하게 소통하고 정기적으로 직접 대면하며 모두가 동등하게 자기 의견을 밝히는 팀이었다.

데이비드 스타 역시 내게 비슷한 취지의 말을 했다. "가족회의의 좋은 점은 아이들이 마음껏 의견을 피력할 수 있고, 어른들에게도 하고 싶은 말을 할 수 있다는 겁니다. 내가 출장에서 돌아와 일상에 적응을 못하거나 엄마가 자기들한테 잘못한 일이 있으면 가족회의에서 실망감을 표하지요. 한번은 내가 보먼에게 화를 낸 적이 있었는데, 가족회의에서 다른 아이들이 그때 내 행동이 마음에 들지 않았다고 말하더군요. 가족회의의 위력은 실로 막강했습니다."

4. 안전지대를 만들어라

부모들은 아이들도 어른과 마찬가지로 갈등에 대처하는 방식이 저마다 다르다는 사실을 금방 알게 된다. 꾸중을 들으면 어떤 아이는 반항하고, 어떤 아이는 움츠러들고, 어떤 아이는 울음을 터뜨린다. 가족회의의 큰 장점은 이런 차이를 극복할 시간을 매주 가질 수 있다는 것이다. 즉, 가족회의는 모두가 동등한 자격으로 있을 수 있고, 해결책이 나올 때까지 누구도 떠날 수 없는 안전지대 같은 것이다.

가족회의의 이런 측면을 확실히 이해한 린다는 이렇게 말했다. "학교에 지각하거나 슈퍼마켓에서 대판 싸워도 별로 걱정이 안 돼. 우리한테는 일요일 저녁이 있으니까."

5. 융통성을 발휘하라

애자일 선언서의 마지막 항목은 애자일 가족 선언서에도 어울린다. "팀은 효율성을 높일 수 있는 방법을 정기적으로 고민하고, 거기에 맞추어 행동하도록 한다."

부모는 몇 가지 중요한 규칙을 세운 다음 거기에만 집착한다. 하지만 앞으로 어떤 문제가 생길지 모두 예상할 수는 없는 법이다. 현대의 과학기술만 봐도 변화가 얼마나 빨리 일어나는지 알 수 있다. 인터넷 시대인 요즘, 여섯 달 전에 하고 있던 일을 지금도 똑같이 하고 있다면 뭔가 잘못된 것이다. 부모들이 이로부터 얻을 교훈이 있을 것이다.

애자일 가족 철학은 끊임없이 변화하는 가족의 본질을 받아들인다. 그렇다고 해서 무슨 일이든 해도 좋다는 식의 방종을 허락하지는 않으며 공적 책임을 중시한다. 그리고 아무리 잘 설계된 시스템이라도 중도에 개선이 필요하다는 사실을 미리 고려한다. 우리 가족이 애자일 방식의 가족회의를 처음 시작했을 때 딸아이들은 다섯 살이었고, 스타 부부는 자녀들이 열 살, 열한 살, 열세 살, 열다섯 살이 되어서도 계속 가족회의를 실천하고 있었다. 우리는 밸런타인데이 초콜릿 같은 사소한 문제를 다루었고, 스타 가족은 성병 같은 중대한 사안들에 대해 토론했다. 우리에겐 두 아이가 있고, 모두 딸이다. 스타 부부는 아이가 넷이고, 그중 셋이 아들이다. 우리 딸들은 말이 많고 예술가인 척을 잘하고 감정표현이 풍부하다. 스타 가의 아이들은 수리적 사고에 강한 편이고, 성미가 급하며, 내향적이다. 애자일 방식은 이런 두 가족 모두에게 효과적이었다.

스타 가족의 집을 떠나면서 나는 엘리너와 데이비드 부부에게 최초의 애자일 가족으로서 내게 해줄 수 있는 가장 중요한 조언은 무엇이냐고 물었다. 데이비드는 이렇게 답했다. "우리가 모든 답을 알고 있는 건 아니라는 사실을 알아야 합니다. 우리는 하나의 뼈대를 만든 것뿐이고, 그 안에서 유연하게 움직여야 해요. 뭔가를 시도하면 성공할 수도 실패할 수도 있지요. 지금 우리가 사용하고 있는 아침 점검표는 열다섯 번의 수정을 거쳐왔습니다. 아이들에게 변화를 두려워하지 말라고 늘 이야기해주고 있어요."

엘리너도 동감했다. "대중매체에서 보여주는 가족은 항상 한결같은 모습이죠. 하지만 현실은 그렇지 않잖아요. 직업이든 정원이든 취미든 거기에 노력을 기울여야 하듯이 가족에게도 그런 작업이 필요해요. 애자일 방식이 내게 가르쳐준 가장 중요한 교훈은 가족의 발전을 위해 열심히 노력해야 한다는 거예요. 직접 실천해봐야 그 효과를 알 수 있죠."

2

가족과 함께하는 저녁식사

무엇을 언제 먹느냐보다
어떤 이야기를 하느냐가 더 중요하다

전직 미국 해군인 존 베시John Besh는 지금은 뉴올리언스 요리로 이름을 떨치고 있는 유쾌한 성격의 미남 주방장이다. 어느 날 그는 루이지애나주 슬라이덜에 있는 집에서 부엌을 뒤적거리다가 몹시 불쾌한 물건을 발견했다. 구깃구깃 뭉쳐져 있는 맥도널드 포장지였다. 지역 농업을 지지하는 존에게 그것은 배신행위나 마찬가지였다.

그는 포장지를 들고 가서 초등학교 동창이자 아내인 제니퍼에게 따졌다. "이게 뭐야?"

"그게 왜?" 제니퍼는 미안한 기색 없이 되물었다. 요리를 끔찍이 싫어하는 전직 변호사인 그녀는 내게 이렇게 말했다. "주방장이랑 결혼하면서 앞으론 걱정 없겠다 싶었죠." 하지만 남편은 야간 근무를 했고, 일곱 살짜리 막내부터 열여섯 살짜리 장남까지 네 아들을 키워야 했던 그녀는 아이들이 운동 연습을 하는 사이사이에 대충 끼니를 때웠다.

제니퍼는 남편에게 이렇게 말했다. "당신은 식당 손님들만 신경 쓰지. 그 반만큼만 당신 아들들이 뭘 먹는지 신경 써줬으면 우리 가족은 훨씬 더 건강했을 거야."

존은 벼락이라도 맞은 듯 큰 충격을 받았다. 그는 아직도 사냥과 낚시를 즐길 만큼 옛것에 애정을 품고 있으면서 동시에 유럽에서 분자 요리를 배워 온, 결코 유행에 뒤처지지 않는 보기 드문 사람이다. 2001년에 첫 식당인 오거스트를 열어 제임스 비어드 상을 수상했고, 지금은 프렌치 쿼터에서부터 샌안토니오까지 아홉 개의 지점을 운영하고 있다. 그는 또 요리 리얼리티 프로그램들에 자주 출연하고 있으며, 요리책을 두 권 썼고, 멕시코 만의 원유 유출 사고로 고통 받고 있는 어부들과 페르시아 만의 미국 해병 등 많은 이들을 후원하고 있다.

어느 봄날 오후 그는 자신의 주방에서 새우와 파스타를 조리하며 내게 말하기를, 세상의 모든 사람들을 위해 요리하면서 정작 세상에서 가장 소중한 사람들은 신경 쓰지 못하고 있었다고 했다.

"아내에게 따끔한 소리를 들은 그 순간이 큰 전환점이 됐습니다. 이대로는 안 되겠다 싶더군요."

한 세대 전이라면 터무니없어 보였을 베시의 전략은 요즘 모든 사람들이 묻고 있는 듯한 질문에서부터 비롯되었다. "이제 가족끼리의 저녁식사는 포기해야 할까?"

누구에게 저녁식사가 필요한가?

지난 몇 해 사이에 가족의 저녁식사에 대한 관심이 폭발적으로 증가했다. 할리우드 스타들(브래드 피트와 앤절리나 졸리, 톰 행크스와 리타 윌슨)에서부터 메이저리그 야구팀들(보스턴 레드 삭스, 로스앤젤레스 다저스), 텔레비전 유명인사들(매트 로어와 케이티 쿠릭)에 이르기까지 수많은 이들이 입을 모아 가족이 함께하는 식사를 찬양했다. 버락 오바마 대통령은 백악관에서 매일 저녁 딸들과 함께하는 식사에 대해 자주 이야기하며, 그것을 "사무실 위에 사는" 장점으로 꼽았다. 조지 W. 부시 대통령은 어머니 바바라 부시와 함께 공익광고를 찍으면서, 어릴 때 가족과 함께 저녁식사를 하는 시간이 항상 즐거웠다고 말했다. "어머니가 요리하시지만 않으면 그랬지요."

옆에 있던 어머니가 한마디 했다. "대통령이라도 엄마를 놀리면 못써. 하지만 아이들과 함께 식사하는 건 잘하고 있는 일이야."

최근의 많은 연구에 따르면, 저녁식사를 가족과 함께하는 아이들은 음주, 흡연, 마약 복용을 덜 하고 임신율과 자살률이 낮으며 섭식 장애에 걸릴 확률도 더 낮다. 가족과의 식사를 즐기는 아이가 어휘력이 더 풍부하고, 더 예의 바르고, 더 건강한 식사를 하며, 자존감이 더 높다는 연구 결과도 있다. 이 주제에 관해 가장 광범위한 조사를 행한 미시간 대학의 연구진은 1981년에서 1997년 사이에 미국의 어린이들이 시간을 어떻게 보내는지 조사했다. 그 결과, 집에서 식사하는 시간이 많은 아이일수록 성적이 더 좋고 문제가 되는 행동을 덜 한다는 사실이 밝혀졌다. 학교에서 보내는 시간이나 공부하고 종교의식에 참여하고 운동하는 시간보다 식사 시간이 더 큰 영향을 미쳤다.

다큐멘터리 〈불편한 진실An Inconvenient Truth〉의 제작자로서 오스카 상을 받고 《가족의 저녁식사The Family Dinner》를 저술한 로리 데이비드Laurie David는 내게 이렇게 말했다. "그 놀라운 연구 결과를 보면, 규칙적인 식사만으로도 부모의 모든 근심걱정이 해결될 수 있다는 사실을 알게 되죠."

하지만 이 연구만큼이나 인상적인 사실은 저녁식사를 함께하는 가족이 점점 줄어들고 있다는 것이다. 우선, 현대 생활의 거의 모든 측면이 규칙적인 저녁식사를 방해한다. 부모들의 근무시간이 더 길어지고 아이들은 더 많은 숙제에 치이는 데다 휴대전화까지 끼고 살면서, 저녁식사 시간은 식사를 제외한 모든 일을 하는 시간이 되고 말았다. 유니세프가 15세 아이들이 "일주일에 여러 번" 부모와 함께 저녁식사를 하는 비율을 조사했더니 미국은 25개국 가운데 23위를 차지했다. "저녁식사를 함께한다"라고 대답한 미국인들은 3분의 2도 되지 않은 데 비해 이탈리아, 프랑스, 네덜란드, 스위스는 90퍼센트가 넘었다.

UCLA의 가족 일상생활 센터Everyday Lives of Families Center가 수년 동안 중산층 가정들의 모든 일상을 테이프로 녹음한 뒤 발표한 통계를 보면 고개를 절레절레 젓게 된다. 그 연구에 참여한 가족들은 저녁식사의 17퍼센트만을 같이했으며, 모두가 집에 있을 때조차 그랬다.

베시 가족이라고 별다를 바 없었다. 존은 여섯 아이가 있는 가정에서 자랐고, 저녁식사는 격식을 차려야 하는 딱딱한 의무 같은 것이었다. 무릎에 냅킨을 깔아야 했고, 모자 착용은 금지되었으며, 식탁에 팔꿈치를 올려서도 안 되었다. 항공사의 여객기 조종사였던 그의 아버지는 "논쟁거리가 되고 있는 사건들을 언급하면서 우리의 의견을 물어보셨다." 존은 아버지가 자전거 사고로 불수상태가 되어버린 열한 살에 처음으로 요리사의 꿈을 가졌고, 가족의 식사를 준비하는 일을 돕기 시작했다. "음식을 통해 사람들을 행복하게 만드는 재주가 내게 있다는 걸 깨달았습니다."

제니퍼 베시 역시 비슷한 식사 습관을 가진 가정에서 자랐지만, 그녀의 네 형제자매는 좀 더 소란스러웠다. "여동생은 늘 헌법상 권리에 대해 떠들어댔어요."

그래서 베시 부부는 저녁식사 문제로 다툼이 생겼을 때, 과거를 되찾되 지금의 현실에 맞는 방식으로 수정하기로 했다. 그 첫걸음은 식료품 저장실을 채우는 것이었다.

존은 이렇게 말했다. "배가 고플 때까지 기다렸다가 그제야 식사를 생각하면 형편없는 선택을 하게 됩니다." 곧바로 그는 파스타, 곡물, 식용유, 양념 등 급하게 식사를 만들 때 사용할 수 있는 재료들을 들여놓았다. 제니퍼는 닭, 새우, 쇠고기 같은 단백질 음식을 비축하기 시작했다.

다음 단계는 미리 계획 세우기였다. 그들은 한 주의 식단을 대략적으로 짜기 시작했고, 존은 여분의 음식을 준비하여 제니퍼가 정신없는 평일 저녁에 좀 더 손쉽게 식탁을 차릴 수 있게 해주었다.

"닭 한 마리를 요리할 거라면 두 마리를 하고, 오늘 저녁 먹을 파스타를 하면서 내일 만들 양까지 준비하고, 월요일에 먹을 햄버거를 만들면 목요일에 쓸 미트볼도 준비해두는 거예요." 제니퍼가 말했다.

하지만 생각의 근본적인 변화가 가장 큰 효과를 가져왔다. 그들은 매일 저녁 함께 식사한다는 환상을 버렸다. 그들은 '가족 저녁식사'를 '가족 아침식사'로 변경했다. 그리고 그 식사를 차리는 일은 존이 맡았다. 그는 이렇게 말했다. "아들 녀석들과 즐거운 시간을 보내려면 이른 아침이 좋다는 걸 알았어요."

그는 프렌치토스트, 버터밀크 팬케이크, 치즈를 넣은 그리츠(옥수수 가루로 만든 죽 같은 음식 – 옮긴이), 비스킷처럼 아이들이 좋아하는 음식들로 식단을 짰다. 바빠서 식사를 함께하지 못하는 사람이 있으면 음식을 랩으로 싸서 식탁 위에 두었다.

베시 가족이 저녁식사를 해결하는 방식은 훨씬 더 독창적이다. 아이들은 아침 열 시 반에 학교에서 점심을 먹기 때문에(학교 식당은 초만원이다) 허기진 상태로 집에 오고, 운동 연습은 (직장에 나가는 아버지들이 지도할 수 있도록) 오후 다섯 시 반에야 시작되기 때문에 보통 저녁식사 시간에는 집에 없는 경우가 많다. 그래서 제니퍼는 매일 오후 네 시에 푸짐한 식사를 차리기 시작했다. 한 아들이 식전 기도를 하고 나면 그녀는 남은 닭고기로 만든 치킨 샐러드, 월요일에 남은 쇠고기로 만든 슬로피조(토마토소스로 맛을 낸 다진 고기를 둥근 빵에 얹어 먹는 요리-옮긴이) 같은 요리들을 식구들에게 돌린다. 그런 다음 모두 차를 타고 다시 밖으로 향한다.

일곱 시 반쯤 가족이 모두 집에 돌아오면 제니퍼는 아이들에게 샤워를 시킨 다음, 모두를 다시 부엌으로 불러 디저트를 내놓는다. 아홉 살의 잭은 내게 하루 중 이 시간이 가장 좋다며, 레몬 아이스박스 파이가 특히 맛있다고 말했다.

이렇듯 베시 가족은 하루에 세 번 식사를 함께하지만, 꼭 저녁식사 시간을 지키는 것은 아니다.

제니퍼는 이렇게 말했다. "저녁 여섯 시에 다 같이 식사를 못한다고 죄책감을 느낄 것이 아니라, 시간이 있을 때마다 온 가족이 함께하는 게 중요해요."

베시 가족의 방식이 모든 가족에게 효과가 있을 거라는 보장은 없다. 내가 오후 네 시에 저녁식사를 하면 어떻겠느냐는 이야기를 꺼냈을 때 아내는 어이없다는 표정을 지었다. 하지만 중요한 점은, 굳이 매일 저녁 온 가족이 식탁에 함께 앉지 않아도 가족식사의 많은 이점을 충분히 누릴 수 있다는 것이다. 가족의 저녁식사에 대해 많은 연구를 행한 컬럼비아 대학의 약물 중독 및 남용 방지 센터의 연구원들은 일주일에 한 번이라도 가족이 다 함께 식사하면 변화가 일어날 수 있다고 말한다.

로리 데이비드는 그녀의 저서에서 가족식사에 대한 창의적인 아이디어들을 선보였다.

- 매일 저녁 온 가족이 함께 식사할 수 없다고요? 일주일에 한 번을 목표로 삼으세요.
- 퇴근이 늦다고요? 저녁 여덟 시에 온 가족이 모여 디저트나 야식을 먹고, 하다못해 하루 동안 있었던 일에 대해 잡담이라도 나누세요.
- 평일엔 너무 바쁘다고요? 주말을 목표로 삼으세요.
- 요리할 시간이 없다고요? 월요일엔 남은 음식을 먹고, 목요일에는 중국요리를 주문하고, 아니면 아침식사를 저녁식사에 활용하세요.

데이비드가 내게 말했다. "식탁에 촛불을 켜거나 꽃병을 놓거나 해서 식사에 경의를 표하는 것도 좋아요. 아이들을 키우는 건 참 어려운 일이죠. 나는 잘못한 일들을 떠올리면서 자책하느라 많은 시간을 허비해요. 그러다가 몇 년 전에 가족끼리 저녁식사를 하는 것만은 제대로 할 수 있으리라는 결론을 내렸어요."

존 베시도 그녀와 비슷한 결정을 내리고, 일요일을 주목표로 삼았다. 교회에 다녀오면 존은 가족을 위한 진수성찬을 준비한다. 그의 집에 들르는 친척들에게 가재 요리와 잠발라야(해산물이나 닭고기 등으로 만든 매콤한 잡탕밥–옮긴이)를 대접한다. 평일 동안 함께할 시간이 거의 없던 가족이 일요일 오후 내내 한데 어울린다. 존은 이렇게 말했다. "모두가 함께 어울리지 않으면 제대로 된 일요일이 아닙니다."

그렇다면 그 시간은 그에게 어떤 의미를 지닐까?

"아버지를 위해 요리하면서 느꼈던 감정을 똑같이 느낍니다." 존이 말했다. "바로 행복이죠. 사람들이 미소 짓고, 이야기하고, 웃는 모습을 보면 행복해져요." 그는 잠깐 말을 멈추더니 막내아들 앤드루를 끌어당겨 무릎 위에 앉혔다. "아빠한테 뽀뽀해줘."

주인공은 식사가 아니라 가족이다

베시 가족은 가족 저녁식사에 대한 발상을 전환하는 기발함을 발휘했지만, 이보다 훨씬 더 급진적인 아이디어가 있다. 바로, 식사 자체에 관해서는 완전히 잊으라는 것이다.

참으로 흥미진진한 인물인 마셜 듀크Marshall Duke가 몸소 실천하고 있는 방법이다. 에머리 대학의 공식 사진 속에서 파나마모자(파나마풀의 잎으로 짜서 만든 여름 모자—옮긴이)를 쓰고 있는 듀크는 1970년부터 이 학교에서 심리학을 가르쳐왔으며, 의식儀式과 회복력을 전문적으로 연구하고 있다. 마셜은 〈오프라 윈프리 쇼〉나 〈굿모닝 아메리카〉 같은 여러 텔레비전 프로그램에 출연하기도 했지만, 토요일 저녁에 아내와 세 자녀, 여덟 손자와 함께 안식일 식사를 하는 모습이 가장 편안해 보인다.

"자, 얘들아, 이제 시작하자꾸나!" 마셜은 마치 겨울 내내 이 순간을 기다려온 여름캠프 지도자처럼 우렁차게 말했다. 그러고는 유대교 전통 모자들을 마치 원반던지기하듯 손자들 한 명 한 명에게 던졌고, 그러면 아이들은 모자를 자기 머리 위에 안착시키기 위해 고개를 까딱였다. 성공한 아이는 한 명도 없었다.

"유대교 경전에 나오는 의식입니까?" 내가 물었다.

"아닙니다, 듀크 가족만의 전통입니다. 그게 훨씬 더 중요하지요."

촛불을 밝히고 포도주와 빵에 축복의 말을 한 다음, 마셜은 모두에게 서로 손을 잡으라고 부탁했다. "오늘 밤엔 특별한 손님이 이 자리에 함께 하셨다"라고 말하면서 그가 내게 고개를 끄덕였다. "브랜든, 대학을 마치고 집으로 돌아와 기쁘구나. J. D.는 이를 뽑았다. 용감한 J. D.를 축하해주자. 그리고 이번 주에 생일을 맞은 가족이 세 명이야. 시라, 이번 주에 특별한 일은 없었니?"

"학기말 시험이 끝났어요." 열두 살짜리 아이가 말했다.

"잘됐구나. 모두들 샤밧 샬롬('평안한 안식일이 되기를'이라는 뜻의 안식일 인사–옮긴이). 자, 이제 식사하자!"

1990년대 중반, 마셜은 미국 가족들의 그릇된 통념과 의식을 연구하는 에머리 대학의 새로운 프로젝트에 합류해달라는 부탁을 받았다. "당시에는 가족의 와해에 대한 연구가 성행하고 있었습니다. 우리의 관심사는 어떻게 하면 그런 일을 막을 수 있을까 하는 것이었지요."

그로부터 얼마 후, 학습 장애 아동들을 치료하는 심리학자인 마셜의 아내 세라가 자신의 학생들을 지켜본 결과를 알려주었다. "자기 가족에 대해 많이 아는 아이들은 어려운 일에 부닥쳤을 때 대처하는 능력이 더 뛰어나요." 마셜은 흥미가 생겼고, 동료인 로빈 피버시Robyn Fivush와 함께 세라의 가설을 시험하는 작업에 착수했다. 그들은 '알고 있나요?Do You Know?' 척도를 개발하여 아이들에게 20개의 질문에 답하게 했다. 그중에는 다음의 질문들도 포함되어 있었다.

- 조부모님이 어디서 자랐는지 알고 있나요?
- 엄마와 아빠가 어느 고등학교에 다녔는지 알고 있나요?
- 부모님이 어디서 만났는지 알고 있나요?
- 가족이 어떤 병을 앓았는지, 가족에게 어떤 안 좋은 일이 있었는지 알고 있나요?
- 여러분이 태어날 때 어떤 일이 있었는지 알고 있나요?

마셜과 로빈은 2001년 여름 마흔 가족에게 이런 질문을 던지고, 그 가족들이 식탁에서 나누는 대화를 녹음했다. 그런 다음 아이들의 답변을 일련의 심리검사와 대조하여 놀라운 결론에 이르렀다. 아이들이 가족사에 대해 많이 알수록 자신의 삶을 잘 통제하고, 자존감이 높았으며, 그들의 가족에게 아무 문제도 없다고 믿었다. '알고 있나요?' 척도는 아이들의 정서 건강과 행복을 예측할 수 있는 최고의 지표였다. 마셜은 "정말 획기적인 발견이었습니다"라고 말했다.

그러고 나서 예상치 못한 일이 벌어졌다. 두 달 후인 9월 11일이었다. 마셜과 로빈은 미국 국민으로서 공포에 휩싸였지만, 심리학자로서는 흔치 않은 기회를 얻었다. 그들의 연구에 참여했던 모든 가족이 똑같은 시기에 똑같은 정신적 외상을 겪었다. 그들은 그 아이들을 찾아가 재조사했다. 마셜이 말했다. "이번에도 역시, 가족에 대해 많이 아는 아이들이 더 빨리 회복하더군요. 즉, 스트레스를 조절할 줄 아는 능력이 있었습니다."

할머니가 다녔던 학교를 아는 것이 무릎의 까진 상처 같은 사소한 문제나 테러 공격 같은 심각한 일을 극복하는 데 무슨 도움이 될까? 가족식사 같은 의식이 아이들에게 가족사를 알려주는 역할을 할 수 있을까?

"아이들이 가족에 대한 소속감을 갖도록 해주어야 합니다." 마셜이 말했다. 심리학자들은 어느 가족이나 그들을 단결시키는 사연이 있다는 사실을 발견했으며, 그 이야기들은 세 가지 중 한 형태를 띠었다. 첫째, 가족의 성공담이다. 이를테면 다음과 같은 식이다. "우리가 처음 이 나라에 왔을 때만 해도 빈털터리였어. 그래서 열심히 일해서 가게를 열었지. 네 할아버지는 고등학교까지 다니셨어. 네 아버지는 대학까지 나오셨지. 그리고 이젠 네가……." 두 번째는 가족의 실패담이다. "얘야, 우린 부족한 게 없었단다. 그러다가 모든 걸 잃어버렸지……."

"세 번째 형태의 이야기가 가장 유익합니다." 마셜이 말을 이었다. "성공담과 실패담을 오가는 방식이죠. '얘야, 우리 가족은 부침을 많이 겪었단다. 우린 가업을 일으켰지. 네 할아버지는 공동체의 기둥 같은 분이셨어. 네 엄마는 병원 임원이었고. 하지만 우리 가족이 좌절할 때도 있었단다. 네 삼촌 중에 한 분은 예전에 구속당한 적이 있어. 집에 화재가 난 적도 있지. 네 아버지는 일자리를 잃었고. 하지만 무슨 일이 일어나든 우리는 하나로 똘똘 뭉쳤단다.'"

마셜에 따르면, 심신이 안정되고 자신감이 넘치는 아이들은 그와 로빈이 말하는 '세대 간 자아intergenerational self'가 강하다. 그 아이들은 자신보다 더 큰 무언가에 자신이 속해 있음을 잘 안다.

"여기서 중심적인 역할을 하는 사람이 바로 할머니입니다"라고 마셜은 말했다. "할머니는 손자에게 이렇게 말하지요. '수학 점수가 잘 안 나온다고? 네 아빠도 수학을 잘 못했단다.' '피아노 연습하기 싫어? 네 고모 로라도 그랬었지.' 우리는 이걸 부베메이세bubbemeise라고 부릅니다. '할머니의 이야기'라는 뜻을 가진 이디시어(독일어에 히브리어와 슬라브어가 혼화한 것으로, 중부·동부 유럽 및 미국의 유대인이 사용함—옮긴이)지요. 아이에게 어떤 문제가 생기든 할머니는 거기에 대해 들려줄 이야기가 있다는 겁니다.

설령 지어낸 이야기라도 말입니다!"

마셜과 로빈은 아이들에게 이런 가족사를 들려주기에 이상적인 시간이 저녁식사 시간이라고 주장한다. 모든 가족이 한데 모일 수 있고, 안전하며, 아이들이 편안한 분위기 속에서 즐거운 일을 하며 가족의 사연을 들을 수 있기 때문이다.

하지만 식사 자체가 이익이 되는 것은 아니라고 마셜은 강조했다. 가족에 대한 애정과 강한 감정을 불러일으키는 것은 옛이야기를 들으며 가족의 더 큰 흐름 속에 있는 자신의 모습을 보는 과정이다. 즉, 가족의 저녁식사에서 진정 중요한 것은 식사가 아니라 가족이다.

이런 이야기를 들려줄 기회는 참 많다고 마셜은 말했다. 명절(추수감사절과 크리스마스)이나 정기적으로 떠나는 가족 휴가(겨울의 스키장 여행, 여름의 피서 여행)처럼 서로 다른 세대가 한자리에 모일 수 있는 가족행사가 좋다. 출퇴근이나 쇼핑을 위해 다 같이 차를 타고 가는 시간도 좋다.

듀크 가족의 안식일 저녁식사에서 나는 그들 모두에게 가장 좋아하는 가족 전통은 무엇인지 물었다. 점점 더 재미있는 답들이 나왔다. 듀크 가의 아이들은 30년 전부터 이어져 내려온 나흘간의 감사절 파티 전통에 대해 이야기해주었다. 그 파티는 화요일 저녁부터 시작되는데, 그때 칠면조 샌드위치를 먹는다. 수요일 저녁에는 스파게티를 먹고, 가족 모두가 얼굴에 콧수염을 그린다. 목요일에는 호박 소스 통조림들, 초록강낭콩 봉지들, 얼린 칠면조를 숨겨놓고 마치 순례자들처럼 음식을 찾아 헤맨다. 그리고 금요일에는 감사절 만찬을 즐긴다. 나흘 내내 그들은 팀을 나누어 게임을 하고, 승리한 팀은 플라스틱 오리 인형을 받는다.

"참 멋지지 않습니까?" 마셜이 말했다. "무슨 거창한 역사적 이유가 있는 건 아니지만, 이런 전통이 가족의 일부가 되지요."

제스처 게임이나 마셜이 식사 자리에서 던지는 도발적인 질문 같은 의식은 버렸다. 내가 초대된 그날 저녁, 마셜은 두 연구에 대한 이야기를 꺼냈다. 한 연구는 사람들이 찬 음료보다는 따뜻한 음료를 들고 있을 때 더 친절하다는 사실을 밝혔다. "명심해, 브랜든." 브랜든의 아버지가 말했다. "술집보다 커피숍에서 여자를 꾀도록 해!" 또 다른 연구 결과는 사람들이 상자 안보다 밖에 있을 때 문제 해결 능력이 더 높아진다는 것이다. 세라가 말했다. "거 봐, '상자 밖에서 생각하는think outside the box'('틀에서 벗어나 생각하다'라는 뜻의 관용구 – 옮긴이) 게 정말 효과가 있다니까!"

하지만 마셜의 손자들은 유월절(유대인의 이집트 탈출을 기념하는 봄의 축제 – 옮긴이)에 사용할 고추냉이 소스를 만들기 위해 그들의 할아버지가 소집하는 가족모임을 설명할 때 가장 열성적이었다. 한 아이가 "먼저 으스스한 유대교 음악을 틀어놔요"라고 말하자 다른 아이가 덧붙였다. "그런 다음 징그럽게 생긴 고추냉이 뿌리를 잘라요." 또 다른 아이가 말을 이어받았다. "그리고 그걸 믹서기에 집어넣죠." "그런 다음 식탁을 돌면서 춤을 춰요!" 하고 가장 어린 아이가 큰 소리로 외쳤다.

마셜은 손자들의 이야기를 들으며 환하게 미소 지었다. "들었죠? 으스스하고, 징그럽고, 이상하다네요! 손자들이 '할아버지, 이거 먹어야 돼요?'라고 물으면, 나는 '그래, 먹어야 해'라고 대답합니다. 왜냐고요? 가족의식은 우리가 직접 만들어야 하니까요. 그저 팔짱 끼고 기다린다고 해서 생겨나는 것이 아닙니다. 나는 손자들이 나중에 자기 아이들과도 함께할 수 있는 일들을 만들어주고 있는 겁니다. 반드시 그렇게 될 겁니다. 손자들은 이렇게 말하겠지요. '우리 할아버지가 우리에게 시키셨으니 이 일은 우리 가족의 일부나 마찬가지야.'"

헝거 게임

지금까지 가족의 저녁식사에 대한 놀라운 사실 두 가지를 알았다. 첫째, 온 가족이 매일 저녁 함께 식사할 필요는 없다. 둘째, 무엇을 먹느냐보다는 무엇을 이야기하느냐가 더 중요하다. 하지만 이런 사실들은 또 다른 의문을 불러일으킨다. 온 가족이 마침내 식탁에 함께 앉았다면 이제 무슨 이야기를 해야 할까?

케네디 가는 저녁식사 시간의 극단적인 대화 방식을 보여준다. 잭, 로버트, 테드 케네디 등 케네디 가 남매들이 어린 시절 겪었던 식사시간은 세상에 잘 알려져 있다. 가장인 조지프 케네디 시니어는 식사시간에 늦는 사람을 호되게 꾸짖었다. 어머니인 로즈 케네디가 식탁에 오면 가족 모두가 일어섰고, 그러고 나서는 아버지가 토론회를 열었다. 가끔은 가족들 모두에게 시 암송을 시켰다(〈폴 리비어의 한밤의 질주The Midnight Ride of Paul Revere〉가 그의 애송시였다). 또 어떤 때는 한 아이에게, 논란이 많은 어떤 주제에 대한 의견을 물어보기도 하고 유명인사의 생애를 간략하게 읊도록 시키기도 했다. 조지프 케네디는 토론이 활발히 이루어질 수 있도록 발표자를 제외한 나머지 가족에게는 주제를 귀띔해주어 미리 공부해와서 발표자를 닦달할 수 있게 했다.

지금은 이런 방식이 가혹해 보이지만, 연구자들은 이와 비슷한 기법이 아이들에게 도움이 될 수 있다는 증거를 많이 발견했다. 지난 25년간 수만 가구의 식사시간을 녹음하고, 문자로 옮겨 쓴 뒤 "음" "우유 마셔" "네가 내 포크 가져갔잖아" 같은 말들을 분석했다. 가족 의식은 재미있고 감상적이고 기억에 남을 만한 것이어야 한다는 마셜의 조언을 염두에 두고 나는 식사시간 동안 할 수 있는 건설적인 활동들의 메뉴를 만들었다. 그리고 그 활동들에 '헝거 게임The Hunger Games'이라는 이름을 붙였다.

월요일: 오늘의 단어

나는 우선 간단한 공식을 하나 만들었다. 10-50-1 공식.

첫째, 식사를 할 때마다 10분 동안 의미 있는 대화를 나눈다. 우리가 식사시간에 나누는 대화의 대부분은 음식에 관한 것이다. "뜨거우니까 후후 불어서 먹어." "닭고기 더 먹고 싶어요." "입에 음식 물고 말하면 못써." 연구 결과에 따르면, 식사 때마다 약 10분 정도 실속 있는 대화를 나눈다고 한다. 고작 그 정도인가 하는 생각이 들기도 하지만, 한편으로는 안도감이 든다. 우리 가족도 할 수 있겠다는 자신감이 생기니 말이다!

둘째, 대화시간의 50퍼센트 이상을 아이에게 양보한다. 그 10분간의 의미 있는 대화 가운데 3분의 2가량을 어른들이 차지한다. 그렇다면 아이들은 3분의 1, 즉 3분 30초에도 못 미치는 시간을 갖게 되는 셈이다. 가족식사의 주된 목표는 아이들의 사회성을 길러주는 것이므로, 가능한 한 아이들을 대화에 많이 참여시켜야 한다.

셋째, 식사 때마다 아이에게 새로운 단어를 하나씩 가르친다. 풍부한 어휘력은 삶에 큰 이득이 된다. 최저 소득층의 자녀들은 한 시간에 616개의 단어를 듣는 반면, 최고 소득층의 자녀들은 2,153개의 단어를 듣는다는 연구 결과가 있다. 1년으로 계산하면 800만 개의 차이가 난다. 엘런 갤린스키는 "3,000개의 단어를 아는 아이와 1만 5,000개의 단어를 아는 아이는 유치원에 들어가면 엄청난 차이를 드러낸다"고 말했다. 아이들이 학교에 다니기 시작하면 그 중요성은 더욱 커진다. 아이들은 대개 3학년부터 12학년(우리나라의 고등학교 3학년－옮긴이)까지 1년에 약 3,000개의 단어를 배운다.

갤린스키에 따르면, 다행히도 부모가 도움을 줄 수 있다. 소득 수준이 어떻든 간에, 부모가 가장 먼저 해야 할 일은 아이에게 말을 걸 때 어른스럽게 하는 것이다. 오히려 아이들에게 익숙지 않은 단어를 사용하도록 노력해야 한다. 아기들에게 이야기할 때 우리는 당연히 간단한 문장을 사용하고 높은 음으로 말한다. 이런 방식의 효과는 확실히 증명되었지만, 말을 시작한 아이에게 똑같은 수법을 썼다간 오히려 역효과만 볼 수 있다.

어휘력을 키워줄 세 가지 간단한 게임이 있다.

- '과일' '새' 혹은 '흰색' 같은 단어를 제시한 다음, 식탁에 앉은 모든 가족이 그와 관련된 단어를 최대한 많이 생각해낸다. 이 단순한 게임이 아이들의 창의성을 높여준다는 사실이 증명된 바 있다.
- 접두사(갓-, 맞-, 홑-, 숫-)나 접미사(-꾸러기, -쟁이, -꾼, -질)를 제시한 다음 모두가 새로운 단어를 만들어낸다.
- 신문이나 잡지, 카탈로그를 식탁으로 가져와 각자 모르는 단어들을 찾아본다. 인터넷 검색을 해도 좋다!

화요일: 자서전

특별한 수업이나 정교한 장비, 값비싼 가정교사 없이도 부모가 자녀에게 길러줄 수 있는 귀중한 기술이 있다. 바로, 자신의 인생에 대해 이야기하는 능력이다. 다섯 살 정도 되면 아이들은 과거의 사건들을 설명할 수 있게 되지만, 이런 기술들에도 연습이 필요하다. 가족 식탁은 그 완벽한 무대이다. 아이에게 그날 하루 혹은 과거의 기억에 남는 경험을 떠올려보라고 말한다. 그런 다음, 심리학자들이 말하는 '정교한 질문들'을 던진다. 누가? 무엇을? 언제? 어디서? 왜? 이런 주관식 질문들을 통해 아이들은 기억과 정체성을 확립해나간다.

이게 뭐 그리 중요할까? 보스턴의 연구자들은 미국의 부모들과 한국, 중국, 일본의 부모들을 비교해본 결과, 미국의 어머니들이 세 살짜리 아이에게 좀 더 정교한 질문을 하고, 아이의 답을 상세히 보충해주며, 긍정적인 반응을 보여 좀 더 많은 이야기를 끌어낸다는 사실을 발견했다. 반면 아시아의 어머니들은 규율과 근면함에 좀 더 초점을 맞추었다. 연구자들이 몇 년 후 똑같은 아이들을 다시 추적해봤더니, 아시아 아이들보다 미국 아이들이 과거의 일을 더 많이 기억했다.

가족사를 아는 아이들에 관해 마셜 듀크가 발견한 사실처럼, 아이들은 가족에 대해 많은 것을 기억할수록 자존감과 자신감이 더 높다. 이 사실을 염두에 두고, 하루 저녁이라도 아이들에게 자신의 과거, 자신의 '자서전'(축구 경기에서 두 골을 넣은 날, 혹은 엄마가 엄청나게 맛있는 초콜릿 쿠키를 만들어준 저녁)을 이야기할 수 있게 해줘야 한다. 중요한 시험이나 경기를 앞둔 날 저녁에 이 게임을 하면 효과를 톡톡히 볼 수 있다. 과학자들에 따르면, 높은 점수를 받았던 일을 떠올리면 아이들의 자신감이 높아진다.

수요일: 고민

가족식사는 서로 다른 연령대의 가족이 동일선상에 설 수 있는 얼마 안 되는 시간이기도 하다. 캘리포니아 대학의 연구자들은 저녁식사 시간에 가족 중 누군가가 이야기를 시작하면 다른 가족이 끼어들어 상세한 내용을 더하고 잘못된 부분을 바로잡기도 하면서 그 이야기가 계속 진행되도록 돕는다는 사실을 발견했다. UCLA의 심리학자들은 이러한 과정에 '공동으로 이야기하기co-narration'라는 이름을 붙였다. 모두가 참여하는 이야기가 끝날 때까지 계속 자리를 지키고 있는 것이 짜증스러울 수도 있지만, 가족의 팀워크를 향상시키는 데에는 큰 도움이 된다. 아이들이 식사 시간에 다른 가족들과 함께 수수께끼를 풀거나 곤란한 상황을 해결하는 것도 가족의 단합에 도움이 된다.

어떻게 하면 그런 대화의 계기를 만들 수 있을까? 일주일에 하루, 저녁 식사 때 가족 모두에게 '고민'을 하나씩 가져오도록 하는 것이다. 마음에 들지 않는 친구와 함께 학교 과제를 해야 하는 아이, 혹은 학부모 회의에 가야 하는 날 아버지를 모시고 안과에 가야 하는 엄마의 고민을 들을 수 있다. 그러고 나면 갑자기 가족 모두가 한 팀이 되어, 문제를 분석하고 가능한 해결책을 찾는 작업에 착수하게 된다.

목요일: 낱말놀이

식사시간을 그냥 재미있게 보내면 안 될까? 물론 된다. 하지만 놀이를 영리하게 잘 선택하면 아이들의 언어 능력을 높여줄 수 있다. 학자들이 '언어대회'라고 부르는 가족식사는 아이들이 언어를 사랑하고 제대로 사용하는 법을 배우는 실험실과도 같다. 나는 수십 가지의 낱말놀이를 내 딸들과 그들의 친구들, 사촌들, 이모나 고모들, 삼촌들, 조부모들에게 시험해보았다. 연령에 상관없이 다음의 네 가지 놀이가 가장 효과적이었다.

- **동의어 찾기.** 단어(달리다, 빨리, 행복하다 등등)를 하나 제시한 다음, 그 대안으로 사용할 수 있는 단어들을 최대한 많이 생각해낸다.
- **두운 놀이.** 한 사람씩 돌아가면서, 같은 글자로 시작하는 단어들로만 한 문장을 만든다.
- **빈칸 채우기.** 한 사람이 어떤 문장을 제시하면 나머지 사람들이 그 문장을 완성한다. "내가 가장 배우고 싶은 스포츠는 _____ 이다." "하

늘을 올려다보면 _____가(이) 생각난다."

- **차이점 놀이.** 한 사람이 "바다와 강의 차이는?" 혹은 "창문과 문의 차이는?"과 같은 질문을 던진다. 식탁에 앉아 있는 모든 이들이 서로 다른 답을 내놓아야 한다.

금요일: 나쁘거나 좋거나

우리 가족은 금요일에 저녁식사를 할 때마다 내가 어린 시절 했던 놀이를 한다. '나쁘거나 좋거나'라는 게임으로, 규칙은 단순하다. 한 명씩 돌아가면서 그날 있었던 안 좋은 일을 이야기한 다음, 또 한 명씩 돌아가면서 그날 있었던 좋은 일을 이야기하는 것이다. 단 한 가지 조건이 있으니, 좋은 일과 나쁜 일을 한 가지 이상 말해야 하고, 다른 사람의 대답에 트집을 잡아서는 안 된다.

학자들이 '하루에 대해 이야기하기'라고 부르는 이런 유의 활동이 지닌 장점들을 증명해주는 연구가 점점 늘어나고 있다. 엄마와 아빠를 포함한 다른 가족들이 하루하루 기복을 겪는 모습을 지켜보면서 아이들은 주변 사람과 공감하고 유대감을 갖게 된다.

하지만 모두가 이런 놀이를 좋아하는 것은 아니다. 워싱턴 D. C.에서 박사과정을 밟고 있는 한 학생은 '나쁘거나 좋거나' 놀이를 맹렬하게 비난하는 글을 썼다. 린 포글Lyn Fogle은 홀아버지와 두 아들이 함께하는 저녁식사를 수개월 동안 관찰했다. '나쁘거나 좋거나' 놀이에 대한 내 글을 읽은 아버지는 아이들과 그 놀이를 하기 시작했다. 포글은 아버지가 가끔 아이들에게 그 놀이를 강요한다는 생각이 들었다. 나도 겪은 일이다. 우리 남매들은 부모님이 우리에게 '나쁘거나 좋거나' 놀이를 시킬 때 가끔 불평했었고, 지금은 내 딸들이 투덜댄다. 나와 함께 커피를 마시는 자리에서 포글은 아이들이 부모의 방식에 반항하면 아이들이 이기도록 해줘야 한다고 말했다. 아이들이 자기 삶을 통제하고 있다고 느끼도록 말이다.

그렇다면 나는 이 소중한 가족 전통을 어떻게 해야 할까? 나는 듀크 가족과의 금요일 저녁식사를 끝내고 작별인사를 하기 전에 마셜의 생각을 물었다.

그는 이렇게 답했다. "우선, 아이에게 진짜 큰 상처가 있다면 그 일을 이야기하도록 억지로 강요해서는 안 된다는 점에는 동의합니다. 연구 결과를 봐도 그렇지요. 하지만 다른 점에 있어서는 포글 씨의 의견에 반대합니다. 식사시간이든 아니든 우리는 아이들에게 어떤 태도를 물려주게 됩니다. 아이들은 부모를 본받아요. 어린 자녀들은 시끄러운 소리를 들으면 그 소리가 들리는 쪽이 아니라 우리를 쳐다보잖습니까? 우리가 아무렇지도 않게 가만히 있으면 아이들도 그렇게 하지요. 아이들이 커서도 마찬가지입니다. 아이가 학교에서 있었던 안 좋은 일을 이야기하면 그저 '케첩 줘'라고 말하는 것이 최선의 방법일 때도 있어요. 그렇다고 해서 당황할 필요는 없습니다. 내가 이런 문제들에 잘 대처했듯이 당신도 잘할 수 있어요. 처음의 당황스러움이 가라앉고, 감자튀김에 케첩을 뿌리고 나면 이제 대화를 시작할 수 있을 겁니다."

"아이들이 이런 놀이를 하지 않으려고 하면 어떡합니까?" 내가 물었다.

"그럼 이렇게 말하십시오. '미안하다, 얘들아. 나도 어릴 적에 이 놀이를 하기 싫을 때도 있었지만 너희들 할머니가 시키셨어. 이 놀이는 우리 가족의 일부니까. 자, 감자 좀 이쪽으로 줄래? 그래, 오늘은 어떤 안 좋은 일이 있었니?'"

3

가족 사명서의 위력

우리 가족의 브랜드를 만들어라

내가 방문한 그 주말 동안 데이비드 키더David Kidder는 혼자서 아이들을 돌보았다. 아내인 조해나가 그에게 어린 세 아들을 맡겨놓고 출장을 떠난 것이다. 토요일 오후 한두 시쯤 되자 그는 혼이 다 빠지고 말았다. 여섯 살짜리 아들 잭은 소파 위에서 펄쩍펄쩍 뛰어대고, 네 살배기 스티븐은 냉장고 문을 열었다 닫았다 하고 있었다. 그리고 두 살이 채 안 된 루커스는 어디에 있는지 보이지도 않았다.

데이비드는 뉴욕 주 마머로넥에 있는 자택의 1층을 정신없이 뛰어다니다가 몇 초 만에 욕실에서 한탄하듯 소리쳤다. "맙소사, 루커스, 여기서 뭐 하는 거야?"

루커스는 기저귀만 찬 채 두루마리 휴지의 절반을 풀어놓고, 꽃장식과 옷들을 변기 속으로 처넣고 있었다.

"이리 와, 씻어야겠다." 데이비드는 첫째와 둘째 아들을 뒤뜰로 보낸 뒤 루커스를 안아올리고 허겁지겁 위층으로 가 기저귀와 옷을 갈아주었다.

데이비드와 그의 세 아들을 따라 이 방 저 방 다니다 보니, 부엌과 아이들 방, 키더 부부의 위층 방에 걸려 있는 똑같은 장식물이 눈에 띄었다. 액자에 끼워진 암청색 종이 한가운데에 짙은 주홍색으로 'KIDDER'라는 글자가 적혀 있었다. 그 바로 밑에는 '남에게 대접받고자 하는 대로 남을 대접하라'라는 문장이 쓰여 있었다. 그리고 종이 여기저기에 '믿음' '목적' '지식' '정의' 같은 단어들이 굵은 글씨로 쓰여 있고, 각각의 단어에 짧은 구절들이 덧붙여져 있었다.

"우리 가족이 믿는 가치들을 적어놓은 겁니다." 데이비드가 설명해주었다.

루커스가 열쇠 꾸러미를 가지고 노느라 정신이 팔린 사이, 데이비드는 앉아서 나와 이야기를 나눌 여유가 생겼다. 그는 과학기술, 도시 재개발, 이동광고 분야의 네 개 기업을 창업한 이력이 있었다. 또한《경건한 지성 The Intellectual Devotional》이라는 책을 시리즈로 발표하고, 기업가들을 위한 편람도 썼다. 그는 수많은 아이디어를 가지고 있으며, 그가 쏟아내는 아이디어는 모든 사람에게 즐거움을 전파한다.

"20년 동안 경험한 바에 따르면, 신생 회사들이 실패하는 이유는 그 가치관을 제대로 전달하지 못하기 때문입니다. 카리스마 있는 리더가 신념을 가지고 있으면 뭐 합니까, 그 신념이 나머지 직원들에게까지 전해지지 않는데요."

그래서 데이비드는 자신이 가장 최근에 설립한 회사를 위한 지침서를 만들었다. 그는 그것을 자신의 OS, 즉 운영체계operating system라 부르고,

회사의 목적, 회사의 가치관, 회의를 진행하는 방식, 이메일을 사용하는 법 등 모든 내용을 거기에 담았다. 이 지침서를 만들기 시작할 때는 그에게 아이가 없었지만, 완성했을 때는 세 아이가 있었다. 그때 그는 이런 생각이 들었다. 부모 노릇을 하는 데에도 비슷한 운영체계가 있지 않을까?

데이비드는 이렇게 말했다. "10년 동안 일과 가정의 균형에 대해 연구한 사람이 테드 강연회TED conference(미국의 비영리 재단인 TED가 주최하는 강연회로, 기술·오락·디자인 등 세 분야의 세계 최고 명사들이 참여한다-옮긴이)에서 하는 이야기를 들었는데, 대부분의 사람들이 가정과 직장 어느 한쪽에서만 크게 성공하고 다른 한쪽에서는 평균에 그친다고 하더군요. 두 마리 토끼 모두 잡으려면 직장에서나 가정에서나 똑같은 수준의 열정과 에너지를 쏟아붓는 수밖에 없어요. 균형을 잘 이루어야 합니다."

데이비드는 그 균형을 이루기 위해서는 가족을 위한 지침서를 만들어야 한다는 결론을 내렸다.

"우리의 신념을 적어놓은 저 종이는 우리 삶의 운영체계와 같은 겁니다. 우리 부부의 결혼생활, 아이들, 모든 것이 담겨 있지요. 한번 보시겠습니까?" 그는 일어나서 하나를 가져왔다. "이런." 그가 갑자기 주위를 둘러보며 말했다. "루커스가 또 어디 갔지?"

성공하는 가족의 7가지 습관

내가 아는 부모들은 모두 어떻게 하면 자녀들에게 올바른 가치관을 심어줄 수 있을까 고민하고 있다. 반드시 지켜야 하는 영원불멸의 가치들이 있다는 걸 어떻게 이해시켜야 할까? 건전한 가족문화를 일구어 그런 가치관을 아이들에게 전하려면 어떻게 해야 할까?

오래전부터 부모들은 이런 의문을 품어왔지만, 학계는 그리 큰 관심을 기울이지 않았다. 1900년대 초부터 가족 연구는 가족 내의 결점들에 초점을 맞추었다. 그러나 1960년대에 주류에서 벗어난 몇몇 학자들은 건전한 가족들의 공통적인 특성을 파악하는 작업에 착수했다. 유타 대학의 허버트 오토Herbert Otto는 처음으로 그 특성들의 목록을 작성했다. 거기에는 가족이 공유하는 종교관 및 윤리관, 배려, 공동의 관심사, 아이들에 대한 사랑과 아이들의 행복, 함께 일하고 놀기 등이 포함되어 있었다. 미네소타 주, 앨라배마 주, 네브래스카 주의 학자들도 비슷한 시도를 했다.

1989년 즈음 그 목록들이 제법 많이 만들어지자, 미국 보건복지사업부가 10여 명의 연구자들을 워싱턴 D. C.로 초청하여 회의를 열고, 그 문제에 대한 공통 기반을 마련해달라고 부탁했다. 주최 측이 회의 전야에 말했듯이, "지금까지 연구자들, 정책 입안자들, 대중매체는 가족들이 불행해지는 이유에 큰 관심을 가져왔다. 견실하고 건전한 가족들, 그리고 그들의 성공 요인에는 주의를 기울이지 않았다."

회의에 참석한 과학자들은 그전에 이미 성공적인 가족들의 공통적인 특성을 발표했었다. 그렇지만 주최 측은 합의점을 도출할 수 있을지 살펴보기 위해 20여 개의 목록을 처음으로 면밀히 검토했다. 그 결과 아주 손쉽게 종합적인 목록이 나왔다. 거기에는 다음의 9개 항목이 포함되었다.

- **대화.** 성공적인 가족은 설령 의견이 서로 다르다 해도 솔직하고 허심탄회하게 자주 이야기를 나눈다.
- **개개인의 개성 존중.** 견실한 가족은 소속감을 가지는 동시에 각 일원의 개성을 존중한다.

- **가족에게 헌신하기.** 성공적인 가족의 일원들은 가족에 대한 강한 애착을 서로에게, 그리고 다른 사람에게 분명히 이해시킨다.
- **종교적·정신적 행복.** 연구 결과에 따르면, 성공적인 가족은 가치관과 윤리관을 공유한다. 그렇다고 해서 반드시 종교를 가진다거나 종교 예배에 자주 참석하는 것은 아니다.
- **사교성.** 성공적인 가족은 고립되어 있지 않다. 더 넓은 사회와 연결되어 있으며, 위기에 처한 친구와 이웃에게 도움의 손길을 뻗는다.
- **적응성.** 견실한 가족은 체계가 세워져 있으면서도 융통성이 있어서, 상황에 맞추어 체계를 조정한다.
- **감정 표현.** 견실한 가족의 일원들은 서로를 깊이 아끼며 자신의 감정을 자주 표현한다. 감정 표현이 서툴더라도 가족을 위한 의미 있는 일을 함으로써 자신의 감정을 전달한다.
- **분명한 역할 분담.** 성공적인 가족의 일원들은 자신이 가족 안에서 책임져야 할 일들을 잘 알고 있다.
- **함께 시간 보내기.** 견실한 가족의 일원들은 즐거운 일을 하면서 시간을 함께 보낸다.

회의의 결과는 〈성공적인 가족의 특성Identifying Successful Families〉이라는 논문으로 발표되었다. 이로부터 어떤 구체적인 성과가 나온 것은 아니지만, 논문의 내용은 이 분야의 훨씬 더 대중적인 출간물인 스티븐 코비의 저서와 일맥상통하며 그 정당화에 일조하기도 했다. 유타 주의 경영 컨설턴트인 코비는 미국 재계(그는 하버드 대학 경영관리학 석사학위를 가지고 있다)에서 활동하는 동시에 모르몬 교회의 지도부에도 속해 있다. 사회의 품격이 떨어지는 것을 안타깝게 생각한 그는 1989년에 《성공하는 사람들의 7가지 습관》을 발표했다. 경영학적인 분석과 복고풍의 긍정적 사고가 뒤섞인 이 책은 20세기의 가장 영향력 있는 경영 서적으로 불렸다.

9명의 자녀와 52명의 손자를 둔 코비는 자신의 가족에 대해서는 훨씬 더 열정적이었다. 1997년에 그는 자신의 독창적인 생각들을 다시 정리하여《성공하는 가족들의 7가지 습관The 7 Habits of Highly Effective Families》이라는 저서를 발표했다. 이전의 저서와 똑같은 습관들이지만, 그것들이 전하는 메시지는 조금 달랐다.

- **습관 1.** 주도적으로 행동하라. 가족에 변화를 일으키는 주역이 되도록 노력해야 한다.
- **습관 2.** 끝을 생각하며 시작하라. 자신이 이루고 싶은 가족상을 알고 있어야 한다.
- **습관 3.** 중요한 일을 먼저 하라. 이 험난한 세상에서 가족을 최우선으로 생각해야 한다.
- **습관 4.** '윈윈(win-win)' 전략을 생각하라. '나'가 아닌 '우리'를 생각해야 한다.
- **습관 5.** 먼저 이해하고, 그다음에 이해시켜라. 가족의 문제는 대화를 통해 해결해야 한다.
- **습관 6.** 협력을 통해 시너지 효과를 누려라. 서로의 차이를 존중하는 동시에 가족의 화합을 이루어야 한다.
- **습관 7.** 톱날을 갈아라. 전통을 통해 가족의 정신을 일신해야 한다.

이 목록은 워싱턴 D. C.에서 열린 회의에서 작성된 종합 목록과 놀라울 정도로 비슷하다. 그러나 어떤 목록에서도 찾아볼 수 없는 한 가지 아이디어를 코비는 제안했다. 경영 컨설턴트인 코비는 자신에게 조언을 바라는 기업 간부들에게 "이 기업의 가장 중요한 사명이나 목적은 무엇이며, 그것을 성취하기 위한 주된 전략은 무엇입니까?"라는 질문에 한 문장으로 답해보라고 요구했다. 그런 다음 그들의 답을 소리 내어 읽게 했다. 그러면 그들은 서로의 답이 무척이나 다른 것에 충격을 받았다. 코비는 그들이 좀 더 통일된 기업 사명서를 작성할 수 있도록 도왔다.

물론 코비뿐만 아니라 많은 기업이 수십 년간 그들의 핵심 가치를 확립하고 사명을 구체화하는 작업을 해왔다. 1980년대에는 기업이 효과적인 팀 문화를 건설할 방법을 모색하는 조직적인 활동이 활발하게 이루어졌다. 1982년에 출간된 톰 피터스와 로버트 워터맨 주니어Robert Waterman Jr.의 《초우량 기업의 조건In Search of Excellence》 같은 저서들이 전 세계적으로 돌풍을 일으켰다.

코비의 혁신적인 점은 비슷한 과정을 가족에게 적용했다는 것이다. 그는 가족들도 가족 사명서를 만들어야 한다고 제안했다. "이상적인 자아상과 가족상을 분명하고 강력하게 제시하는 것이다." 그는 가족 사명서가 비행 계획서와 비슷하다고 말했다. "좋은 가족, 위대한 가족이라도 90퍼센트의 시간은 본궤도를 벗어나 있다." 좋은 가족은 목적지를 명확히 알고 있고, 그곳에 도착하기 위한 비행 계획을 가지고 있다. 그래서 불가피한 난류나 인간의 실수에 부닥친다 해도 본궤도로 되돌아갈 수 있다.

코비는 가족 사명서를 만든 일이 자신의 가족사에서 가장 획기적인 사건이었다고 말했다. 우선 코비 부부는 그들의 자녀들이 가졌으면 하는 열 가지 능력을 적어놓은 혼인서약을 대충 훑어보았다. 그러고는 아이들에게 "집에 오고 싶은 이유가 뭐니?" "우리 가족의 어떤 점이 부끄럽니?" 등의 질문을 했다. 그다음에는 아이들이 자신만의 사명서를 작성했다. 10대

아들 숀은 "우리는 대단한 가족이다. 박력이 넘친다!"라고 썼다. 마침내 그들은 한 문장의 사명서를 만들어냈다.

> 우리 가족의 사명은 믿음, 질서, 진리, 사랑, 행복, 휴식이 있는 따뜻한 장소를 만들고, 각 개인이 책임감과 독립심을 가지고 서로에게 의지하며 사회에서 가치 있는 역할을 하는 사람이 될 수 있도록 도와주는 것이다.

코비는 다른 가족들의 사명서를 10여 개 소개한다. 설교풍의 사명서도 있다. "우리 가족의 사명: 서로를 사랑할 것…… 서로를 도울 것…… 서로를 믿을 것…… 시간, 재능, 자원을 현명하게 사용하여 다른 가족에게 도움을 줄 것…… 함께 예배에 참석할 것…… 영원히."

익살맞은 사명서도 있다. "빈 의자가 없도록!"

가족 사명서에 대해 나는 여러 가지 생각이 들었다. 한편으로는 그 자체가 약간 촌스럽게 느껴졌다. 성가시고, 고압적이고, 조금은 딱딱해 보였다. 또 모든 것을 한 문장에 끼워 넣어야 한다는 압박감 때문에 장황한 문장이 만들어질 가능성이 높아 보였다. 다른 한편으로는 그 아이디어가 마음에 들었다. 나 자신이 촌스러운 사람이니까! 또 코비의 아이디어가 어떤 진실을 포착하고 있다는 생각도 들었다. 가족의 가치관을 분명히 말해주지 않고 어떻게 아이들에게 그것을 지키라고 요구할 수 있겠는가?

그 즈음, 어느 날 린다가 직장에서 돌아와서는 브랜드를 만드는 일이 힘들다며 투덜거렸다. 아내는 전 세계의 영향력 있는 기업가들을 후원하는 엔데버Endeavor라는 조직을 공동 창립하여 운영하고 있다. 수년 동안 린다는 조직이 그 주된 사명과 핵심 가치들을 파악하도록 돕는 매디슨 애비뉴의 브랜딩 전문가들과 함께 일했다. 그 일은 그녀의 팀원 모두에게 강력한 영향을 미쳤고 감동까지 느끼게 해주었다.

그때 문득 이런 생각이 떠올랐다. 우리 가족도 비슷한 시도를 해보면 어떨까? 우리 가족만의 브랜드를 만든다면? 코비가 제안한 가족 사명서가 될 수도 있고, 아니면 가족 모두가 공유하는 가치들의 목록이나 멋진 로고 같은 것이 될 수도 있었다.

린다는 브랜드가 외적인 목적을 가지고 있지만, 가족에게는 그런 목적이 없다는 사실을 지적했다. 우리가 운동화를 팔 것도 아니지 않느냐면서 말이다. 하지만 린다의 조직에서도 봤듯이, 브랜드는 내적 목적도 지니고 있다. 구성원들이 모여서 저마다의 신념에 대해 이야기를 나누고 공통의 비전을 정할 수 있게 해준다. 그런 과정이 우리 부부와 딸들의 가치관을 정의하는 데에도 도움이 될까? 그 답을 찾는 방법은 한 가지밖에 없었다.

가족의 신념

데이비드 키더는 가족을 위한 지침서를 만들기로 결심하자마자 아내와 하룻밤을 꼬박 새우면서, 그들이 공유하고 있는 가치들의 목록을 작성했다. 서른 가지의 가치가 나왔다. 몇 주 동안 키더 부부는 가지를 쳐가며 그 가치들을 한 문장으로 정리했다.

> 우리 삶의 목적은 하늘이 우리에게 주신 유일무이한 재능을 발휘하여 타인들의 삶과 세계에 긍정적인 영향을 미치는 것이다.

"이 한 문장 안에 키더 가족의 목적이 완전히 담겨 있어요." 데이비드가 말했다.

하지만 키더 부부는 그 목적을 이루는 데 도움이 될 열 가지 자질, 즉 브랜딩 전문가들이 말하는 핵심 가치들을 추가해나갔다. 나는 데이비드에게 그가 회사를 위한 편람을 만든 것처럼 20페이지짜리 소책자를 만들 생각이었냐고 물었다. 그러자 그는 이렇게 답했다. "아니요, 무언가를 단순하게 만드는 것만큼 어려운 일도 없어요. 관리자들은 닥치는 일을 관리하고, 리더들은 현실을 창조하고 다른 사람들을 그쪽으로 이끌죠." 그러고 나서 그는 차분하게 덧붙였다. "게다가 이런 일들은 도를 넘기가 쉽습니다."

그들의 목록에 가장 먼저 나오는 가치는 "믿음: 우리는 신과 함께 각자의 여정을 떠난다"이다. 데이비드는 다음과 같이 설명했다. "우리가 영적인 존재라는 걸 아이들이 알았으면 합니다. 신이 누구인지 내가 정의를 내려줄 수는 없지만, 아이들이 신과 관계를 맺기를 바랍니다. 일이나 결혼생활, 건강에 문제가 생기면, 어느 순간에는 자기 곁에 신밖에 없다는 사실을 깨닫게 될 겁니다."

두 번째 가치는 "가족: 우리는 서로 사랑하고 존중하고 의리를 지키며, 가족 전통을 세워나간다"이다. "언젠가는 아이들이 커서 각자의 길을 가겠죠. 그래서 우리는 가족이 매년 함께할 수 있는 아주 구체적인 전통들을 세워놨습니다. 스키 여행, 여름 피서, 크리스마스 놀이 같은 거요. 아이들이 가족에게 깊은 애정을 느꼈으면 좋겠어요."

"우리는 고마움을 알고, 관대하며, 낙관적이고, 공손하다"라는 부분이 시선을 끌었다. 데이비드는 이렇게 말했다. "고마움을 알아야 행복해질 수 있어요. 그래서 우리는 매일 아이들이 잠자리에 들기 전에 함께 기도하고, 아이들에게 고마운 일들을 생각해보라고 합니다. 이런 정신적 자극을 통해 건전한 태도를 가질 수 있게 되지요."

믿음 우리는 신과 함께 각자의 여정을 떠난다

가족 우리는 서로 사랑하고 존중하고 의리를 지키며, 가족 전통을 세워나간다

태도 우리는 고마움을 알고, 관대하며, 낙관적이고, 공손하다

건강 우리는 몸과 마음을 다스리는 데 있어서 올바른 결정을 한다

The KIDDER

우리 삶의 목적은 하늘이 우리에게 주신 유일무이한 재능을 발휘하여 타인들의 삶과 세계에 긍정적인 영향을 미치는 것이다

남에게 대접받고자 하는 대로 남을 대접하라

지식 우리는 지적 호기심과 창조를 존중한다

목적 우리는 열정, 용기, 끈기를 가지고 재능을 발휘한다

책임감 우리는 우리의 결정과 생각이 초래하는 결과, 그리고 우리의 계획과 행동에 충실하게 책임진다

경험 우리는 모험을 즐기고, 그 무엇보다 경험을 중시한다

정의 우리는 편견 없이 관대하게 남들을 돕고 지킨다

의무 우리는 우리의 삶에 기여하는 환경과 동물들을 보호하고 존중한다

나는 데이비드에게 이런 가족 신념들이 조금은 버겁지 않은지, 너무 이상적인 건 아닌지 물었다. "그럴지도 모르지요." 그가 대답했다. "하지만 우리의 신념을 글로 써놓는다는 것에 의미를 둔 겁니다. 아버지는 정말 좋은 분이지만, 아버지가 부모로서 어떤 믿음을 가지고 계셨느냐고 누가 물으면 나는 답해줄 수가 없어요. 내 아들들은 그 질문에 답할 수 있기를 바랍니다."

그렇다면 가족의 믿음을 기록해둠으로써 얻을 수 있는 가장 큰 이득은 무엇일까?

"결국 부모의 가장 큰 소망은 아이들의 진정한 행복이지요. 우리의 신념을 적어두는 것도 그 목표를 이루기 위해섭니다. 나는 단어들로 표현하는 것이 중요하다고 생각합니다, 단 몇 단어라도요. 아이들이 어릴 때나 여든이 되어서나 그 단어들이 중요한 역할을 하겠지요. 누가 알겠습니까? 하지만 적어도 자신의 부모가 중요하게 생각하는 가치들이 무엇인지는 정확히 알고 있겠죠."

가족의 핵심 가치 찾기

린다와 함께 우리의 핵심 가치를 찾기 시작하기 전에, 나는 두 사람을 더 찾아가 조언을 구했다. 우선, 위대한 기업문화를 창조하는 일에 앞장서고 있는 전문가를 만났다.

기업 경영을 평생 연구하고 있는 짐 콜린스Jim Collins는 6년간 베스트셀러의 자리를 지킨《성공하는 기업들의 8가지 습관Built to Last》의 공동서사이며, 500만 부 이상 팔린《좋은 기업을 넘어 위대한 기업으로Good to Great》도 썼다.

콜린스의 저서들을 관통하는 한 가지 주제는, 성공적인 조직체는 자신의 탁월한 점을 파악하고 그 강점을 이용한다는 것이다.《성공하는 기업들의 8가지 습관》에서 그는 카리스마 있는 리더가 되기는 쉽다고 썼다. "리더 한 명의 존재감을 뛰어넘어 번영할 수 있는" 조직체를 세우는 것이 훨씬 더 어렵다.

이런 개념이 부모에게도 적용된다는 사실을 발견한 나는 한편으로 걱정스럽기도 했다. 아이들에게 좋은 본보기가 되는 것도 어려운 일인데, 내 가치관을 어떻게 아이들에게 물려줄 수 있을까?

우연히도 콜린스는 스탠퍼드 경영대학원에 다닌 내 형이 평생 멘토로 삼은 분이다. 그는 친절하게도 내게 자신의 연구를 가족에게 적용할 방법에 대해 조언해주었다.

"나의 최대 관심사는 지속적이고 위대한 인간 조직체입니다." 콜린스가 말했다. "그것은 종교일 수도 있고 기업, 국가, 혹은 가족일 수도 있어요. 그리고 그들 모두 이중성을 내포하고 있는데, 바로 '핵심을 보존하는 동시에 발전을 자극한다'는 겁니다. 한 조직체가 영속할 수 있는 것은 그

근간을 이루는 핵심 가치들 덕분이지요. 그 가치들은 오래 지속되면서 시공을 초월하여 한 조직체의 구성원들을 끈끈하게 이어줍니다. 또 다른 한편으로, 조직체는 핵심 가치를 보존하는 동시에 시대에 뒤처지지 않도록 진화하기 위해 항상 애쓰고 있습니다. 바로 '발전을 자극'하는 겁니다. 일상의 습관들을 유연하게 조절하면서 순간순간 자신이 잘하고 있음을 확신할 수 있어야 합니다."

나는 이런 개념이 마음에 들었다. 우리 가족이 이미 실험하고 있던 애자일 기법과 상당 부분 유사해 보였기 때문이다. 애자일 기법은 특히 '발전을 자극하는' 데 효과적이다. 정기적으로 우리의 일상을 손질할 수 있는 기회를 주기 때문이다. 하지만 진정한 효과를 보려면 좀 더 어려운 '핵심 가치를 보존하는' 일로 넘어가야 했다. 존 콜린스는 이에 대해 다음과 같이 조언해주었다.

"가족의 핵심 가치를 찾을 때, 이상적인 가치관이 아니라 실제 가치관을 파악해야 합니다. '우리는 이런저런 가치를 지켜야 해'라는 생각으로 접근하면 낭패를 보게 돼요. 곤란한 상황에서도 끝까지 지킬 수 있는 진정한 가치가 핵심 가치입니다. 이렇게 말할 수 있어야 해요. '우리가 손해를 보더라도 이 가치를 끝까지 지켜내야 한다. 벌금을 물어야 할지라도, 그것을 지키지 않는 아이를 혼내야 하더라도, 아이들의 즐거움을 빼앗아야 할지라도 그것을 끝까지 지켜야 한다.' 가족의 브랜드를 만들 때 이런 점을 염두에 두고 있어야 합니다. 가족을 대변해주는 브랜드만이 성공을 거둘 수 있습니다."

계속 도전하라

내가 두 번째로 만난 사람은 숀 코비였다. 숀은 스티븐 코비의 아홉 자녀 중 넷째이다('우리는 박력이 넘친다'라는 가족 사명을 주장했던 아들). 그는 《행복한 아이들의 7가지 습관The 7 Habits of Happy Kids》의 저자이기도 하며, 그의 아버지가 창립한 회사에서 리더십 코치를 맡고 있다. 숀은 이상적인 코치였다. 예전에 브리검영 대학의 쿼터백으로 뛰었던 그는 약간의 반항적인 기질을 가지고 있었다. 그는 아버지가 가족 사명서를 만들자고 했을 때 '아버지가 또 별난 일을 하시려나 보다'라고 생각했다고 한다. 또, 그의 개인적인 사명은 레드 제플린과 함께 여행하는 것이라는 말도 했다. 하지만 10대 때 사명서를 만드는 과정을 좋아하게 된 숀은 훗날 자신의 여덟 자녀와도 그것을 만들었다.

그는 내게 세 가지 조언을 해주었다.

첫째, 간단하게 만들 것. "함축적이고 인상적인 사명서를 만들어야 합니다. 세 단어, 한 단어, 혹은 열 단어로 말입니다. 마치 헌법처럼 장황한 사명서를 만들어놓고 잘 지키고 있는 친구가 하나 있는데, 그런 경우는 드물어요." 숀의 가족은 애니메이션 영화 〈로빈슨 가족Meet the Robinsons〉의 명대사를 택했다. "계속 도전하라."

둘째, 사명서의 기초를 잡는 일을 특별한 행사로 만들 것. "호텔에 가서 근사한 저녁식사를 하거나 기억에 남을 만한 일을 해서 사명서와 연관된 추억을 만드는 겁니다."

그리고 셋째, 사명서를 눈에 띄는 곳에 붙여둘 것. "당신의 딸들이 벽난로 선반이나 벽을 가리키면서 '우리는 이런 가족이에요'라고 말할 수 있는 가정에서 자란다면 얼마나 의미 있는 일입니까?"

우리 가족을 가장 잘 설명해주는 단어는?

드디어 우리에게도 때가 왔다. 먼저 나는 우리 부부가 대화를 나눌 거리가 될 만한 가치들의 목록을 만들었다. 앞으로의 일을 순조롭게 하기 위함이었다. 그때까지도 린다는 이 일이 썩 내키지 않는 기색이었기 때문이다. 아내가 딸들에게 "너희 아빠가 또 별난 짓을 하려나 보다"라고 말하는 소리가 귀에 선했다.

나는 《초우량 기업의 조건》과 《좋은 기업을 넘어 위대한 기업으로》에서 몇몇 단어를 골랐다. 그리고 빈민층의 대학 진학을 돕는 공립학교들의 조직인 KIPPKnowledge Is Power Program 대안학교들이 '인성 성적표'라는 선구적인 프로그램을 시작했다는 글을 읽은 후 그들이 평가 기준으로 삼은 자질들 가운데 여덟 가지를 선택했다. 마지막으로, 긍정 심리학의 아버지인 마틴 셀리그먼Martin Seligman이 파악한 스물네 개의 성격 강점Character Strengths 목록을 참고했다. 이렇게 하여 얻은 80개의 항목을 특정한 순서 없이 타이프로 쳤다.

1. 유연성 2. 용기 3. 열정 4. 호기심 5. 창의성 6. 인내력 7. 신념 8. 책임감 9. 정의 10. 봉사 11. 의무 12. 목적 13. 끈기 14. 적극성 15. 의욕 16. 감성 17. 탁월함 18. 활동력 19. 흥겨움 20. 성장 21. 창의성 22. 상상력 23. 활기 24. 독특함 25. 의외성 26. 독립심 27. 지역사회 28. 무한한 가능성 29. 다양성 30. 혁신 31. 진취성 32. 기쁨 33. 열성 34. 모범시민 35. 신뢰 36. 성실함 37. 참여 38. 헌신 39. 모험심 40. 여행 41. 욕심 42. 변화 43. 권위에 도전하기 44. 행복 45. 선행 46. 뒤돌아보지 말기 47. 끝까지 해내기 48. 낙천성 49. 즐거움 50. 근성 51. 보은 52. 감사

하는 마음 53. 절제 54. 정중함 55. 희망 56. 관대함 57. 학구열 58. 지혜 59. 지식 60. 용기 61. 친절 62. 리더십 63. 용서 64. 겸손 65. 신중함 66. 영성 67. 전념 68. 현재에 충실하기 69. 규율 70. 과감성 71. 적응력 72. 도움 되기 73. 협력 74. 격려 75. 결의 76. 주도성 77. 보호 78. 기발함 79. 개성 80. 다채로움

어느 금요일 저녁, 나는 이 목록을 린다에게 읽어주었고, 우리 가족에게 적합하지 않은 항목들을 함께 지워나가기 시작했다. 규율은 좋긴 하지만 가족의 핵심 가치로 적당할까? 권위에 이의 제기하기? 후회할 일이 생길지도 모른다. 린다는 항목들을 줄이는 일에 놀라울 정도로 과감했다('과감성'에는 두 줄이나 그었다). 하지만 아내가 내 손에서 종이를 뺏어 들고 여백에 추가적인 항목을 갈겨쓰자 나는 한 고비를 넘겼다는 생각이 들었다. "틀에 얽매이지 않는 생각을 한다." "열정적인 삶을 산다." 아내는 그녀의 생각을 가장 잘 담아내고 있는 낙관적인 격언들을 좋아했다.

이미 절반의 성공은 거둔 것 같았다. 결혼한 후로 우리가 원하는 가족상에 대해 허심탄회하게 이야기를 나눈 것은 그때가 처음이었다.

그다음으로 우리는 에덴과 타이비에게 토요일 밤에 팝콘 같은 간식을 먹으면서 밤샘 파티를 열 거라고 말했다. 아이들은 물론 좋아했다. 딸들이 영화관에서 사거나 전자레인지로 돌리는 팝콘만 먹어봤다는 사실을 깨달은 나는 어린 시절 자주 먹던 지피 팝(직접 튀겨 먹는 즉석 팝콘-옮긴이)을 사러 가게로 갔다. 지피 팝은 태워먹기 쉽다는 사실이 떠올라 두 개를 사왔다. 아니나 다를까, 한 개를 태워버리는 바람에 집 안에 매운 연기가 가득했다. 기억에 남을 만한 경험을 만드는 일은 잘되어가고 있었다.

우리 부부의 침대로 온 가족이 모이자 나는 큼직한 플립 차트를 테이

프로 문에 붙였다. 그런 다음 목록으로 작성한 가치들을 쭉 읽고, 《성공하는 가족들의 7가지 습관》의 내용을 조금 수정한 몇 가지 질문을 덧붙였다.

> 우리 가족을 가장 잘 설명해주는 단어는 무엇일까?
>
> 우리 가족에게 가장 중요한 것은 무엇일까?
>
> 우리 가족의 강점은 무엇일까?
>
> 우리 가족의 믿음을 가장 정확히 담아내는 격언은 무엇일까?

우리는 한 사람씩 돌아가면서 답을 적었다. 곧 '팀워크' '창의성' '이야기하기' '좋은 사람 되기' '여행 게임' 같은 단어들이 종이를 가득 채웠다. 하지만 딸들이 가장 활기를 띤 것은 우리 가족이 좋아하는 말들을 큰 소리로 외칠 때였다. 예를 들어, 린다가 툭하면 말하는 "우리는 문제를 좋아하지 않는다, 해결책을 좋아한다"나 내가 최근에 추가한 "우리는 끝까지 해낸다. 우리는 믿는다!" 같은 문장들이었다. 그때 에덴이 외쳤다. "너희들이 하는 첫 말이 '모험', 마지막 말이 '사랑'이기를!"

갑자기 방 안에 정적이 흘렀다. 딸들이 태어난 지 6주가 되었을 때 우리 부부는 친구들에게 딸들을 소개하는 작은 자리를 마련했다. 나는 축배를 들면서 마지막으로 이런 소원을 빌었다. "너희들이 하는 첫 말이 '모험', 마지막 말이 '사랑'이기를." 우리는 수년 동안 첫 부분을 실현하기 위해 노력했다. 슈퍼마켓, 약국, 놀이터에 가는 모든 여행은 우리에게 모험이 되었다. 물론, '모험'은 아이들이 익힌 첫 단어였고, 딸들은 작고 귀여운 입술을 동그랗게 오므리며 그 단어를 발음했다.

"바로 그거야!" 린다가 말했다. "그게 우리 가족 사명서야."

딸들은 폴짝폴짝 뛰기 시작했다.

우리 가족의 브랜드

그것으로 끝이 아니었다. 그 후 며칠 동안 린다와 나는 몇몇 구절의 용어를 수정하고, 걸러낼 건 걸러내며, 우리 가족의 대표 사명을 보충해줄 스무 개의 문장을 작성했다. "우리는 꿈꿀 수 없는 일을 꿈꾼다." "즐겁게, 신나게, 아자!" "우리는 관광객이 아니라 여행자이다." 우리는 딸들을 다시 불러, 올림픽 개최지 선정 방식의 투표를 거쳐 항목을 열 개로 줄였다. 짐 콜린스는 내게 핵심 가치를 다섯 개 이상 만들지 말라고 경고했지만, 린다는 열 개 정도는 되어야 한다고 고집을 부렸다. 나중에 언제든 줄일 수 있었다. 그리고 적어도 미국 헌법보다는 짧았다!

이젠 뭘 해야 할까? 숀 코비는 그의 사명서를 깃털 모양으로 꾸며 집 벽에다 페인트로 그렸지만, 린다는 거기에 동의할 사람이 아니었다. 그래도 나는 우리 가족의 사명을 시각적으로 표현하고 싶었다. 이웃들에게 이리저리 알아본 끝에 그래픽 디자이너 몇 명을 추천받았다. 그들 가운데 피터 크러티가 자기에게도 어린 두 자녀가 있다며 관심을 보이자 나는 약속을 잡았다.

피터는 우리 가족을 잘 담아낼 상징을 만들어보라고 제안했다. 린다와 나는 아이들과 함께 집 안을 돌아다니면서, 가족여행에서 샀던 자질구레한 장신구들이나 딸들이 태어났을 때 선물로 받은 누비이불 등 여러 물건을 후보에 올렸다. 결국, 결혼을 약속하면서 내가 린다에게 주었던 앵무조개로 정했다. 머지않아 우리 가족의 얼굴을 대신해줄 그림이 생겼다.

MAY OUR FIRST WORD BE

ADVENTURE

AND OUR LAST WORD

LOVE

We live lives of passion

We dream undreamable dreams

We are travelers not tourists

We help others to fly

We love to learn

We don't like dilemmas;
we like solutions

We push through. We believe!

We know it's okay to make mistakes

We bring people together

We are joy, rapture, yay!

우리의 첫 말은

모험

마지막 말은

사랑

우리는 열정적인 삶을 산다

우리는 꿈꿀 수 없는 일을 꿈꾼다

우리는 관광객이 아니라 여행자이다

우리는 다른 사람들이 높이 비상할 수 있도록 돕는다

우리는 배움을 사랑한다

우리는 문제를 좋아하지 않는다, 해결책을 좋아한다

우리는 끝까지 해낸다. 우리는 믿는다!

우리는 실수를 해도 괜찮다는 것을 안다

우리는 사람들을 하나로 만든다

즐겁게, 신나게, 아자!

우리는 정확히 무엇을 만들어낸 걸까?

우선, 우리 가족의 명확한 이상이 생겼다. 1960년대의 가족 건강 운동은 가족이 하지 말아야 할 일보다는 해야 할 일에 초점을 맞추었다. 요즘 아이를 키우는 부모들 사이에는 이와 비슷한 철학이 널리 퍼져 있다. 예일 대학 육아 센터를 이끌고 있는 심리학자 앨런 카즈딘Alan Kazdin은 소위 '부모 관리parent management'의 개척자이다. 그는 부모가 아이의 잘못된 행동을 계속 꾸중하기보다는 좋은 행동을 찾아내어 칭찬해줘야 한다고 주장한다.

간단해 보이지만 결코 그렇지 않다. 카즈딘에 따르면, 부모는 아이들에게 바라는 긍정적인 행동을 구체적으로 명시할 필요가 있다. "너희들, 오늘은 정말 사이좋게 잘 노는구나!" "수학 숙제를 다 하다니, 정말 잘했어." 훨씬 더 중요한 일은, 부모가 기대하는 바가 무엇인지 아이들이 정확히 인지할 수 있는 가정환경을 만들어주는 것이다.

가족 브랜드는 우리가 원하는 가족의 모습과 아이들이 지켰으면 하는 가치들을 명확히 보여준다.

둘째, 우리 가족을 대변해주는 시각적인 상징이 생겼다. 행복을 연구한

1세대는 고마운 마음을 표현하는 것이 더 큰 행복을 느끼는 효과적인 방법이라는 사실을 배웠다. 고마운 일들을 기록하는 감사 일기를 쓰거나 고마운 마음을 전하는 메모를 남기거나 다행스러운 일들을 회상하면 (데이비드 키더가 자녀들과 함께 실천하고 있듯이) 행복감이 높아진다는 사실이 증명된 바 있다. 하지만 이들보다 덜 알려진 방법이 훨씬 더 큰 위력을 발휘한다. 바로 시각화이다.

미주리 대학 컬럼비아 캠퍼스의 로라 킹Laura King 교수는 실험 참가자들에게 매일 몇 분씩 '이상적인 자아'가 어떤 모습일지 쓰게 했다. 그러자 참가자들은 훨씬 더 낙관적인 사고를 하기 시작했다. 이 기법을 단순히 고마움을 표하는 방법과 비교한 연구자들은 시각화 훈련이 즉각적이고 지속적인 행복감을 더 높여준다는 사실을 발견했다.

개인이 이상적인 자아를 상상하듯이 가족은 이상적인 가족상을 만들어낼 수 있다. 원하는 가족상을 마음속으로 그리고, 그것을 글로 써서 모든 이들이 볼 수 있는 곳에 붙여놓는 것이다. 적어도 우리 가족에게는 '이상적인 가족'을 표현하는 일이 무척이나 흥미진진하고 짜릿했다.

마지막으로, 우리는 하나의 기준을 만들어냈다. 우리가 가족 사명서를 만들고 나서 몇 주 후, 타이비의 학교 선생님에게서 전화가 왔다. 타이비가 다른 아이와 함께 한 급우를 험담했다는 것이다. 못된 10대 소녀들의 이미지가 내 머릿속을 휙 스치고 지나갔다. 당황한 린다와 나는 타이비를 앉혀놓고 이야기를 나누었다. 그때 처음으로 내 작업실은 '교장실'이 되었다.

타이비는 조심스런 표정으로 우리를 쳐다보았다. 린다가 선생님에게 들은 이야기를 전하자 타이비는 다른 두 친구가 먼저 험담을 시작했고 자기는 그냥 옆에서 들었을 뿐이라고 차분하게 답했다. 린다는 우리가 얼마

전 정한 가족 사명 가운데 이 경우에 들어맞는 것이 무엇이냐고 물었다. 타이비는 고개를 돌려 내 책상 위에 놓여 있던 포스터를 집어 들더니, "우리는 사람들을 하나로 만든다"라는 항목을 가리켰다. 그때부터 우리의 대화에 물꼬가 트였다.

한 달 후 어느 저녁식사 시간에 두 딸이 마지막 초콜릿 조각을 두고 실랑이를 벌였다. 그 다툼이 급기야 비명과 욕으로까지 번지자 린다가 끼어들었다. "엄마가 뭐라고 했지?" 에덴은 잠시 생각하더니 벽난로 선반 위에 붙어 있는 가족 사명서로 달려가 "우리는 문제를 좋아하지 않는다, 해결책을 좋아한다"라는 문장을 가리켰다.

짐 콜린스는 어느 정도 이런 결과를 예상했다. "이런 훈련을 통해 우리 가족이 어떻게 변화할 수 있을까요?"라고 내가 묻자, 그는 스스로 인생에 대처하는 능력을 키우게 될 거라고 설명했다. "인생이란 앞을 내다볼 수 없고, 좋은 일이 있으면 나쁜 일도 있지요." 자신만의 틀이 없으면 이리저리 휩쓸려 다닐 것이고, 틀이 있으면 성공할 확률이 높아진다고 그는 말했다.

PART 2

가족 대화의 기술

4

영리하게 싸워라

협상의 기술을 길러야
집안이 평안해진다

우리 부부의 싸움은 이런 식으로 진행된다. 딸들이 잠들자마자 린다가 내 작업실로 들어온다. 아내의 일진은 그리 좋지 않았다. 아침에는 딸들을 학교에 데려다주고 가느라 회사에 지각했고, 도착해서는 긴장감 도는 회의 때문에 고생했고, 토요일 밤에 아이들을 돌봐줄 사람을 구하지 못한데다, 지금은 내일 회사에서 발표할 자료를 준비해야 한다.

나라고 더 나을 것도 없다. 아침 내내 고장 난 변기를 가지고 씨름했고, 전화 회의는 잘 풀리지 않았으며, 아버지 주치의와 한 시간 동안 통화했고, 지금은 원고 마감시간을 지키기 위해 밤늦게까지 일해야 할 판이다.

"할 얘기 있어?" 그녀가 묻는다. 가끔 배우자가 한쪽 눈을 찡긋하고 씩 웃으며 "오늘은 일찍 자지 않을래?" 하고 묻는 듯한 표정을 지을 때가 있다. 하지만 지금 린다는 그렇지 않다. "귀찮은데 그냥 자면 안 될까?" 하는 표정이다.

"그래." 나는 이렇게 답한다. "할 얘기 많지."

아내는 앉아서 팔짱을 낀다. 나는 두 발을 책상에 올려놓는다. 이런 자세를 취한 채 우리는 마치 권투선수처럼 서로를 쳐다보며, 아주 살짝 비꼬는 말 한마디라도 나오면 바로 싸움에 돌입할 태세를 갖춘다.

나는 우리 부부의 이런 습관을 '저녁 7시 42분의 결투'라고 부른다. 그 시간에 우리는 자질구레한 문제들을 처리한다. 아침에 누가 아이들을 깨우지? 추수감사절 비행기표는 누가 예매하지? 이번 주에 팬케이크와 같이 먹을 우유는 누가 사지? 전기 기사가 올 때까지 누가 집에서 기다리지? 아이들이 사용할 새 무릎보호대는 누가 주문하지? 오늘 밤엔 누가 아이들과 함께 운동하지? 그나저나 당신 알몸을 또 볼 수는 있는 거야?

오늘 저녁에는 곧 다가올 딸들의 생일파티에 내놓을 메뉴가 도마에 오른다. 린다는 피자를, 나는 프레첼(막대나 매듭 모양의 짭짤한 비스킷 - 옮긴이)을 원한다.

"파티에 온 사람들한테 점심을 대접해야지. 부모들은 그걸 기대한단 말이야. 그리고, 생일파티도 안 가는 당신이 뭘 알겠어?"

"인형극에 드는 돈만 해도 얼만데. 피자는 너무 뻔하잖아. 게다가 파티는 오전 열 시에 시작한다고. 간단하게 간식만 줘도 되지 않겠어?"

15분 동안의 실랑이 끝에 린다는 팔짱을 끼고 천장을 올려다본다. 나는 단념한 듯 두 손을 들고는 고개를 젓는다. 급기야 린다가 일어나 방에서 휙 나가며, 나더러 들으라는 듯 큰 소리로 중얼거린다. "오늘 밤에 꼭 볼 드라마가 있어."

아내가 나가자마자 나는 슬그머니 책상에서 두 발을 내린다. 더 좋은 방법이 있을 텐데. 매일 밤 이런 불쾌한 일을 겪으면서 어떻게 행복한 가족을 꾸릴 수 있겠는가?

사랑은 두 눈 속에 있다

싸움. 모든 가족이 싸운다. 그리고 영리하게 싸울수록 성공할 확률도 높아진다.

어느 가족이든 갈등을 겪는다. 하지만 25년간의 연구에 따르면, 누구와 싸우느냐, 무엇 때문에 싸우느냐, 얼마나 자주 싸우느냐보다는 어떻게 싸우느냐 하는 것이 가족의 행복에 훨씬 큰 영향을 미친다. 가족의 걱정거리에 다 같이 집중하고 그 해결 과정을 오히려 성장의 계기로 삼는다면, 다툼 때문에 가족의 화목이 깨질 일은 없을 것이다.

테네시 대학의 연구진은 행복한 결혼생활에 대한 대규모 연구를 통해 우리에게 희망적인 메시지를 던져주었다. 협상하는 법을 아는 부부는 가정과 일 모두에서 행복을 잡을 수 있다는 것이다. 그렇다면 훌륭한 협상가가 될 수 있는 방법은 뭘까? 나는 조사를 통해 몇 가지 사실을 발견하면서, 린다와 나의 사소한 언쟁을 새로운 시각으로 볼 수 있게 되었다.

우선, 다툼의 '시간'이 문제이다. 데버라 태넌Deborah Tannen은 저서《널 사랑해서 하는 말이야I Only Say This Because I Love You》에서 가족이 다 함께 모이는 시간이나 작별인사를 할 때 다툼이 많이 벌어진다는 사실을 지적한다. 아침에 아이들을 학교에 보낼 때, 그리고 하루 일과를 끝내놓고 다 같이 모일 때가 특히 위험하다.

1980년대 후반, 시카고의 두 심리학자는 50개 가정의 어머니, 아버지,

아이들에게 무선호출기를 주고는 시간을 정해두지 않고 아무 때나 호출하여, 무엇을 하고 있는지, 행복한지 물었다. 그들의 목표는 미국 가족들의 정서 상태를 파악하는 것이었다. 그리고 그들은 가족 간의 다툼이 가장 일어나기 쉬운 시간대가 오후 여섯 시부터 여덟 시 사이라는 결론을 내렸다. 남자들은 이 시간대에 스트레스를 심하게 받는다고 주장하지만, 이들 심리학자들에 따르면 그들의 항변은 그리 미덥지 않다. 왜냐하면 사실 남자들은 가족이 있는 집으로 돌아가는 것을 즐거워하기 때문이다. 반면 여성들, 특히 퇴근하여 집으로 돌아가는 여성들은 이 시간대에 정말 큰 스트레스를 받는다. 그들에게는 집안일을 하고 아이를 돌봐야 하는 '제2의 근무'가 시작되는 시간이기 때문이다.

이러니, 저녁 7시 42분은 린다와 내가 까다로운 대화를 나누기에 최악의 시간이었다.

두 번째 문제는 언어이다. 사람들 간의 갈등 상황에서 불행의 징후를 나타내주는 것은 바로 대명사이다. 텍사스 대학의 심리학자이자 《대명사의 은밀한 생활The Secret Life of Pronouns》의 저자인 제임스 펜베이커James Pennebaker는 부부가 '나' 혹은 '우리' 같은 1인칭 대명사를 사용하면 건강한 관계를 맺고 있다는 증거라고 말한다. 특히 '우리'는 화목함의 증거이기 때문에 많이 사용할수록 좋은 대명사이다. 2인칭 단수인 '당신'은 갈등 해결에 서툰 불행한 부부들이 많이 사용한다. 여기서 우리가 얻을 수 있는 교훈은, 싸움을 그치려면 '당신'이라는 말을 그만 사용해야 한다는 것이다.

세 번째 문제는 싸움이 지속되는 시간이다. 가족 내에 갈등이 발생하는 것은 불가피한 일이지만, 그 싸움이 너무 오래 지속되어서는 안 된다. 싸움의 관건은 시작 부분에 있다. 워싱턴 대학의 존 가트맨John Gottman은 어떤 말다툼이든 가장 중요한 요점은 첫 몇 분 안에 다 나온다는 사실을 발견했다. 그 시간 후에는 사람들이 똑같은 이야기를 반복하는 경향이 있다. 권투시합을 생각해보라. 실상 시합 전체의 분위기를 좌우하는 것은 첫 3분이다.

네 번째 문제는 몸짓이다. 말다툼은 권투와 다르지 않아서, 어떻게 앉고 어떻게 몸을 흔드느냐, 어떻게 고개를 까딱이고 어떤 표정을 짓느냐 하는 이 모든 것이 중요한 의미를 지닌다. 내 경우에는 상대방의 눈을 통해 감정을 읽는다. 인디애나 주의 연구자들은 수년 동안 부부들의 말다툼을 비디오테이프에 녹화하면서, 코의 씰룩임, 눈썹의 움직임, 입술의 오므림까지 주의 깊게 지켜보았다. 4년 후, 연구에 참여했던 부부들을 다시 추적한 연구자들은 몸짓 중에 눈알의 굴림이 긴장된 부부관계를 예측하는 가장 큰 요인이라고 결론 내렸다. 눈알을 굴리는 행동은 경멸감의 표시로서, 곧 다가올 갈등의 전조가 된다.

그러나 경멸감을 전달하는 것은 눈뿐만이 아니다. 앉은 채 몸을 꼼지락거리고, 한숨을 내쉬고, 목을 뻣뻣하게 세우고 있는 행동도 마찬가지이다. 반대로, 대화의 긴장된 분위기를 풀 수 있는 최선의 방법은 몸을 앞으로 기울이고, 활짝 미소 짓고, 고개를 끄덕이는 것이다. 이도 저도 안 되면 상대방의 긍정적인 몸짓을 따라 하면 된다. 대부분의 사람들은 자신이 옳다고 생각하니, 내가 상대의 행동을 똑같이 흉내 내면 상대는 나도 옳다고 여길 것이 아닌가!

피자냐, 프레첼이냐

부부관계를 잘 이끌어나갈 수 있는 최선의 방법이 협상이라고 하니, 세계 최고의 협상가들에게 조언을 얻으면 되지 않을까 하는 생각이 들었다.

2주 후, 나는 매사추세츠 주 케임브리지에 있는 찰스 호텔의 연회장에 앉아 있었다. 하버드협상연구소가 주최하는 사흘간의 세미나가 시작되는 날이었다. 그들은 핵 실험 금지 조약, 이스라엘-팔레스타인 평화 회담, 브라질의 전국 철도 파업 등 세계에서 가장 해결하기 힘든 갈등의 해결사로 초청받는 인물들이다. 이 단체의 공동 창립자인 윌리엄 유리William Ury가 연단으로 걸어나왔다.

말랐지만 강인한 체구, 숱진 검은색 머리칼, 그리고 화려한 손짓이 인상적인 상냥한 남자 유리는 로저 피셔Roger Fisher와 함께 1970년대에 협상 연구 분야를 창시했다고 해도 과언이 아니다. 그들의 저서인 《Yes를 이끌어내는 협상법Getting to Yes》은 1981년에 출간되어 500만 부 이상 팔렸다.

유리는 150명 정도 되는 청중을 바라보며 어떤 문제 때문에 고민하고 있느냐고 물었다. 한 남자는 두 라틴아메리카 국가 사이의 국경 분쟁에 대해 이야기했다. 한 여자는 중국 제조업체와의 1억 5,000만 달러짜리 거래 때문에, 또 다른 여자는 미국 트럭 운전사 조합과의 3년짜리 계약 때문에 고민이라고 말했다. 나는 천천히 손을 들었다.

"우리 딸들의 여섯 번째 생일파티에 피자와 프레첼 중 무엇을 대접할지를 두고 아내와 냉전 중입니다."

사람들은 갑자기 박수를 쳐댔다.

"좋아요." 유리가 말했다. "여러분 모두 제대로 찾아오셨군요."

그러고 나서 유리는 우리에게 하루에 협상하는 데 쓰는 시간이 얼마나 되느냐고 물었다. 하루의 절반에서부터 4분의 3까지 다양한 답이 나왔다. "예를 들어, 50퍼센트라고 해봅시다. 사실, 모든 사람은 매일같이 하루 내내 협상을 합니다. 상사와 임금 협상을 하지요. 고객과 계약을 맺습니다. 외식을 어디서 할지 배우자와 협상하고, 자녀들과는 잠잘 시간을 협상하지 않습니까? 이제 다른 질문을 해보죠. 하루에 몇 시간이나 협상을 연습하십니까?" 누구도 대답하지 못했다.

"생각해보십시오!" 유리가 말을 이었다. "인생의 반 이상을 협상에 소비해야 하는데 연습을 하지 않다니요. 스포츠를 훈련하듯이 협상에도 연습이 필요합니다."

유리는 그의 철학인 '원칙에 입각한 협상'을 간략하게 설명해주었다. 일부 기법들은 분명 거국적인 차원의 갈등 구도에 더 적합했지만, 대부분은 가족들이 매일 직면하는 문제들에 적용할 만했다. 유리의 철학은 다섯 단계의 과정에 근거해 있다.

- 감정을 따로 분리해라.
- 발코니로 나가라.
- 상대의 입장에 서라.
- 거부하지 말고, 게임의 틀을 바꿔라.
- 황금 다리를 놓아줘라.

"누군가의 마음을 바꾸는 것은 상당히 어려운 일입니다"라고 유리는 운을 뗐다. 두 가지 접근 방법이 있다. 외부로부터의 직접적인 압박, 내부로부터의 간접적인 압박. 가족의 경우에는 간접적인 압박이 현실적으로 선택할 수 있는 유일한 방법이다. 상대방과 다시는 안 볼 사이가 아니니 말이다.

어느 쪽이든 최대의 장애물은 상대편과 그들의 감정이 아니라 우리 자신과 우리의 감정이라고 유리는 말했다. 그러면서 감정에 휘둘리지 않는 간단한 방법을 한 가지 제안했다. "발코니로 나가라"는 것이다.

"누군가와 충돌해서 상황이 악화되기 시작하면, 어떤 무대에서 협상이 벌어지고 있다고 상상하십시오. 그런 다음 여러분의 마음을 발코니로 내보내 그 무대를 내려다보게 하는 겁니다. 거기 있으면 전체적인 그림을 볼 수 있지요. 흥분된 감정이 가라앉기 시작해요. 자제력을 발휘할 수 있게 되는 겁니다."

가끔씩 자제력을 잃는 나는 그의 말에 속으로 고개를 끄덕였다. 유리는 그렇게 발코니로 나갈 여러 가지 방법을 추천해주었다. 상대방에게 5분간의 휴식을 요구하거나, 커피를 마시고 싶다고 혹은 화장실에 가야겠다고 말하거나, 다음 날 아침 다시 이야기하자고 부탁할 수도 있다.

"잊지 마십시오, 협상의 목적은 합의에 도달하는 것이 아닙니다. 그걸 목표로 삼는다면 금방 두 손 들게 됩니다. 중요한 것은 내게 이익이 되는 방향으로 협상을 이끌어나가는 것이고, 그러려면 침착함을 유지하는 수밖에 없어요."

이 장애물을 무사히 통과하기만 하면 무대로 돌아가 장면을 다르게 연출할 수 있다. 유리는 조금의 변화를 주는 것이 좋다고 충고한다. 장소를 변경하거나 옷을 갈아입는 것도 좋다. 가장 중요한 것은 상대방의 시각으로 상황을 볼 줄 알아야 한다는 것이다.

"상대방의 입장을 생각할 줄 아는 것은 협상가로서 가질 수 있는 최고의 능력입니다." 유리가 말했다. "명심하세요, 여러분이 할 일은 상대의 마음을 바꾸는 것입니다. 그런데 그들의 마음이 어떤지도 모르면서 어떻게 그들의 마음을 바꿀 수 있겠습니까?" 그렇다고 해서 그냥 양보하라는 소리가 아니다. 상대방의 입장이 되어 질문을 하고 그들이 왜 그런 생각을 하게 됐는지 파악해야 한다.

"쉬운 일 같지만 결코 그렇지 않습니다. 우선은 상대의 말에 귀를 기울이십시오."

하버드협상연구소가 제시하는 협상의 청사진은 두 부분으로 나뉠 수 있다. 전반부(발코니로 나가라, 상대의 입장에 서라)는 감정이 격해지는 것을 막는 작업이다. 그러기 위해서는 유리의 또 다른 조언인 "거부하지 말고, 게임의 틀을 바꿔라"를 지켜야 한다. 후반부에서는 해결책을 향해 나아간다.

"협상을 할 때에는 쌍방 모두 처음에 고수하던 완고한 입장에서 탈피할 수 있도록 새로운 대안을 함께 도출해내야 합니다. 서로 나눠 먹을 파이를 키워야죠." 유리는 자유롭게 응답할 수 있는 질문을 던지는 방식을 권했다. "대안을 가지고 있습니까?" 혹은 "뭔가 기발한 생각 없습니까?"라고 상대에게 묻는 것이다.

이제, 해결책으로 건너가기 위한 "황금 다리를 놓을" 준비를 마쳤다. 유리는 나란히 앉아서 가능한 해결책을 모두 적어놓고 실현 가능성 없는 것들을 지워나가라고 제안했다. "그러다가 막히면 앞서 이야기했던 다섯 단계로 되돌아가십시오."

유리의 마지막 조언은 부부들에게 직접적으로 적용된다.

"잊지 마세요, 앞으로 또 그 상대와 협상할 때가 올 겁니다. 그러니까 쌍방 모두 뒤끝이 남지 않도록 잘 해결해야 합니다."

아이들과의 협상

이런 기법들이 부부가 서로 협상하거나 부모가 아이들과 협상할 때 정말 효과가 있을까? 우선 아이들과의 협상부터 이야기해보자.

케임브리지에서 서쪽으로 두 시간 떨어진 거리에 매사추세츠 주 이스트롱메도라는 마을이 있다. "일곱 개의 거리가 신호등 없이 교차하는, 세계적으로 유명한 교차로"가 그 예스러운 마을의 풍물이다. 또 이스트롱메도는 조슈아 와이스Joshua Weiss와 애디나 엘펀트Adina Elfant, 그리고 그들의 세 딸인 케일라(열한 살), 에일리(아홉 살), 탈리아(여섯 살)가 살고 있는 곳이기도 하다. 조슈아는 하버드 대학 세계 협상 구상Global Negotiation Initiative의 공동 창립자로서, 중동 분쟁 해결을 위해 윌리엄 유리와 긴밀하게 협력하고 있다. 애디나는 근처의 한 대학에서 일하며 지역 평생교육을 이끌고 있다. 내가 방문한 토요일에 그들 가족은 협상 위기에 처해 있었다. 그 원인을 제공한 것은 미사일 탄두도, 군사령관도, 전쟁광도 아니었다. 훨씬 더 민감한 문제, 바로 털양말 때문이었다.

에일리는 자신의 털양말에 구멍이 나자 케일라에게 일주일 동안만 털양말을 빌려달라고 부탁했다. 케일라는 빌려주겠다고 했다. 그런데 주말까지도 에일리는 새 양말을 구하지 못했고 그래서 하룻밤만 더 빌려달라고 부탁했다. 케일라는 그러겠다고 했다가 5분 후 마음을 바꾸었다. 이렇게 해서 싸움이 터지고 말았다.

다행히도 평화 협상가가 그들 곁에 있었다. 탈리아가 언니들 사이에 끼어들었다. "그만 해! 에일리 언니, 언니가 먼저 할 말 있으면 해. 그다음에 케일라 언니가 말해. 그리고 다른 사람이 말할 때 끼어들지 마."

탈리아는 왜 그런 행동을 했을까?

"나도 몰라요." 탈리아가 대답했다. "우리가 싸우면 아빠가 그렇게 하거든요. 그래서 따라 해본 거예요."

수년 전 첫 데이트에서 조슈아는 애디나에게 갈등 상황이 생기면 어떻게 해결하느냐고 물었다. 애디나는 "글쎄요, 보통은 문제가 저절로 사라질 때까지 기다리는 것 같아요"라고 답했다.

그러자 조슈아는 이렇게 말했다. "내 경험상 그냥 사라지는 문제는 없어요. 그대로 놔두면 점점 더 커지다가 무시무시한 바윗덩어리가 되어버리죠."

조슈아는 상황에 대해 철저히 이야기를 나누면서 갈등에 정면으로 맞서고, 모두가 만족하는 해결책이 나올 때까지 계속 대화를 나누는 것이 좋다고 말했다. 이렇듯 애디나와 조슈아는 처음으로 데이트하는 날부터 의견 충돌을 해결하는 방법에 대해 타협해야 했다. 이제 애디나는 문제가 생기면 물러나서 생각을 정리한 다음, 말할 준비가 됐을 때 돌아온다.

조슈아와 애디나는 그들의 방식을 딸들에게도 이해시키려 노력했다. 갈등 상황에 대처하는 방식은 딸마다 조금씩 달랐다. 하지만 아이들은 그들의 부모가 협상에 관한 연구를 통해 그들에게 가르쳐준 기법들을 사용하고 있었다.

1학년생인 탈리아는 가장 직접적이고 단순한 방식을 썼다. 싸우는 사람들을 떼어놓거나 아니면 가위바위보를 시켰다. "처음엔 다들 그렇게 시작하죠." 조슈아가 말했다.

4학년생인 에일리는 탈리아보다는 전략을 쓸 줄 알아서, 소위 '멈추고, 생각하고, 자제하라' 방법을 사용했다. 유리가 말한 "발코니로 나가라"와 같은 의미이다. 감정을 가라앉힌 다음 무대로 돌아가라는 것이다. 어쨌거나 4학년 정도면 상대의 감정을 고려할 줄 아는 나이이기도 했다. "작년에 나한테 못되게 구는 애가 한 명 있었어요." 에일리가 말했다. "엄마랑 아빠한테 '어떡할까요?' 하고 물어봤더니 '그 아이 입장에서 생각해봐. 아마 그애한테는 친구가 많지 않을 거야. 네가 친구가 되어주지 그러니?'라고 말씀하셨어요. 그래서 그렇게 해봤더니 정말 효과가 있더라고요!"

6학년생인 케일라는 문제를 해결하는 요령이 이미 어른들 못지않았다. 우선, 그녀는 발코니로 나가기를 좋아했다. "동생들이랑 다툴 때 '지금은 화가 나서 너랑 말하기 싫어. 그러니까 나중에 이야기하자'라고 말해요. 그러고는 내 방으로 가버리죠."

케일라가 자신이 원하는 결론을 얻어내는 방식은 훨씬 더 놀라웠다. 봄에 케일라는 체조팀 전지훈련에 합류하라는 권유를 받았다. 거기에 참가하면 이웃 도시에서 일주일에 이틀간 네 시간씩 연습하는 일정을 소화해야 했다. 그녀의 학업, 훈련 준비물에 대한 가족의 부담, 그녀가 감당해야 할 이런저런 허드렛일을 염려한 부모는 우선 그녀가 책임감 있는 사람임을 증명해 보이라고 말했다.

"내가 그렇게 못할 거라고 엄마랑 아빠가 말씀하셨을 때 너무 화가 나서 아빠를 '꿈 파괴자'라고 불렀어요. 아빠랑 싸울 때마다 내가 아빠를 부르는 별명이에요."

"정말 멋진 별명인데!" 내가 말했다. "그래서 언제 화가 풀렸니?"

"6월에 그 일이 있었는데, 새 학기가 시작될 때까지도 화가 풀리지 않았어요. 그래서 아빠한테 '왜요? 왜 전지훈련 가면 안 되는데요?' 하고 물었죠. 그러니까 아빠가 내 성적이 오르고 내 방을 계속 깨끗하게 치우면 허락해주겠다고 하셨어요. 처음엔 약이 올랐지만 가만히 생각해보니까, 훈련을 가면 네 시간씩 운동해야 하는데 운동, 공부, 다른 자질구레한 일들을 잘 관리할 줄 알아야겠다는 생각이 들더라고요. 작년에 성적이 별로 좋지 않았던 과목이 몇 개 있어서 엄청 고생했거든요."

"케일라가 '왜요?'라고 물었을 때, 속으로 쾌재를 불렀죠." 조슈아가 말했다. "윌리엄 유리가 말한 것처럼, 딸아이가 우리 입장에 서서 우리 생각을 이해하려고 노력하기 시작했다는 의미니까요. 그게 협상의 기본이지요. 그 전에 이미 우리 생각을 밝혔지만, 케일라는 너무 화가 나서 우리 이야기를 제대로 듣지 않았던 겁니다. 이제는 귀를 기울일 준비가 된 거죠."

"난 남편의 연구 내용이 우리 아이들한테 과연 효과가 있을지 의심스러웠어요." 애디나가 말했다. "하지만 케일라가 조금 더 컸을 때 자기 생각을 똑똑히 표현할 줄 알더군요. 학교 선생님 말씀으로는, 딸아이가 학교에서 리더 역할을 잘하고 있대요. 또 케일라는 내 걱정거리를 자기가 알아서 덜어줄 줄도 알아요." 애디나는 최근에 케일라가 휴대전화를 사달라고 했던 일을 이야기해주었다. 친구들과 문자메시지를 주고받는 데 너무 많은 시간을 허비할까 봐 부모가 걱정하리라는 사실을 미리 눈치 챈 케일라는 매주 전화기를 검사받겠다고 말했다.

조슈아는 아내의 이야기에 덧붙여 말했다. "20년 동안 협상가로 일해 온 내가 장담하는데, 이런 전략들은 직장보다 가정에서 더 큰 위력을 발휘합니다. 사람들은 웬만하면 갈등을 피하고 싶어 하지요. 하지만 집에서는 갈등이 생길 수밖에 없어요. 그래서 결국엔 이혼하거나 아이들과 소원해지죠. 협상에서 가장 어려운 부분은 협상을 하기로 의견을 모으는 겁니다. 감정적인 장벽을 넘기만 하면 해결책들이 저절로 나타나기 시작해요."

케일라의 전지훈련 문제 역시 그렇게 해결되었다. "새 학기가 시작되고 나서 6주째가 됐을 때 부모님에게 가서 '제가 할 일을 했으니까, 이젠 엄마랑 아빠 차례예요'라고 말했어요. 부모님이 선생님에게 이메일을 보내서 내가 잘하고 있느냐고 물었고, 선생님은 내가 좋은 성적을 받고 있다고 말씀해주셨어요." 케일라는 활짝 미소 지었다. "마침내 허락을 받았을 때는 소리를 지르면서 폴짝폴짝 뛰었어요. 옆으로 재주넘기까지 했던 것 같아요! 그리고 훈련팀에 들어갔죠."

부부의 평화 협상

그렇다면 부부 사이의 협상은 어떨까? 나는 윌리엄 유리에게 그의 협상 기법들이 성인들끼리의 갈등을 어떻게 해결해주느냐고 물었다.

그는 우리 사회가 항상 수직 구조였기 때문에 가장들이 모든 결정을 해왔다는 사실을 지적했다. "하지만 지금은 시대가 변하고 있습니다. 민주주의가 널리 퍼져나가면서 조직들이 점점 더 수평화되고 있어요. 가족의 경우도 마찬가지여서, 가장이 아닌 다른 가족들도 그들에게 영향을 미치는 결정에 참여하고 싶어 하지요. 즉, 모든 것이 협상 가능하다는 뜻입니다. '설거지는 누가 하지?' 한 세대 전만 해도 생각할 수 없는 질문이었잖습니까? 우리 세대를 시작으로, 끝없는 협상은 일반적인 일이 되어버렸습니다."

"그럼 내가 새로운 법칙을 모르는 것도 당연한 일이겠군요?" 내가 물었다.

"새로운 법칙을 아는 사람은 아무도 없어요! 옛날보다 훨씬 더 유동적이고 유연하고 창의적인 시대니까요. 당신은 부인과의 저녁 7시 42분 대화에 집중하고, 무엇보다 이런 부부 협상 기술을 실천하는 데 있어서 당신이 선구자라는 사실을 깨달아야 합니다. 그러고 나면 좀 더 너그러워질 겁니다."

"내 아내가 들으면 좋아할 이야기군요. 그러고 나서는요?"

"발코니로 나가십시오. 혼자서 할 수도 있지만, 아내와 함께하면 더욱 좋아요. 부부만의 휴식처를 정해놓고, 그곳에서 긴장을 푸는 겁니다. 그런 다음 두 사람만의 규약을 설계하십시오."

"규약이라니요?"

"실행에 옮길 계획을 짜는 겁니다. 가족 대소사를 어떻게 결정할지, 그 체계를 세우는 거죠. 매일 밤 두 사람이 대화를 나누면서 지켜야 할 규칙을 정하십시오." 그는 몇 가지를 제안했다.

- 언제든 누구나 5분간의 휴식을 요구할 수 있다.
- 집에 돌아오면 15분간 혼자만의 시간을 가질 수 있다.
- 몇 주씩 번갈아가면서 한 사람의 의견을 무조건 옳은 답으로 인정한다.

(이 이야기를 전해들은 린다는 크게 기뻐했다. "1년에 스물여섯 번은 무조건 내 말이 옳다는 거지?")

하지만 이런 규칙을 세우고도 합의점을 찾지 못하면 어떻게 해야 할까?

"그러면 틀을 새로 짜야 합니다." 유리가 말했다. "부인은 피자를 대접해야 한다는 입장이고, 당신은 프레첼을 대접해야 한다는 입장이지요. 이렇게 두 가지 입장이 있습니다. 그럼 이제 문제를 해결할 질문을 던지는 것부터 시작하십시오. '왜 꼭 피자여야 하는지 설명 좀 해주겠어?'라고 말입니다." 우리는 먼저 린다의 의견을 하나하나 점검해나가기 시작했다. 첫째, 다른 가족들도 피자를 대접한다. 둘째, 남들에게 구두쇠 같은 모습을 보이고 싶지 않다. 유리는 더 깊이 들어가보라고 나를 재촉했다. 셋째,

린다는 베풀 줄 아는 사람으로 인정받고 싶어 한다. 직장에 다니는 엄마라서 아이를 돌보는 데 소홀하다는 인상을 주고 싶지 않아서가 아닐까?

"자, 이제 윤곽이 보이기 시작하는군요." 유리가 말했다. "부인은 엄마인 동시에 지역사회의 일원이 되고 싶으신 겁니다. 이건 사실 정체성에 관한 문제이니, 당신이 그 부분을 건드려주면 부인의 마음이 풀리기 시작할 겁니다. '좋아, 당신이 내 말을 들어주고 있구나' 하고 말입니다. 그럼 이제 부인도 협상 테이블에 앉을 준비가 되겠죠."

"그럼 내 입장은 어쩌고요?"

"당신의 입장도 정체성과 관계가 있습니다. 당신은 진부하게 남들이 하는 대로 따라 하는 걸 싫어하지요. 피자는 바로 그 진부함을 대변합니다. 이제 당신은 깨닫기 시작했을 겁니다, 왜 당신과 부인이 부부로 함께하고 있는지. 부인은 당신의 창의적인 면에 끌렸을 겁니다. 당신은 좋은 엄마가 되고 싶어 하는 부인의 면모에 끌렸을 테고요. 이런 사실을 깨닫고 나면 해결책이 보이기 시작할 겁니다. 가장 먼저 당신이 깨달을 점은 이겁니다. '그리 중요한 문제도 아니야. 이렇게 감정 싸움할 일도 아니잖아!'"

그렇다. 결국 린다와 나는 '피자냐, 프레첼이냐'가 아니라 '우리는 누구인가?' 하는 문제로 다투고 있었던 것이다. 아니, 좀 더 정확히 말하면 상대가 나를 이해해줬으면 하는 마음 때문에 날을 세우고 있었다.

"세미나를 시작할 때 내가 던졌던 질문을 기억합니까?" 유리가 물었다. "'여러분이 매일 협상하는 데 보내는 시간은 얼마나 됩니까?' 모두가 50퍼센트 이상이라고 말하지요. 협상을 그저 목적을 위한 수단으로 이용하기만 한다면 인생의 반을 허비하고 있는 셈입니다. 중요한 점은 이겁니다. 협상이야말로 인생의 본질이라는 것. 협상은 사람들을 서로 떼어놓는 것이 아닙니다. 제대로 된 협상은 사람들의 관계를 더욱 단단히 묶어줍니다."

유통기한과의 전쟁

집으로 돌아간 나는 내가 배운 것들을 린다와 함께 실천하면서 순조로운 출발을 했다. 우선, 하루를 마무리 짓는 대화의 시간을 저녁 7시 42분에서 식사나 운동, 휴식에 적합한 시간으로 옮기기로 했다. 나는 다툼을 오래 끌지 않도록 노력하고, 이성을 잃을 것 같은 기분이 들면 잠깐의 휴식을 요구했다. 싸움이 3분을 넘어가서는 안 된다는 생각에 동감했기 때문에, 마치 대규모 단체 소개팅에 나간 사람처럼 본론부터 빨리 이야기하려고 했다. 하지만 쉬운 일이 아니었다. 린다는 싸움에서 빨리 벗어나려는 경향이 있지만, 아내가 그럴 때마다 나로서는 불만스럽기 그지없다. "잠깐, 내 말 아직 안 끝났어. 할 이야기가 일곱 가지는 더 있다고!"라고 말하고 싶어진다. 한편, 린다는 싸움에서 몸짓이 중요한 의미를 지닌다는 이야기를 들었을 때 뜨끔하더라고 말했다. 그 후로는 아내가 팔짱을 끼거나 눈알을 굴리지 않으려고 애쓰는 모습이 자주 보이곤 했다. 오줌을 참는 딸들의 표정과 비슷해서 내 눈에는 사랑스러워 보였다.

하지만 이런 좋은 분위기가 다른 시간으로까지 쭉 이어지지는 못했다.

어느 날 아침 부엌에 들어가 보니 아내가 아침을 준비하고 있었다. 아내는 요구르트를 찾느라 냉장고를 뒤지더니 갑자기 유통기한이 지난 음식들을 정신없이 꺼내기 시작했다. 마치 구소련의 독재자들이 쿠데타 이후 반대파를 숙청하듯, 미친 듯이 냉장고 안을 쓸어내기 시작했다. 치즈, 처트니, 올리브 등을 집어 포장에 찍혀 있는 날짜를 힐끔 보고는, 유통기한이 얼마 남지 않은 것은 여지없이 쓰레기통으로 던져버렸다.

"잠깐만" 하고 내가 제동을 걸었다. "그건 아직 괜찮잖아. 애들이 먹을 거야. 나도 먹을 거고." 나는 내가 매일 집에서 점심을 먹는다는 사실을 상기시켰다.

“뉴스 못 봤어?” 아내가 반박했다. “음식을 조심하라잖아.” 그러고는 이렇게 덧붙였다. “그리고 그렇게 인색하게 굴지 좀 마. 딸기잼 바닥까지 긁어 먹는 것도 지긋지긋해.”

저녁 7시 42분에 하던 다툼이 갑자기 아침 7시 42분으로 옮겨졌다!

하지만 이번에는 나도 쉽게 흥분하지 않고 “나중에 다시 이야기하지”라고 말했다. 아내가 집을 나간 뒤 나는 잠깐 동안 감정을 가라앉혔다. 그리고 내 생각을 뒷받침해줄 증거들을 찾아 인터넷을 검색해봤더니 자료는 충분히 많았다. 미국 국립보건원은 미국인들이 전국에서 생산되는 음식의 40퍼센트가량을 버리고 있다고 보고했다. 감시단체들은 음식 포장지(우유 용기를 제외하고)에 찍혀 있는 날짜 대부분은 제조업체가 임의대로 정한 규칙을 따른 것이라고 밝혔다. 과연 내가 예상한 그대로였다. 유통기한은 소비자가 더 많은 식품을 사도록 만들려는 기업들의 계략인 것이다. 이 정도면 린다도 내 의견에 동의할 수밖에 없으리라.

그날 저녁, 식사를 마친 뒤 우리는 다시 그 문제로 대화를 이어나갔다. 나는 유리에게 배운 대로 아내의 입장에 서서 말했다. “장보는 사람이 대부분 당신이라는 걸 알아. 딸들에게 좋은 음식을 먹이려고 애쓰는 당신 마음도 알고.” 그러고는 내 의견을 전하기 시작했다. 음식을 좀 더 오래 보관하면 돈을 절약할 수 있고, 장보는 시간을 줄일 수 있으며, 아이들은 남은 음식으로 창의성을 발휘할 수도 있을 것이다. 유리의 조언대로, 나는 우리가 유통기한에 대한 문제가 아니라 돈과 시간, 창의성에 대해 이야기하고 있음을 분명히 밝혔다. 나 나름대로 설득력 있는 주장을 펼친 것 같았다.

린다 역시 유리의 전략을 사용했다. 늘 그랬듯이 아내는 어렵지 않게 내 입장을 이해해주었다. "당신이 매일 점심을 집에서 먹는 건 좋아." 그런 다음 그녀는 건강한 가정이 건강한 가족의 비결이라는 그녀의 소신을 다시 한 번 피력했다.

결국 아내는 시간을 갖고 타협안을 생각해보자고 했다. 유리의 "황금다리 놓기" 단계에 이른 것 같아서, 나는 "샐러드 드레싱 160만 개에 유통기한이 잘못 찍혀 있었던 사건 알아?"라고 반박하는 대신 아내의 말에 동의했다. 우리는 그렇게 대화를 끝냈고, 나는 조금은 걱정스러웠지만 그래도 좋은 결과가 있을 것 같은 느낌이 들었다.

다음 날 아침 나는 아내가 생각해낸 해결책이 무엇인지 알았다. 냉장고를 열었더니 변화가 한눈에 보였다. 린다는 모든 음식의 자리를 다시 배치하고, 선반을 청소하고, 새로운 방식을 도입했다. 자기가 먹을 음식(양배추, 가지 잼)과 아이들이 먹을 음식(스트링 치즈, 저지방 우유)을 구분해서 정리하고, 날짜를 확인했다. 그리고 재치를 발휘했다. 내가 먹을 음식(오크라 절임, 나흘 된 새우)을 아주 잘 보이는 구석에 외따로 격리해놓은 것이다. 마치 그 음식들이 "오늘 점심에는 나를 먹어요"라고 소리치는 것만 같았다. 나는 웃음을 터뜨렸다. 이렇게 협상에서는 이겨도 싸움에서는 지는 경우가 가끔은 있다.

5

자녀의 용돈관리법

조기 경제교육이 평생을 좌우한다

드와이트 가족에게 일요일 밤은 일주일의 지출을 결산하는 시간이다. 깔끔한 도시 팰러앨토에 땅거미가 질 무렵, 유전공학자인 셀리나 드와이트는 아이스하키 경기의 막바지를 시청하고 있다. 소프트웨어 엔지니어인 빌 드와이트Bill Dwight는 뒤뜰에서 닭을 굽고 있다. 열일곱 살의 윌은 미해군 특수부대 로고가 찍힌 티셔츠 차림으로 체육관에서 막 돌아온 참이다. 그의 남동생들인 열다섯 살의 페이턴과 열두 살의 퀜틴은 위층에서 비디오 게임을 하고 있다. 헤일리와 테일러는 집을 떠나 대학에 다니고 있었다. 스포츠 이야기로 남성 호르몬이 넘쳐흐르고, 민소매 셔츠와 그릴용 장갑이 곳곳에 보이는 드와이트 가족의 집은 흡사 스포츠클럽 같다.

식탁에 온 가족이 모여 앉아 식전기도를 마친 뒤, 빌은 돈에 관한 이야기를 꺼냈다. 빌은 실리콘 밸리에서 초창기에 활동한 공학자의 아들로 태어나 그곳에서 자랐다. 훤칠한 키에 연갈색 머리칼을 가진 그는 미국인다운 체격과 온화하면서도 진중한 태도 때문에 마치 골프팀 주장 같은 인상을 풍긴다. 고등학교를 마친 빌은 동부의 대학에 진학했고, 대학에서 만난 셀리나와 결혼한 후 캘리포니아로 돌아가 소프트웨어 회사인 오라클에 다녔다.

2005년 즈음부터 큰 자녀들이 돈을 달라고 조르기 시작하자, 빌은 아이들에게 매주 주는 용돈의 액수, 이런저런 이유로 주지 못한 용돈, 쇼핑몰에서 아이들에게 빌려준 금액 등을 기록하기 위해 스프레드시트를 만들었다. 하지만 용돈이 부족하다며 늘 징징거리는 아이들 때문에 그는 곧 지치고 말았다.

그래서 어느 주말, 그는 아이들이 자신의 들어오고 나가는 돈을 기록할 수 있는 간소한 웹사이트를 하나 만들었다. 이제 아이들이 "아빠, 아이팟 사주시면 안 돼요?"라고 조르면, 그는 "아니, 하지만 웹사이트에 들어가 보면 돈을 얼마나 더 모아야 네 힘으로 살 수 있는지 알 거다"라고 답한다. 또한 빌은 아이들이 식탁에서 크게 트림을 하거나 휴대전화를 지나치게 많이 사용하는 등 잘못된 행동을 하면 그 벌로 용돈을 깎기 시작했다.

"나는 풍족하게 자랐습니다"라고 빌은 말했다. "그리고 그 점에 대해서 항상 약간의 죄책감을 느꼈죠. 계속 그렇게 살다 보면 자수성가할 능력을 잃고 맙니다. 바라는 모든 걸 쉽게 얻기보다는 제약을 받으며 사는 것이 앞으로의 인생에 큰 밑거름이 될 수 있다는 걸 아이들에게 가르쳐주고 싶었어요."

자녀의 용돈을 관리하는 방법에 대해 많은 친구들이 문의해오기 시작하자 빌은 회사를 그만두고, 자녀들에게 경제교육을 시키고 싶어 하는 부모들을 돕는 웹사이트 팸주FamZoo를 제작했다. 이 사이트를 이용하는 부모들은 가상 은행을 만들어 아이들의 용돈을 관리하고, 가계를 설계하고, 아이들에게 자선 기부를 격려할 수 있다. 또, 아이들에게 절약할 동기를 주기 위해 일부러 높은 금리(예를 들어, 한 달에 5퍼센트)를 매길 수도 있다. 빌은 이런 전략을 '경제교육용 보조바퀴'라고 부른다. 최근에 갑자기 생겨난 몇몇 유사 사이트보다 팸주는 더 융통성 있고 재미있다.

다섯 자녀를 키우는 빌은 융통성의 중요성을 잘 알고 있다. 한 아이는 돈 씀씀이가 헤프고, 또 다른 아이는 심하게 인색하다. 한 아이는 말을 타고, 또 다른 아이는 곡예용 자전거를 탄다(그리고 자주 망가뜨린다). 한 아이는 온라인 가상현실 게임에 돈을 물 쓰듯 하고, 또 다른 아이는 옷 쇼핑에 돈을 펑펑 쓴다. 그리고 한 아이는 작은 총을 사게 해달라고 조르는 중이다.

"자, 얘들아." 저녁식사가 거의 끝나갈 무렵 빌은 유쾌하게 말했다. "일주일 동안의 지출 내역을 검토할 시간이다." 빌이 아이폰을 꺼내 들자 가족들의 야유가 터져나왔다. "참, 이불 개지 않는 사람의 벌금을 올려야겠어. 1달러로 했더니 아무 효과도 없잖아." 아이들이 또 툴툴거렸다. "그래, 누구 것부터 검토할까?"

엄마와 아빠의 은행

나는 어릴 때부터 가업에 참여했다. 운동화 끈을 스스로 묶을 수 있는 나이가 되자마자, 토요일 아침마다 조부모님 집까지 걸어가 할머니가 만들어주신 스크램블드에그와 감자튀김을 먹고는 할아버지와 함께 일하러 나갔다. 서배너의 중심가에 있는 1층짜리 벽돌건물에서 나는 타이프를 치고, 서류를 정리하고, 장부를 기입하고, 아버지와 할아버지가 지은 단독주택에 사는 사람들의 집세를 수납하는 일을 익혔다. 정성스레 접은 지폐를 받아서 카운터 위에 놓고, 거스름돈을 준 다음, 영수증을 쓸 때마다 두 손이 덜덜 떨렸다.

할아버지는 내 옆에 서서 지켜보다가 "이 아이가 내 손자라오"라며 자랑하곤 하셨다. 나는 토요일 아침 동안 일을 하고 2~3달러를 받았다. 지금도 토요일 아침만 되면 꼭 일을 해야 할 것만 같은 기분이 든다.

이런 환경에서 자라다 보니 가족과 돈에 관한 책을 쓰고 싶은 마음이 굴뚝같았지만, 놀랍게도 이 주제를 학문적으로 파고든 저서는 거의 없었다. 물론,《부자 아빠, 가난한 아빠Rich Dad, Poor Dad》에서부터《이웃집 백만장자The Millionaire Next Door》에 이르기까지 수많은 대중서적들이 나와 있다. 하지만 아이와 돈, 부부와 돈, 가족과 돈의 문제를 다룬 책은 그리 많지 않다. 어떤 이유에서인지 학계는 가족의 돼지저금통에 그리 큰 관심을 기울이지 않는다.

몇 안 되는 연구들에 따르면, 의외로 부모들은 자녀에게 돈에 관련된 이야기를 하는 데 아주 서툴다. 650명의 영국 부모들을 대상으로 한 연구에서 그들 중 43퍼센트는 자녀들에게 금전적 문제에 대해 거의 가르쳐주지 않았다. 돈이 무엇인지, 돈이 어디에서 나오는지, 돈을 가지고 무엇을 해야 하는지에 대해 아이들이 모르고 있다는 사실을 보여주는 연구들도 있다. 한 보고서는 미국 아이들이 10대가 되기 전까지는 거스름돈 계산도 제대로 할 줄 모른다고 밝혔다.

굳이 직접적으로 이야기하지 않더라도 부모들은 돈을 대하는 태도를 자녀에게 물려주게 된다. 연구에 따르면, 부모가 돈 때문에 불안을 느끼면 아이들에게도 그 두려움이 전이된다. 물질적 풍요를 절실히 원하는 부모의 모습을 보고 자라는 아이들은 그와 똑같은 욕심을 품게 된다. 그리고 금전 문제를 책임감 있게 의논하고 미래를 계획하는 부모 밑에서 자라는 아이들은 똑같이 그런 습관을 지니게 된다.

부모가 자녀들에게 금전적 책임감을 처음으로 가르쳐줄 수 있는 수단은 물론 용돈이다. 용돈을 주는 풍습은 미성년 노동법에 따라 아동 고용이 금지되면서 아이들이 돈에 접근할 기회가 줄어든 19세기 후반에 시작되었다. 요즘엔 75퍼센트 이상의 아이들이 9학년(우리나라의 중학교 3학년-옮긴이)까지 용돈을 받는다. 대부분의 서양 부모들은 아이가 예닐곱 살이 되면 매주 1달러의 용돈을 주기 시작한다. 처음에 아이들은 그 돈의 3분의 2를 과자에 소비한다. 좀 더 크면 여자아이들은 옷, 신발, 잡지에 돈을 쓰는 경향이 있고, 남자아이들은 음식과 컴퓨터 게임을 사는 데 더 많은 돈을 쓴다.

하지만 '용돈을 어떻게 다루어야 하는가?'에 대해 아직 해결되지 않은 기본적인 문제들이 남아 있었다. 나는 그 문제들을 하나씩 답해나가기 시작했다.

문제 1: 용돈이 정말 아이들에게 건설적인 가르침을 줄 수 있을까?

용돈을 받는 아이들은 돈에 대한 책임감을 갖게 되리라는 것이 모든 부모들의 기대이다. 50년 전 이 문제를 다룬 최초의 연구는 이른 나이에 돈을 접하는 아이들이 후에 돈을 잘 관리한다는 사실을 발견함으로써 그 기대를 뒷받침해주었다. 하지만 좀 더 최근인 1990년의 연구에 따르면, 아이들은 용돈을 교육적 경험이 아닌 하나의 권리로 생각하고 있었다.

아이들은 용돈을 받으면서 돈을 다루는 연습을 할 수 있으며, 이런 경험은 학교에서도 배울 수 없다. 1991년, 토론토의 연구자들은 6세, 8세, 10세의 아이들에게 4달러(신용카드나 현금으로)를 주면서 실험용 장난감 가게에서 쇼핑을 하게 해주었다. 그리고 남은 돈은 집으로 가져갈 수 있다고 알려주었다. 집에서 이미 용돈을 받고 있던 아이들은 신용카드로든 현금으로든 똑같은 금액을 썼다. 용돈을 받지 않는 아이들은 신용카드로 더 많은 금액을 썼다. 나중에 아이들에게 그들이 산 물건들의 가격을 말해보라고 했다. 이 시험에서 용돈을 받는 아이들이 더 높은 점수를 기록했고, 이에 따라 연구자들은 용돈을 받는 아이들이 금전 관리에 더 능숙하다는 결론을 내렸다.

이 연구를 읽은 후 린다와 나는 우리 딸들이 과연 그런 효과를 볼 수 있을까 하는 의구심이 들기는 했지만, 그래도 어쨌든 시도해보기로 했다. 그리고 대부분의 가정이 하는 대로 일주일에 1달러, 한 살에 1달러를 주기로 했다. 즉, 여섯 살에는 일주일에 6달러, 그다음 해에는 7달러를 받는 것이다. 그러면 우리 딸들은 점점 더 늘어나는 자금으로 이런저런 실험을 해볼 수 있을 것이다.

문제 2: 용돈을 거저 주어야 할까, 아니면 집안일을 도와준 대가로 주어야 할까?

이 문제에 관해서는 사람마다 생각이 다르다. 어떤 부모들은 자신들이 공돈을 얻는 것도 아닌데 왜 아이들에게 돈을 거저 줘야 하느냐고 말한다. 게다가, 아이들에게 허드렛일의 대가로 용돈을 주면 올바른 노동관을 심어줄 수도 있다. 또 어떤 부모들은 자잘한 집안일이 일상생활의 일부이니만큼 그에 대해 보상해줄 필요는 없다고 생각한다. "식탁을 치울지 말지 선택할 필요는 없단다. 그건 가족으로서 당연히 해야 할 일이니까."

이 문제를 직접적으로 고찰한 사람은 아무도 없지만, 행동경제학이라는 더 광범위한 분야의 연구로부터 약간의 힌트를 얻을 수 있다. 대니얼 핑크Daniel Pink는 그의 베스트셀러《드라이브Drive》에서 "네가 이 일을 하면 상을 줄게"라는 식의 조건부 보상은 진정한 동기 부여가 되지 않는다고 결론지었다. 그는 또 128건의 연구를 검토한 한 심리학자의 말을 인용하여, "물질적인 보상은 내재적 동기 부여에 상당히 부정적인 영향을 끼칠 수 있다"라고 썼다. 즉, 가족의 일원이니 당연히 해야 하는 일이라고 생각하기보다는 '돈'이라는 보상에 더 집중하게 된다는 것이다. "바로 이런 이유 때문에, 문제를 해결하는 대가로 돈을 받는 아이들은 더 쉬운 문제를 선택하고 그만큼 배우는 바도 적다. 그들에게는 장기간의 배움보다는 당장의 보상이 더 중요하다"라고 핑크는 말한다.

미네소타 대학의 경영학 교수인 캐슬린 보스Kathleen Vohs의 결론이 내게는 가장 설득력 있어 보인다. 그녀의 연구는 돈을 벌 수 있다는 생각으로 더 열심히 일하는 사람은 아량을 베풀 줄 모르게 된다는 사실을 보여준다. 보스는 "돈이 생각나면 사람들은 사교적인 행동을 하지 않고 혼자 있기를 더 좋아하며, 자기만의 세계관에 몰두하는 경향이 있다"라고 결론 내렸다.

이런 글을 읽고 나니 아내와 나는 집에서 매일 돈에 관련된 이야기를 해도 괜찮을까 하는 두려움이 생겼다. 그래서 우리 부부는 딸들에게 매일 해야 할 일을 정해주고 용돈을 주지만, 그 두 가지를 연결시키지는 않는다.

(행동경제학은 돈으로 아이들을 꾀어도 좋은가 하는 의문도 해소해주었다. 일요일 아침 부모가 늦잠 잘 수 있게 해주거나 할머니 댁에서 얌전히 있어준 대가로 아이들에게 돈을 주는 것이 과연 옳은 일일까? 대니얼 카너먼Daniel Kahneman은《생각에 관한 생각Thinking Fast and Slow》에서 이에 관한 통념을 깼다. 그는 사람들이 이득을 얻기보다는 손실을 피하고자 하는 욕망이 더 크다는 사실을 발견

했다. 즉, 목표를 달성하고픈 욕심보다 그 목표에 도달하지 못하는 것에 대한 두려움이 더 강하다는 것이다. 예를 들어, 골프 선수들은 거리에 상관없이 버디birdie보다는 파par를 위한 퍼팅에서 훨씬 더 높은 성공률을 보인다. 타수를 줄이고 싶은 욕심보다는 타수가 늘어나는 것에 대한 두려움이 더 크기 때문이다.

이 책을 읽을 당시 린다와 나는 부끄럽게도 딸들에게 채소를 더 많이 먹이기 위해 돈을 미끼로 사용하고 있었다. 아이들이 새로운 채소를 먹는 시도라도 하게끔 만들기 위해 수년 동안 노력했지만 결국 실패하고 만 우리는 한 달에 세 종류의 새 채소를 먹으면 용돈을 몇 달러 더 올려주겠다고 제안했다. 카너먼의 글을 읽고 나니 전략을 바꿔야 할 것 같았다. 그래서 나중에 돈을 주겠다고 약속하지 않고 미리 돈을 주었다. "5달러를 줄게. 이번 달에 세 가지 채소를 더 먹으면 네가 계속 그 돈을 가질 수 있어. 먹지 않으면 돌려줘야 해." 이 방법이 먹혔다! 우리의 지인들도 낙엽 청소나 통금시간 같은 문제에 우리와 똑같은 전략을 시도했다.)

문제 3: 아이들에게 돈을 써라, 아껴라, 남에게 베풀어라, '세금'을 내라며 강요해야 할까?

연구 결과에 따르면, 부모들은 자녀들에게 강제적인 저축 계획을 짜주는 데에는 능숙한 반면 그 계획을 끝까지 실천하는 데에는 상당히 서툴다고 한다. 저널리스트인 데이비드 오언David Owen은 매력적인 저서 《아빠 은행The First National Bank of Dad》에서 자신의 전략을 철저히 실천함으로써 얻은 결과를 설명했다. 그는 개인 재무관리용 온라인 프로그램인 퀴큰Quicken에 가짜 은행계좌를 개설하고, 아이들에게 절약할 동기를 심어주기 위해 높은 금리(1년에 70퍼센트!)를 매겼다.

"우리는 이기적인 이유로 절약한다"라고 오언은 썼다. 아빠 은행이 그의 아이들을 절약가로 바꾸어놓을 수 있었던 까닭은 절약해야 할 현실적인 이유를 만들어주었기 때문이다. "한동안 돈을 쓰지 않고 참으면 나중에 더 많은 돈을 쓸 수 있다는 사실을 깨달은 것이다."

아이들에게 자선단체에 돈을 기부하거나 가족 공동자금에 돈을 보태라고 강요하는 부모도 많다. 닐 고드프리Neale Godfrey는 저서 《앞선 부모가 키워주는 우리 아이 부자 습관Money Doesn't Grow on Trees》에서 자녀들에게 "너희는 우리 집의 시민이야"라고 말하고, 용돈의 15퍼센트를 가족을 위한 '세금'으로 내도록 요구하는 방법을 제안했다.

린다와 나는 이 기법들 가운데 일부를 꿰맞추어보았다. 그리고 아이들에게 돈을 네 부분으로 나누도록 했다.

1. **지출할 돈.** 이 돈은 저금통에 보관해두었다가 살 물건이 있을 때 쓴다. 우리 생일이나 어버이날에 선물을 살 때에는 아이들 자신의 돈을 써야 한다.
2. **저축할 돈.** 이 돈은 봉투에 넣어 내 작업실에 둔다.
3. **베풀 돈.** 자선단체에서 일하는 린다가 이 부분을 책임지고 있으며, 몇 달에 한 번씩 기부 사이트인 도너스추즈donorschoose.org에 접속하여 딸들이 자기 마음에 드는 자선 프로젝트를 선택해서 후원할 수 있게 한다.
4. **공유할 돈.** 우리는 가족이 함께, 특히 방학 때 쓸 돈을 모으기 위해 공동계좌도 하나 만들었다. 샌타페이에 있는 한 공예품 가게로 첫 공동 쇼핑을 갔을 때 린다는 비싸 보이지만 비싸지 않은 물건을 사는 요령을 딸들에게 가르쳤다. "돈을 책임감 있게 관리하려면 약삭빠르게 쇼핑할 줄 알아야 해"라고 하면서 말이다.

진열창에 있는 원피스 얼마예요?

빌 드와이트는 아이폰의 키 몇 개를 톡톡 치고는 아이들 계좌의 대변과 차변을 살펴보기 시작했다. 맨 처음 심판대에 오른 사람은 막내아이인 퀜틴이었다. 웬만해선 돈을 잘 쓰지 않는 이 아이의 계좌에는 매주 받는 용돈(저축을 위한 40퍼센트를 감하고 3달러 96센트) 외에도 다른 명목으로 얻은 돈이 많이 예금되어 있었다.

75달러—크리스마스 때 할머니와 할아버지에게 받은 돈

10달러—크리스마스 휴가 동안 숀과 존의 물고기에 먹이를 주고 받은 돈

70센트—차 안에서 발견한 돈

1달러—주운 돈

41센트—소파에서 찾은 돈

다른 가족들이 가장 먼저 느낀 점은 지갑 간수를 잘해서 돈을 흘리고 다니는 일이 없어야겠다는 것이었다! 더욱 중요한 사실은 퀜틴이 꾀를 잘 써서 덤으로 돈을 얻어냈다는 것이다. "사흘 동안 물고기 밥 주고 10달러를 받았어?" 퀜틴의 형 윌이 물었다. "대단하다!"

퀜틴이 지출한 돈은 온라인 비디오 게임 비용으로 쓴 4달러 99센트가 전부였다. 퀜틴은 "그 게임은 몇 달 동안 안 했는데 왜 아직도 돈이 나가는 거예요?"라고 물었다. 그의 아버지는 "1년 회원으로 가입했잖아"라고 답했다. "괜찮은 사업 아이디어네요"라고 윌이 덧붙였다.

그다음은 페이턴 차례였다. 그의 출납 기록에는 들어온 돈보다는 나간 돈이 더 많았다. 껌이나 과자를 사 먹고, 휴대전화 한 달 요금의 절반, 그

래픽 카드 비용의 절반인 18달러 99센트를 썼다. 드와이트 부부는 자녀들에게 휴대전화와 컴퓨터 비용을 빌려준 다음, 추가 요금은 스스로 지불하게 한다. 페이턴의 그래픽 카드가 못 쓰게 되었을 때 빌은 새것을 사는 데 드는 비용을 분담해주기로 했다. 또 페이턴은 새 빗과 헤어케어 제품도 샀다. "형한테 여자친구가 생겼거든요." 그의 동생이 설명해주었다. "그러면 돈이 많이 들어요."

윌의 문제는 훨씬 더 복잡했다. 우선 그의 아버지가 윌의 계좌에서 삭감된 금액을 읽어주었는데 같은 내용이 반복되고 있었다.

1달러—이불을 개지 않았음

1달러—이불을 개지 않았음

1달러—이불을 개지 않았음

1달러—이불을 개지 않았음

1달러—이불을 개지 않았음

"윌은 지난여름부터 해수욕장 인명 구조원으로 돈을 벌기 시작하더니 1달러가 나가는 걸 우습게 생각해요"라고 그의 어머니가 말했다. 빌은 "나로서는 나쁠 게 없어요"라고 덧붙였다. "그만큼 나한테서 나가는 돈이 적어지니까요. 하지만 다음 달부터 벌금을 5달러로 올릴 생각입니다. 윌, 네가 돈을 번다 해도 가족으로서의 의무는 지켜야지."

드와이트 부부는 아이들이 돈을 쓸 때마다 허락을 받도록 하고, 심지어는 주요 구매품에 대한 소감까지 쓰게 한다. 당연히 아이들은 싫어한다. "어디에 쓰는 돈이냐고 묻지 좀 말았으면 좋겠어요." 페이턴이 말했다. "내가 마약 같은 걸 하는 것도 아닌데." 하지만 그의 부모는 어리석은 지출을 줄이기 위해서는 어쩔 수 없다고 생각한다. 빌이 말했다. "우리 허락을 받아야 하니까 적어도 함부로 돈을 쓰지는 못하겠지요."

윌의 경우, 저격병이 등장하는 비디오 게임인 〈배틀필드 2〉를 사도 좋다는 허락을 받았다가, 마음을 바꾸어 서바이벌 게임 같은 곳에서 사용하는 에어로솔 건을 사기로 했다. 빌은 이렇게 설명했다. "아이들의 취미생활에는 비용을 대준다는 것이 오래전부터 우리의 원칙이었습니다." 그들의 딸은 승마, 아들은 자전거 곡예를 즐겼다. "비용이 많이 드는 취미도 있죠. 하지만 한계를 둡니다."

"내가 정말 좋아하는 건 페라리거든요!" 윌이 말했다.

저녁식사 후, 나는 자녀들에게 경제교육을 시키면서 얻은 교훈이 무엇이냐고 빌에게 물었다. 용돈을 준다고 해서 정말로 아이들의 금전적 책임감이 길러질지 염려하지는 않았을까?

"그보다는 아이들에게 올바른 가치관을 심어주는 일이 우선입니다. 아이들과 대화를 나누십시오. 이 탈취제를 꼭 사야 할까? 오늘 저녁 꼭 외식해야 할까? 이런 대화를 나누는 것이 중요합니다."

"그렇다면 주안점이 되는 건 경제교육보다는 아버지로서의 역할이겠군요."

"나한테는 그렇습니다. 내가 생각하는 경제교육이란 주식시장이 어떻게 돌아가는지 가르쳐주는 것이 아니라 절제의 개념을 이해시키는 겁니다. 수년 동안 신생 기업들에 조언해주는 일을 많이 했는데, 그들이 그렇게 혁신적일 수 있는 건 제약받는 부분이 많기 때문입니다."

그는 옷에 아주 관심이 많은 딸 헤일리에게 제한을 두었다. 드와이트 부부는 기본적인 의복 지출을 부담하고, 헤일리에게는 용돈 외에도 한 달에 100달러씩 추가로 더 주었다. "딸아이는 그 돈을 '당장 옷 사기'라고 불렀어요. 그만큼 옷을 좋아했죠." 빌이 말했다.

그는 지난 6년 동안 헤일리가 구입한 옷의 목록을 컴퓨터에서 찾아냈다. "이걸 보면 우리 딸이 그 돈을 어떻게 관리했는지 볼 수 있어요. 처음엔 유명 디자이너 브랜드 청바지를 두 벌 샀더군요. 그러다가 인터넷 쇼핑몰에서 사거나 청바지를 수선해서 입을 수도 있다는 걸 깨달았죠. 돈을 마음대로 펑펑 쓸 수 없는 상황이라 창의성을 발휘할 수 있었던 겁니다."

더 컸을 때 헤일리는 댄스파티에 입고 갈 예쁜 원피스를 사고 싶어 했다. 드와이트 부부는 얼마간의 돈을 주었지만 초과하는 부분은 그녀 스스로 해결하라고 말했다. 헤일리가 고등학교 졸업반이던 해의 5월 금전출납 기록에는 다음과 같은 지출 내역이 기입되어 있었다.

40달러 — 댄스파티 신발, 귀고리

439달러 50센트 — 니먼 마커스 백화점의 진주색 시폰 드레스

"1년 옷값의 거의 절반이네요!" 내가 말했다.

"맞아요. 그래서 파티가 끝나고 나서는 그해가 끝날 때까지 티셔츠만 입고 다녀야 했지요."

"헤일리가 반항하지 않던가요?"

"아니요, 어쨌든 멋진 파티를 보냈으니까요!"

"그럼 딸이 그렇게 큰 돈을 썼을 때 선생님은 뭐라고 하셨습니까?"

"아무런 간섭도 하지 않았습니다. 딸아이 용돈이니까 자기가 알아서 결정해야죠."

그의 결단력이 참으로 인상적이었다. 그는 아이들이 현재의 만족에만 집착하지 않고 미래를 대비할 수 있도록 도와주고 있었다. 아이들의 소비

습관에 대한 빌의 태도를 지켜보고 있자니 예전에 보이시의 엘리너 스타가 내게 했던 말이 떠올랐다. "내 목표는 우리 아이들이 커서 어른 역할을 제대로 할 수 있도록 만드는 거예요."

빌은 그 말에 동감했다.

"'스마트폰 보험에 꼭 들 필요는 없을 것 같아요'라는 페이턴의 말이나 '세계 야생동물 기금에 기부하고 있는데 나한테 우편물 보낼 돈으로 다른 좋은 일을 했으면 좋겠어요'라는 퀜틴의 말은 보통 어른들이 나누는 대화 내용이죠. 그리고 큰 애들이 대학에 갔을 때, 그 주변 친구들이 돈 관리에 엄청나게 서툴다는 이야기를 듣고는 깜짝 놀랐습니다. 헤일리가 나한테 보낸 문자메시지를 하나 저장해뒀어요. '고마워요, 아빠'라는 내용이죠. 아빠와 사이가 나쁘고 남자친구와도 폭력적인 관계를 맺고 있는 친구가 하나 있대요. 내가 이렇게 든든하게 있어주는 것만도 고맙다고 하더군요." 그는 잠깐 말을 멈추고는 눈에 맺힌 눈물을 훔쳤다. "아빠로서 들을 수 있는 최고의 찬사죠."

보조바퀴 떼어내기

바이런 트롯Byron Trott은 스타들에게 은행가와도 같은 존재이다. 여기서 스타란 할리우드 배우들이 아니라 미국의 최고 부유층 가족들을 말한다. 1950년대의 할리우드 스타 뺨치게 잘생긴 트롯은 "미주리 주 작은 마을의 가난한 가정"에서 자랐지만, 지금은 미시간 호수 근처 2,600평방미터의 집에서 살고 있다. 골드만삭스의 부회장직에 있던 그는 퇴사한 뒤 미국의 고소득층 100가족에게 컨설턴트 역할을 해주는 회사를 창립했다.

워런 버핏은 그를 "내가 신뢰하는 유일한 은행가"라고 불렀다.

트롯은 고맙게도 맨해튼의 한 회의실에서 나를 만나주었다. 나는 그의 고객들이라면 자녀들에게 가치관을 물려주는 일에 능숙하리라 생각했다. 트롯은 나의 순진한 생각을 금방 깨부수어주었다. "대부분이 그리 능숙하지 않습니다. 그래서 내 역할이 필요한 겁니다. 나는 가족들의 단결에 도움이 되는 기술을 가르쳐주죠."

그의 조언은 놀라웠다.

1. 아이들에게 돈 문제를 솔직하게 알려라

트롯은 대부분의 부모가 본능적으로 아이들에게 돈에 관해 솔직하지 못한 경향이 있다고 지적했다. 돈을 어떻게 벌고, 잃어버리고, 투자하고, 소비하는지에 대해 잘 알려주지 않는다는 것이다. 그의 말에 따르면, 대학생의 80퍼센트는 돈 관리에 대해 부모와 전혀 대화를 나누지 않는다고 한다. 트롯은 자신의 고객들에게 돈 문제에 관해 자녀들과 허심탄회하게 이야기하라고 조언한다.

"고객들에게 자녀들의 경제 지식을 쌓아주라고 조언합니다." 그러면서 트롯은 부모가 빚에 대해 자주 이야기할수록 아이들이 빚을 덜 지게 되고, 부모가 저축에 대해 많이 이야기할수록 자녀들이 더 많은 돈을 모은다는 통계를 인용했다.

"많은 부모들은 자녀들이 서서히 스스로 터득할 수 있을 거라 믿습니다. 얼마 전에 아주 부유한 여성과 면담하는 자리에서, 자녀들에게 돈 문제를 허심탄회하게 이야기하라고 조언해줬죠. 그랬더니 아이들에게 부담을 주기 싫다고 하더군요. 하지만 아이들을 무지한 상태로 두는 게 훨씬 더 안 좋습니다."

2. 보조바퀴를 떼어내라

"여러 가족을 만나면서 목격한 가장 큰 문제는 아이들이 스스로 결정하지 못하도록 막는 부모입니다." 트롯은 이렇게 말하면서, 90억 달러의 순자산을 보유하며 미국 부자 18위에 오른 바 있는 엔터프라이즈 렌터카의 창립자 잭 테일러Jack Taylor의 이야기를 예로 들었다. 테일러는 서른두 살이 된 아들에게 회사를 물려주고는 다시는 경영에 간섭하지 않았다. "대부분의 부모는 쓸데없이 참견하죠." 트롯이 말했다.

트롯은 내가 딸들에게 스스로 결정할 여지를 주지 않는다며 나무랐다. 이를테면, 돈의 용도를 네 부분으로 똑같이 나누도록 강요하지 말고 그 비율을 스스로 선택하게 하라는 것이다. "지금은 딸들에게 보조바퀴를 달아주고 있지만, 이제 그 보조바퀴를 떼어내고 혼자 힘으로 자전거를 탈 수 있게 해줘야 합니다."

"그러다가 시궁창에 처박히기라도 하면 어떡합니까?" 내가 물었다.

"용돈 6달러 가지고 시궁창에 처박히는 게 차라리 낫죠, 연봉 6만 달러나 유산 600만 달러 가지고 휘청대는 것보다는요. 여섯 살짜리 딸이 지금 당장 기부하지 않는다고 해서 큰일 나는 것도 아니잖습니까? 그 돈을 워런 버핏처럼 투자해서 몇 십억으로 불린 다음 기부해도 늦지 않아요. 워런 버핏이 도중에 천만 달러를 기부했다면, 지금은 500억 달러가 아닌 100억 달러의 재산을 가지고 있을 테고, 그렇다면 게이츠 재단에 400억 달러를 기부할 수도 없겠지요."

3. 아이들의 꿈을 인정해줘라

버핏은 자녀들을 엄격하게 교육하는 것으로 유명하다. 하지만 그의 아내에게 1억 달러씩 받은 세 아들이 나쁜 길로 엇나가지 않자 버핏은 아들들에게 10억 달러 규모의 재단을 하나씩 맡겼다. 트롯은 그 비밀스런 결정을 알고 있었고, 나는 그의 생각을 물어보았다. 돈은 그 본질상 자녀들을 망쳐놓을까?

"그렇게 생각하지는 않습니다." 트롯이 답했다. "정말 부유한 자녀들이 훌륭하게 잘 사는 모습을 많이 봤으니까요. 내 경험으로 보자면, 훌륭한 사람들은 자기가 진정 좋아하는 일을 찾습니다. 그것이 기업 경영일 수도 있고, 자선사업일 수도 있지요. 워런의 아들 한 명은 농부이고, 다른 아들은 음악가입니다. 대부분의 부모는 아이들이 좋아하는 일을 하도록 내버려두질 않고 자기의 뜻을 강요하지요. 부모라면 아이들이 자신의 꿈을 펼칠 수 있게 해줘야 합니다."

4. 아이들에게 일을 시켜라

자녀들과 돈에 관한 문제를 학계는 분명하게 다루고 있지는 않지만, 아르바이트가 자녀들에게 아주 이롭다는 명백한 연구 결과는 있다. 미네소타 주 세인트폴의 청년 육성 조사Youth Development Survey는 다수의 9학년 아이들을 30대 중반까지 추적하여, 유년기가 놀이와 학습만을 위한 성소가 되어야 하는지 아니면 노동이 그 생산적인 일부가 될 수 있는지에 관해 연구했다. 그 결과, 일하는 아이들은 학업에 대한 관심을 잃지 않으면서 과외활동이나 자원봉사도 활발히 했으며, 시간관리 능력도 더 나아졌다.

그 연구를 주도한 제일런 모티머Jeylan Mortimer는 미래를 "계획하는" 청소년이 나중에 성인이 되었을 때 만족스럽고 성공적인 인생을 영위할 확률이 높다고 밝혔다.

트롯도 거기에 동의했다. "내가 아는 성공한 사람들은 모두 어린 시절 일을 해본 경험이 있었습니다. 한 명도 빠짐없이 전부 다 그래요. 워런 버핏은 그것이 바로 성공의 비결이라고 믿어요. 아이들에게 일할 기회를 주십시오. 워런은 내가 성공한 이유가 어릴 때부터 잔디 깎는 일, 옷가게 같은 다양한 일을 해봐서 경제학을 공부하지 않고도 돈을 잘 이해했기 때문이라고 하더군요. 경영자로 성공하려면 일찍부터 일을 경험해봐야 한다는 겁니다. 그러니까 딸들에게 돈을 이해시키려면 작은 음료수 가판대라도 열게 해보십시오."

네 돈, 내 돈, 그리고 우리 돈

아이들에게 금전적인 책임감을 가르쳐주는 것도 어려운 일이지만, 그 상대가 배우자라면 어떨까?

우선, 돈이 인간들 사이의 불화를 일으키는 가장 큰 문제라는 옛말은 틀리지 않다. 매사추세츠 주 프레이밍햄의 연구자들은 남녀 4,000명에게 배우자와 다투는 이유의 순위를 매기도록 했다. 가장 많이 나온 답은 다음과 같았다.

여성: 1. 자녀 2. 집안일 3. 돈

남성: 1. 섹스 2. 돈 3. 여가생활

남성과 여성의 공통된 답은 돈뿐이다.

남녀가 함께 사는 것이 이렇듯 고달픈 일이기도 하지만, 손익 계산을 따져보면 혼자 사는 것보다 유리하다. 오하이오 주의 연구자인 제이 자고르스키Jay Zagorsky는 기혼자와 미혼자 9,055명을 20대부터 15년간 쭉 추적해보았다. 미혼으로 남은 사람들은 느리지만 서서히 부를 축적하여 평균 1만 1,000달러의 재산을 모았다. 10년 동안 결혼생활을 유지한 사람들은 평균 4만 3,000달러를 모았다. 평생으로 따지자면, 기혼자는 미혼자의 2배가 되는 재산을 모을 수 있고, 이혼하면 개인 재산은 4분의 3 정도 줄어든다.

따라서 부부가 금전적으로 성공하려면 똘똘 뭉쳐야 한다. 그렇다면 금전적 문제를 어떻게 해결해야 할까? 존 데이비스John Davis는 하버드 경영대학원의 교수이자 많은 저서를 발표한 저자이며, 가족, 부, 감정의 문제를 해결하는 능력이 뛰어난 전문가이다. 전 세계 기업의 3분의 2가 가족 소유이기 때문에, 그의 자문을 구하는 사람들이 끝없이 이어지고 있다.

파란색 블레이저코트에 회색 플란넬 슬랙스 차림으로 나온 데이비스는 힘찬 목소리로 단호하게 말했다. "가족의 기본 규칙은 '체계를 세워야 한다'는 겁니다. 대부분의 가족은 돈에 관한 대화를 어떻게든 피해버리죠. 하지만 계획을 세우고 지켜야 합니다."

데이비스는 부부들에게 몇 가지 기본 규칙을 제안했다.

- 부부는 1년에 네 번 금전적 문제를 의논하는 자리를 가져야 한다. 금전적으로 곤란한 일이 생기면 그 횟수를 늘린다. (금전적 이해관계가 얽혀 있다면 다른 가족과도 이런 자리를 가져야 한다.)
- 생일파티나 가족이 함께하는 저녁식사, 혹은 명절처럼 즐거워야 하는 시간에는 가능한 한 돈에 관한 이야기를 피한다.
- 객관적인 입장에서 볼 수 있는 제3자를 동석시켜야 한다. 그러면 당사자들은 좀 더 고개를 들고, 더 많은 질문을 하고, 분한 마음을 속으로 삭일 수 있다.

데이비스는 돈 씀씀이가 헤픈 사람과 절약하는 사람 사이의 타협에 관한 좀 더 섬세한 조언도 해주었다. 사람들이 돈에 접근하는 다양한 방식을 분석하고 분류한 저자들이 몇몇 있긴 하지만, 설득력 있는 결론을 낸 사람은 아무도 없었다. 데이비스는 사람들이 자신과 정반대의 성향을 가진 배우자를 찾는 경향이 있다고 말한다. 그러니 긴장감이 생길 수밖에 없다. 그 긴장을 해결하기 위한 방법으로 데이비스는 간단한 전략을 하나 제안한다. 돈을 나누라는 것이다.

"가족의 화목이 지나쳐서 각자의 문제가 가족 모두의 문제가 되어버리면 혼란이 생기고 과도하게 감정적으로 흐르게 됩니다." 그는 말했다. "가정에서 혼자만의 사적인 공간이 필요하듯, 금전적으로도 사적인 공간이 필요합니다. '내 돈이니까 내 뜻대로'라고 말할 수 있는 돈이 있어야 한다는 말입니다." 이를 실현하기 위해서는 그 돈을 벌어들인 사람이 누구든 간에 세 부분, 즉 네 돈, 내 돈, 그리고 우리 돈으로 나누어야 한다.

이와 비슷한 방식을 아이들에게 적용해도 효과를 볼 수 있다고 데이비스는 말했다. 부모는 자녀들이 좋아하는 일을 할 수 있게 해주어야 한다. 거기에 드는 비용이 서로 동등하지 않더라도 상관없다. 바로 드와이트 부부가 자녀들에게 취한 방식이다. 하지만 생각만큼 그리 간단한 문제가 아니다. 데이비스는 이렇게 말했다. "엄마 뱃속에서 나오는 순간부터 아이들은 자기 형제자매와 평등한 대우를 받으려고 안간힘을 쓰죠."

"일란성 쌍둥이를 둔 아빠로서 그것만큼은 분명히 알고 있어요!" 나는 맞장구를 쳤다.

"하지만 부모가 목표로 삼아야 할 것은 평등이 아니라 공정함입니다. 공정하다고 해서 꼭 평등한 건 아니고, 평등하다고 해서 꼭 공정한 건 아니죠."

그는 두 가지 예를 들어주었다. "두 아이 중 한 아이가 축구를 좋아하고 다른 아이는 예술에 관심이 많다고 해봅시다." 한 아이를 축구 캠프에 보내기로 결정했는데, 주변에 괜찮은 예술 캠프가 없다면? "한 아이에게 얼마의 비용을 썼는지 정확히 계산해두어야 할까요? 아닙니다. 아이들이 좋아하는 일을 할 수 있도록 신경 써주되, 모든 걸 평등하게 해주려고 하지 마십시오. 아이들에게 들어간 비용이 아니라 아이들에게 진정으로 필요한 것에 초점을 맞추면, 두 아이 모두 부모의 사랑을 받고 있다고 느낄 겁니다."

두 번째 사례는 데이비스에게 조언을 의뢰한 한 고객의 이야기였다. 그 고객의 딸은 성적이 아주 좋아 아이비리그에 진학했고, 아들은 운동 실력이 좋아 주립학교에 가기로 했다. 그런데 아들이 아버지에게 이렇게 선언했다. "계산을 해봤는데, 누나 학비가 나보다 15만 달러 더 들겠더라고요. 그 돈을 나한테 주세요. 내가 그 돈을 투자해서 불려볼게요. 나중에 나랑 누나 중에 누가 더 부자가 되는지 보자고요."

"그래서 그 고객은 어떻게 했습니까?" 내가 물었다.

"그는 이렇게 말했답니다. '절대 안 돼. 우리는 너희들이 하고 싶은 공부를 할 수 있도록 도와주고 있고, 거기에 드는 비용이 다를 뿐이야. 너한테 선택권이 있었는데, 네가 공정하게 이 선택을 했잖아.'"

데이비스의 조언은 우리 부부에게도 적용되었다. 돈을 성공적으로 관리하는 가족은 시간, 공간, 갈등, 성과 관련된 문제를 잘 관리하는 가족과 공통점을 가지고 있다. 대화를 많이 나누고, 정기적으로 가족모임을 가지며, 합의점을 찾고, 가족의 몇 가지 비밀을 잘 지킨다. 그리고 즐거운 놀이도 잊지 않는다. 돈의 혜택 중 하나는 선물을 살 수 있다는 것이다. 데이비스에 따르면, 자기 자신보다 남을 위해 돈을 쓰는 것이 훨씬 더 큰 행복을 느끼게 해준다는 연구 결과가 많이 나와 있다.

나는 아이들을 키우면서 어떤 목표를 세워야 하느냐고 데이비스에게 물었다. 아이들을 대학에 보내거나 건전한 인간관계를 맺을 수 있도록 도와줘야 한다는 건 두말할 필요가 없다. 그럼 돈과 관련해서는 어떤 목표를 세워야 할까?

"책임감 있고 자립적이고 창의적인 가족을 이룰 수 있도록 노력해야 합니다. 자립적이라는 건 스스로를 돌볼 줄 안다는 뜻이고, 책임감이 있다는 건 자신의 행동을 책임질 줄 안다는 뜻이고, 창의적이라는 건 꿈을 가지고 그것을 성취하기 위해 노력한다는 뜻이지요. 돈을 버는 것은 목적이 아니라 그 모든 일을 이루기 위한 수단입니다."

6

가족 간 갈등 해결법

어려운 대화를 피하지 말라

나는 뉴욕에서 서배너까지 여러 번 갔었다. 린다를 부모님에게 소개하기 위해, 결혼식을 올리기 위해, 딸들에게 서배너를 구경시켜주기 위해. 하지만 노부모님을 돌보기 위한 목적으로 가는 건 이번이 처음이었다.

파킨슨병을 앓고 있는 아버지는 척추 수술을 받고 회복 중이었다. 몇 주 동안은 어머니가 아버지의 목욕, 식사, 물리치료를 감당하며 간호하셨는데 아버지의 후속 치료가 시작되기 몇 시간 전 어머니가 넘어지면서 어깨가 탈골되고 말았다. 결국 아버지와 어머니는 각기 다른 병원으로 향했다.

저마다 다른 지방에 살고 있던 우리 형제자매는 전화 회의를 하고, 이 사태를 해결할 방법을 의논했다. 곧 내가 서배너로 가게 되었다.

내가 도착했을 때는 긴박한 상황이었다. 아버지는 나를 보고는 안도하셨다. 아버지는 휴대전화를 바꾸는 일에서부터 안경 놓을 자리를 찾는 문제에 이르기까지 수많은 사소한 일조차 잘 해결하지 못하고 있었지만 어머니에게 짐이 되기는 싫다고 하셨다. 내가 아버지의 책상을 치워드리겠다고 하자 아버지는 눈물을 흘리셨다.

어머니는 기분 나빠 하셨다. 이제껏 아무 문제도 없었다면서, 내가 두 분의 집을 속속들이 살피면서 가구를 이리저리 옮기는 걸 원치 않으셨다. 그리고 누나가 친구들에게 부모님의 저녁식사를 부탁한 것을 마뜩잖게 여기셨다. "우리가 그렇게 불쌍해 보이니?"

집에 도착한 지 한 시간도 지나지 않아서 우리는 우리만의 밀실 같은 곳에 앉아 있었다. 어릴 적에 우리 가족이 중요한 대화를 나누곤 하던 방이었다. 그때는 대개 부모님이 우리 중 한 명을 불러서 이야기를 하셨다. 지금은 내가 부모님을 그곳으로 불렀다. 하지만 무슨 말을 어떻게 해야 할지 아직은 아무런 계획도 없었다. 나는 심호흡을 한번 한 뒤 이렇게 말했다. "나중으로 미룰까 생각했지만 안 되겠어요. 지금 이야기해요."

동기간 다툼 해결하기

어려운 대화. 이건 불행한 가족들만의 문제가 아니다. 행복한 가족도 가끔은 충돌할 수밖에 없다. 어려운 대화를 성공적으로 해내는 방법은 없을까?

《대화의 심리학Difficult Conversations: How to Discuss What Matters Most》의 세 저자는 이 주제에 대해 깊은 통찰력을 보여준다. 할아버지에게 운전을 그만두라고 하고, 엄마에게 술을 줄이라고 충고하고, 누나에게 결혼 피로연에서 마이크를 잡지 말라고 부탁하는 법을 그들은 잘 알고 있다. (브루스 패튼과 함께) 이 책을 저술한 실라 힌sheila Heen과 더글러스 스톤Douglas Stone이 나를 저녁식사에 초대해주었고, 힌의 남편이자 세 아이의 아버지인 존 리처드슨도 자리를 함께했다.

가족끼리 어려운 대화를 나눌 때 우리는 왜 그렇게 적대적인 태도를 취하게 될까?

내가 매사추세츠 주 콩코드에 있는 힌과 리처드슨 부부의 집에 도착했을 때, 그들의 세 아들이 다투고 있었다. 아홉 살의 벤이 열한 살의 피트에게 생일선물을 사주지 못한 모양이었다. 벤이 "형도 내 생일 때 선물 안 해줬잖아"라고 쏘아붙이자, 피트는 "아니, 해줬어. 네가 마음에 들어 하지 않았을 뿐이지"라고 받아쳤다.

"네 생일이 언제였는데?" 내가 피트에게 물었다. 이 다툼이 언제부터 계속되고 있었는지 궁금했다. 피트는 "다섯 달 7일 전이요"라고 대답했다.

물론 벤과 피트만 이렇게 다투는 것이 아니다. 내가 이 저녁식사 자리에 오기 위해 집을 나설 때 두 딸이 막 코코아를 마시기 시작했다. 할머니가 두 아이에게 마시멜로를 열다섯 개씩 나누어주었다. 하지만 에덴의 마시멜로 두 개가 찰싹 붙어 있었고, 에덴은 타이비의 컵에서 마시멜로 하나를 휙 꺼냈다. 타이비가 "넌 왜 만날 내 거 뺏어가!"라고 소리를 질러대자, 에덴은 "그래 너 잘났다!"라고 대꾸했다. 결국 두 아이 모두 울음을 터뜨렸다.

어른들의 문제로 넘어가기 전에 나는 갈등 해결 방법을 연구하는 힌과 리처드슨이 자녀들 간의 이런 시시한 말다툼에 어떻게 대처하는지 궁금했다.

남매 간, 형제 간, 자매 간 다툼은 가족들에게 가장 흔히 일어나는 갈등이다. 3~7세의 형제자매가 함께 있으면 한 시간에 평균 3.5번 충돌하고, 그 싸움이 10분간 지속된다는 연구 결과가 있다. 캐나다에 있는 워털루 대학의 교수인 힐디 로스Hildy Ross는 이런 다툼의 8분의 1만 양보나 화해로 끝난다는 사실을 발견했다. 나머지 일곱 번은 한 아이가 괴롭힘이나 위협을 받고 그냥 물러나는 식으로 마무리된다.

형제자매가 이토록 자주 다투는 이유는 서로의 존재를 당연시하기 때문이며, 성인이 되어서도 바로 그 이유로 싸운다. 형제자매는 무슨 일이 일어나든 서로의 관계가 끊어지지 않는다는 것을 알고 있다. 스코틀랜드의 사회학자인 서맨서 펀치Samantha Punch는 "동기간은 사회적 상호작용이 극단적으로 치달을 수 있는 관계이다. 정중함과 관용은 간과되기 쉽고, 분노와 짜증은 굳이 가라앉힐 필요가 없다"라고 말했다.

일리노이 대학에서 응용 가족학을 연구하고 있는 로리 크레이머Laurie Kramer 교수는 형제자매의 관계에 초점을 맞추었다. 그리고 형제자매들이 짜증나는 상황에 대처하고 갈등 관계를 해결할 수 있는 기술을 가르쳐주는 '형제자매와 더 재미있는 시간 보내기'라는 프로그램을 만들었다. 크레이머는 동기간의 어린 시절 갈등이 반드시 장기간의 유대에 영향을 미치는 것은 아니라고 믿는다. 성인이 되어서 얼마든지 가까워질 수 있다. 다만, 갈등을 상쇄할 만큼 즐거운 시간을 함께하는 것이 중요하다. 이런 기법은 형제자매가 성인기에 좋은 관계를 유지할 수 있는 밑거름이 된다.

크레이머는 부모가 아이들의 나쁜 행동을 덜 꾸중하고 착한 행동을 더 많이 칭찬해주는 것이 좋다고 말한다. 다음과 같은 실례들이 있다.

- 식사시간 동안의 다툼을 줄이려면, 식사 전에 아이들이 20분 이상 함께 놀면서 그들의 관계를 재확인할 수 있게 해야 한다.
- 우애를 다지게 하려면, 형제자매가 함께할 수 있는 소소한 일거리를 주어 서로 신뢰를 쌓고 성취감을 느끼게 해주어야 한다.
- 아이들의 자신감을 높여주려면, 밤마다 아이들 각자와 10분 동안 그 아이가 좋아하는 일(독서, 스포츠 이야기, 이야기 지어내기)을 한다.

하지만 크레이머의 중심적인 조언은 내게 충격으로 다가왔다. 이이들의 다툼에 끼어들라는 것이다. 빤한 이야기 같지만, 나는 그 정반대로 하는 경우가 많았다. 예를 들어, 타이비가 "에덴이 내 인형 빼앗아 갔어" "에덴이 내 발가락 밟았어" 혹은 "에덴이 나한테 욕을 했어"라고 투덜거리며 뛰어오면 나는 아무런 간섭도 하지 않았다. "아빠는 심판이 아니야. 너희들이 알아서 해결해." 이것이 현대적인 아버지의 태도라고 생각했다. 아이들의 독립심을 키워주고, 아이들 곁에 붙어 다니면서 문제 해결에 간섭해서는 안 된다는 것이 내 소신이었다.

"우리가 해결 못하니까 그렇죠!" 두 딸이 자주 토로하던 불만이었다.

딸들의 말이 옳았을지도 모른다. 크레이머에 따르면, 8세 이하의 아이들은 형제자매와의 갈등을 스스로 해결하는 능력이 "전반적으로 떨어진다." "연구 결과가 보여주듯, 아이들한테 갈등을 해결하는 기술이 없을 경우에는 부모가 끼어들어 도와주는 것이 중요하다." 크레이머는 어려운 상황을 해결하는 방법을 아이들에게 가르쳐주어야 한다고 충고한다.

그 방법이란 무엇일까? 이에 대해서 힌과 리처드슨이 몇 가지 조언을 해주었다. 우선 그들이 성인들에게 사용했던 기법을 아이들에게 맞추어 수정한 내용을 알려주었다.

1. 먼저 자신에 대해 생각하라

힌은 이렇게 설명했다. "아이들 중 한 명이 내게 오면, 보통은 나더러 판결을 내려달라고 해요. 누가 옳고 누가 그른지 판단해달라는 거죠. 그러면 남편과 나는 항상 그 역할을 거절해요."

지체 없이 곧장 해야 할 일은 쌍방을 진정시키는 것이다. 윌리엄 유리가 말한 "발코니로 나가라"와 일맥상통한다. 아이들을 각자의 방으로 몇 분 정도 보내거나 책을 읽게 하는 것이다.

그런 다음, 일어난 문제에서 각자가 어떤 역할을 했는지 반성하는 시간을 갖게 한다. 리처드슨이 덧붙여 말했다. "아이들은 대개 누가 먼저 싸움을 일으켰느냐를 문제 삼습니다. 나는 그게 문제가 아니라 그 다툼을 지속시킨 각자의 선택이 문제라고 말해주지요."

힌이 말을 이었다. "한 아이가 잘못한 것이 분명하더라도, 나는 다른 아이에게 '그 직전에 넌 뭘 하고 있었는데?'라고 물어요. 그러면 그 아이는 아주 부끄러워하면서 '아, 그게, 저기……'라고 얼버무리죠."

2. 상대방에 대해 호기심을 가져라

아이가 자신의 책임에 대해 생각하기 시작하면, 다음 단계는 그 아이에게 상대방의 기분을 헤아리도록 설득하는 것이다. "상대방이 어떤 생각을 하고 있는지 궁금해하도록 만드는 게 좋아요." 힌이 말했다. "갈등을 겪고 있는 상대에 대해 생각하도록 가르치면, 아이의 인생에 큰 도움이 될 수 있어요."

3. 사과하라

아이들에게 사과를 강요해야 하는가에 대해서는 사람마다 의견이 다르다. 어떤 사람은 꼭 필요한 단계라 말하고, 또 어떤 사람은 굳이 그럴 필요가 없다고 느낀다. 힌은 잘못을 뉘우치는 일이 중요하다고 믿는다. "미안하다는 말은 사실 두 가지 의미를 지녀요. 하나는 실제 감정을 설명하는 것이고, 또 하나는 다른 사람에게 끼친 영향에 대해 책임을 진다는 의미죠. 난 후자에 관심이 있어요. 사과해야 한다고 진정으로 느끼지 않더라도, 자신이 한 선택에 대한 책임을 받아들이는 거예요. 미안하다는 감정은 나중에 흥분이 가라앉고 나면 생길 거예요." 또, 힌은 사과 후에 갈등이 일어나는 경우가 드물다는 연구 결과를 알려주었다.

"무엇보다 큰 그림을 볼 줄 알아야 합니다." 리처드슨이 말했다. "아이들이 다툴 때 부모는 본능적으로 이런 생각을 하게 되지요. '참 나! 별것도 아닌 마시멜로 가지고 싸우고 있어!'"

나는 힘차게 고개를 끄덕였다.

"하지만 아이들한테는 정말로 중요한 문젭니다. 표면적으로는 마시멜로 때문에 다투는 것처럼 보이지만, 실상은 '내가 공정한 대우를 받고 있나?'라는 문제가 달린 거죠. 그리고 훗날 마시멜로가 아니라 부모를 모시는 문제로 싸울 때까지 이 문제는 계속 이어질 겁니다."

그들과 이야기를 나누면서 내가 얻은 가장 큰 교훈은 '대화를 해야 한다'는 것이다. 대화한다고 해서 모든 갈등이 해결되지는 않겠지만, 갈등을 해결하는 습관을 들이면 훗날 그 성과를 얻게 될 것이다. 이 대목에서 바이런 트롯이 돈에 대해 했던 말이 떠올랐다. 아이가 나중에 연봉 6만 달러나 유산 600만 달러를 가지고 휘청대는 것보다는 6달러의 용돈을 가지고 실수하는 편이 더 낫다는 이야기 말이다. 이는 어려운 대화에도 적용된다. 지금 마시멜로 문제를 확실히 해결해두지 않고 넘어가면, 앞으로도 내내 그 문제 때문에 갈등을 겪게 될 것이다.

제3의 이야기를 만들어라

힌과 스톤, 리처드슨은 대학원 시절 그랬던 것처럼 스스럼없이 서로를 편하게 대한다. 갈색 머리칼을 어깨까지 내려뜨린 힌은 옛날 프랑스 영화에서 볼 수 있는 우아한 세련미를 풍긴다. 그녀의 남편인 리처드슨은 변호사에서 전문 협상가로 전직했으며, 가무잡잡한 피부에 냉소적인 미소를 지녔다. 힌과 함께 컨설턴트 회사를 창립한 스톤은 리처드슨보다 키와 덩치가 큰 남자로, 키프로스에서부터 에티오피아까지 수많은 위기 상황을 잘 해결한 이력을 가지고 있다.

힌과 스톤이 저술한 어려운 대화에 대한 저서의 중심 전제는 그것을 하나의 독립된 사건이 아닌 인간관계라는 더 큰 그림의 일부로 보라는 것이다. 이를 위해서는 네 단계의 과정을 밟아야 한다.

1. **먼저, 상대방의 이야기에 호기심을 가져라.** 상대방을 움직이고 있는 동기가 무엇인지 파악하라는 것이다. 어려운 대화에서 대체로 문제가 되는 것은 '사실을 바로잡자'가 아니라 '그 사실을 어떻게 인식하느냐'이다. 먼저 상대의 관점을 이해하는 것이 중요하다.
2. **이제 자신의 이야기를 하라.** 상대방의 이야기를 알았다면, 이제는 자신의 이야기 뒤에 숨어 있는 말하지 못한 감정들을 파악해야 한다. 자신이 느끼는 진짜 감정을 상대방에게 알려야 한다. 진심을 말해주지도 않고서 상대가 귀 기울이지 않는다고 화를 내는 건 어불성설이다.
3. **제3의 이야기를 함께 만들어라.** 쌍방의 이야기가 모두 파악됐다면, 둘 중의 하나를 택할 것이 아니라 둘 모두를 껴안아야 한다. 인식의 차이이기 때문에 어느 한쪽이 옳다고 말할 수 없다. 이 '제3의 이야기'

가 나타나는 순간, 타협안을 써나가기 시작할 수 있다.

4. **이번이 마지막이 아님을 명심하라.** 특히 가족 사이에서는 이런 대화를 더 많이 나누게 될 것이다. 여기서 끝이 아니다. 앞으로도 계속 소통의 창구를 열어둘 방법에 대해 이야기를 나누어야 한다.

실생활에서는 이 단계들이 어떻게 적용될 수 있을까? 힌과 스톤은 자신들의 실제 경험을 들려주었다(그들의 요청으로 몇몇 자세한 내용은 생략했다).

- 알츠하이머병을 앓고 있는 연약한 80대 노인이 응급실로 실려온다. 의사들은 수명을 몇 주라도 연장하려면 외과 수술을 받아야 한다고 말한다. 노인의 네 자녀 중 세 명은 이제 작별인사를 나눌 때가 되었다고 생각한다. 하지만 막내는 "아버지를 살릴 수 있다면 무슨 시도든 해봐야지"라며 고집을 꺾지 않는다.
- 한 40대 남자는 그의 가족을 산산조각 낼지도 모를 비밀을 하나 가지고 있다. 그와 아내는 사이가 소원해졌다. 몇 년 동안 성관계를 하지 않았고, 괴롭고 수치스러운 생활이 계속 이어지고 있다. 하지만 다른 사람들은 그들이 완벽한 부부인 줄 알고 있고, 그의 가족 중에 이혼한 사람은 아무도 없다. 그는 원칙주의자들인 부모에게 버림받고 형제자매와 의절하게 될까 봐 두렵다. 감사절에 그는 모두에게 진실을 말하기 싫어 다섯 시간 동안 해변으로 피신한다.
- 아직도 정신이 또렷한 100세 할머니가 두 자녀를 키운 집에서 혼자 살고 있다. 그러던 어느 날 그녀가 아끼는 뒤뜰 정원에서 쓰러지고 만다. 다른 지방에 사는 아들은 어머니와 가까운 곳에 사는 누나가 어머니를 모셔야 한다고 생각한다. 하지만 누나는 거절한다. 할머니의 손자들은

이 일로 가족 간에 불화가 생길까 염려한다.

이 세 가지 상황의 차후에 일어난 일들을 보면, 잘못된 추측이 대화를 애초에 막아버린다는 사실을 알 수 있다.

100세 할머니의 사례는 제1단계(먼저 상대방의 이야기에 호기심을 가져라)의 중요성을 그대로 보여준다. 할머니의 두 자녀는 어머니를 어디에 모셔야 하는가의 문제로 갈등을 겪고 있다. 수년 동안 양쪽 모두 한 치의 양보도 하지 않았다. 결국 한 손자가 거북한 상황을 견디지 못해 직접 나서기로 하고 고모에게 전화를 걸었다. 하지만 고모를 몰아붙이지 않고 그녀의 진심을 파악하려고 노력했다. "왜 할머니를 모시기 싫으신지 알고 싶어요."

그러자 고모는 대답했다. "엄마는 평생 정원을 가꾸셨잖아. 1940년대부터 매일같이 정원으로 나가셨어, 한겨울에도 말이야. 그런데 거기서 엄마를 떼어놓으면 아예 살 의지를 잃으실까 봐 걱정이야."

"딸의 대답은 아주 설득력 있었습니다." 스톤이 말했다. "그 대답과 함께 순식간에 상황이 변했죠. 손자는 그제야 고모의 마음을 제대로 이해한 겁니다. 이렇게 자신이 생각 못한 진실이 있을 수 있다는 걸 인정해야 해요."

할머니를 어디에 모셔야 하는가의 문제를 터놓고 이야기하기 시작하자 나머지 결정은 훨씬 더 수월하게 이루어졌다. 할머니는 몇 년간 자신의 집에 그대로 머무르다가 104세인 지금은 딸과 함께 행복하게 지내고 있다.

이혼할 거라는 사실을 가족에게 털어놓기 두려워하는 40대 남자의 이야기는 제1단계와 제2단계 모두를 예시해주는 사례이다. 그는 해변으로 피신한 그날 부모에게 자신의 결혼생활이 끝날 것이라는 사실을 털어놓을 수밖에 없었다. "넌 실패자야"라는 말을 들을 거라 예상했다.

하지만 그의 어머니는 "이런, 안타깝게 됐구나"라고 말했고, 아버지 역시 그를 위로해주었다.

"그는 착각한 거예요." 힌이 설명했다. "그는 외도를 하지 않았어요. 아이가 없었어요. 성실한 남편이 되어야겠지만 한계가 있잖아요."

그의 실수는 상대방, 즉 가족에게 진짜 중요한 것이 무엇인지 제대로 이해하지 못한 것이다. 여기서 제1단계가 적용된다. 그는 상대방의 이야기를 궁금해하지 않고, 자신이 그들의 감정을 안다고 가정해버렸다. "가끔 사람들은 이렇게 잘못된 착각을 하죠." 힌이 말했다.

그는 또 다른 실수도 저질렀다. 자신이 느끼는 고통을 확실하게 표현하지 않은 것이다. 자신의 이야기를 하라는 제2단계, 즉 자기반성을 제대로 실천하지 않았다.

그의 고백 이후 가족 관계는 더욱 돈독해졌다. 형제 중 한 명이 그를 자신의 집으로 데려가 임시로 머물게 해주었고, 부모는 그에게 자주 전화해 안부를 물었다. 그는 가족 때문에 부담을 느끼기는커녕 가족에게 보호받는 느낌을 받았다.

아버지의 수술 문제로 의견 충돌을 겪고 있는 남매들 이야기는 제3단계(제3의 이야기를 함께 만들어라)의 예증이 된다. 응급실에서 헤어진 후 상황은 더욱 악화되었다. 수술을 주장한 아들은 누나와 형들에게 전화해 그들을 비난하기 시작했다. "아버지한테 어떻게 이럴 수 있어?"

누나는 "정신 좀 차려. 이제 아버지를 보내드려야 해"라고 받아쳤다.

결국 셋째가 막내를 찾아갔다. "네가 어떤 기분인지 알고 싶어서 왔어." 그러자 막내는 울기 시작했다. "아버지가 돌아가시는 걸 보고 싶지 않아.

또 알아? 수술해서 다시 건강해지실지. 아버지는 말씀을 제대로 못하시니까 나라도 아버지 입장을 대변해드려야지." 이 대화는 한 시간 넘게 이어졌다.

마침내 막내아들은 자신의 생각을 존중받았다고, 아버지의 편에서 충분히 노력했다고 느꼈다. 그의 형은 나머지 남매들의 생각을 다시 한 번 확인해주었고, 그들은 함께 결정을 내렸다.

"대화가 문제를 완전히 해결했죠." 리처드슨이 말했다. "하지만 더 중요한 사실은, 그 일로 남매들 간에 우애가 더욱 깊어졌다는 겁니다. 모두가 그 결정을 받아들였습니다. 그 결정에서 따돌림 받았다고 느끼는 사람은 아무도 없었어요. 가족이 갈가리 흩어지는 대신 더욱 똘똘 뭉치는 계기가 됐죠."

그다음 날, 네 남매는 한자리에 모여 아버지의 임종을 지켜보았다.

두 여성 법칙

이 세 가지 사례는 모두 위기상황에서 비롯되었다. 그리 놀라운 일도 아니다. 네브래스카 주의 심리학자인 존 디프레인John DeFrain은 다수의 '견실한 가족'을 인터뷰했다. 그들 중 4분의 1은 지난 5년간 가장 힘겨웠던 일로 중병이나 수술을 꼽았다. 20퍼센트는 가족의 죽음이 가장 힘들었다고 답했다.

하지만 이런 위기상황만이 어려운 대화의 출발점이 되는 것은 아니다. 가끔은 오래전부터 이어져온 갈등, 돈과 관련된 결정, 혹은 많은 사람들에게 영향을 미치는 중대한 선택이 원인이 되기도 한다. 힌과 스톤은 이런 대화를 잘 헤쳐나가는 방법을 제시해주었지만, 그들의 해결책이 유일한 정답은 아니다. 현대 사회과학의 한 분야는 복잡한 팀들이 어려운 결정을 내리는 방식에 관해 활발히 연구하고 있다. 그 연구 결과 가운데 네 가지는 가족들에게도 적용할 만하다.

1. 다수가 소수보다 낫다

최근에는 개인이 아닌 집단이 더 나은 결정을 내린다는 사실에 많은 관심이 집중되고 있다. 제임스 서로위키James Surowiecki의 《대중의 지혜The Wisdom of Crowds》는 이 주제를 명확히 규정지어주는 책이다. 서로위키는 1906년 지역 가축박람회에 참석한 영국 과학자 프랜시스 갤턴Francis Galton의 이야기로 서두를 연다. 갤턴은 한 전시장에서 살찐 수소의 몸무게를 알아맞히는 시합을 우연히 구경하게 되었다. 시합에는 800명이 참가했다.

갤턴은 '일반인'이 정답을 맞힐 확률에 대해 회의적이었고, 이를 '대다수 사람들의 어리석음과 그릇된 생각'을 증명할 완벽한 기회로 여겼다. 시합이 끝나고 나서 그는 모든 답의 평균치를 계산해보았다. 사람들이 추측한 무게의 평균은 542.9킬로그램이었다. 실제 무게는 543.4킬로그램이었다. 사람들의 추측은 거의 완벽했다. 서로위키는 다음과 같이 썼다. "그날 프랜시스 갤턴이 플리머스에서 우연히 발견한 것은 단순하면서도 강력한 진실이었다. 즉, 정상적인 상황에서는 집단이 현저하게 지적이며, 그들 안의 가장 똑똑한 개인보다 더 똑똑하다는 것이다."

이를 뒷받침해줄 증거는 상당히 많다. 노스웨스턴 대학의 사회학자 브라이언 우지Brian Uzzi는 1945년에서 2005년 사이에 전 세계에 발표된 2,100만 건의 과학 논문에 대한 데이터를 수집했다. 그리고 개인보다는 팀이 더 높은 질의 결과물을 낸다는 결론을 내렸다. 어떤 팀이 가장 성공적일까? 우지는 브로드웨이 뮤지컬 321작품을 분석하고, 한 번도 만난 적 없는 사람들로 이루어진 팀은 합작이 원활하지 않고 실패작을 많이 만들어낸다는 사실을 발견했다. 한편, 공동작업의 경험이 있는 팀들 역시 그리 성공적이지 못했다. 이미 썼던 아이디어들을 고쳐 쓰고, 새로운 구상을 하지 않는 경향이 있기 때문이다. 따라서 구면과 초면이 뒤섞여 있어 신뢰가 쉽게 형성되면서도 새로운 아이디어가 유입될 수 있는 환경이 가장 이상적이다.

부모, 형제자매, 인척, 고령자, 20대, 그리고 가끔은 밥벌레 같은 사람들이 뒤섞여 있는 확대가족은 집단의 다양한 이점들을 얻을 수 있는 완벽에 가까운 조합이다.

2. 먼저 투표하고 나중에 이야기하라

충격적인 사실이지만, 어떤 사안으로 토론이 열리면 남의 말을 듣기도 전에 맨 처음 의견을 밝힌 사람의 주장으로 결론이 기울기 쉽다. 하지만 만약 그 의견이 옳지 않은 거라면?

대니얼 카너먼은 유용한 청사진을 제시했다. "단순한 규칙을 세워두면 도움이 된다. 어떤 문제를 논의하기 전에 모든 구성원이 자신의 견해를 간단히 요약해서 적도록 하는 것이다." 이런 절차를 거치면 집단의 구성원들이 어떤 지식과 의견을 가졌는지 폭넓게 파악할 수 있다. "일반적인 방식의 공개 토론은 초반에 독단적으로 주장하는 이들의 의견으로 기우는 경향이 있어서, 나머지 사람들은 그 뒤를 그냥 따르는 모양새가 되기 쉽다"라고 카너먼은 덧붙였다.

모든 이들의 입장이 공개되면, 토론은 훨씬 더 생산적으로 흘러간다.

3. 사전 부검을 실행하라

대화가 절정에 다다르면 사람들, 특히 집단의 의견에 반대하는 사람들이 자신의 진짜 생각을 밝힐 수 있도록 격려해야 한다. 그 한 가지 방법은 심리학자 게리 클라인Gary Klein이 말한 '사전 부검premortem'이다. 어떤 사건이 이미 일어났다고 상상하면, 잘못될 수 있는 일을 미리 파악할 수 있다. 사전 부검은 그 과정을 더욱 쉽게 만들어준다. 집단이 어떤 중요한 결정에 거의 이르렀지만 아직 공식적인 결정이 내려지지 않은 상태에서 한 사람이 이렇게 말한다. "1년 후를 상상해봅시다. 이 계획을 따르고 있는데 그리 큰 성공을 거두지 못했어요. 그 원인이 무엇일지 한번 적어봅시다."

클라인에 따르면, 사전 부검의 가장 큰 의의는 의혹들을 명확히 짚고 회의적인 시각을 가진 사람들의 의견도 들을 수 있다는 것이다. "결국 사전 부검은 고통스러운 사후 부검을 피할 수 있는 최선의 길이다."

4. 두 여성 법칙

가족 사이의 어려운 대화를 잘 이끄는 비결 중에 일명 '두 여성 법칙'이라는 것이 마음에 든다. 어느 날 구글의 한 간부와 저녁식사를 하면서 구글사의 회의 방식에서 일어난 가장 중대한 변화가 무엇이냐고 물었다. 그는 주저 없이 회의실에 한 명 이상의 여성을 꼭 참석시키는 것이라고 말했다. 그리고 이런 원칙을 세우는 계기가 된 연구에 대해 이야기해주었다.

2010년, 카네기 멜론, MIT, 유니언 칼리지의 일단의 연구자들이 〈사이언스〉에 〈인간 집단들의 행위에 나타나는 집단 지능 요인의 증거〉라는 연구 논문을 발표했다. 그 과학자들은 2명 혹은 5명으로 이루어진 집단에서 일하는 699명을 면밀히 분석하고, '집단 지능'이 존재하는지, 존재한다면 그것을 일으키는 것이 무엇인지 밝히려 노력했다. 개인보다 집단이 더 나은 결정을 내린다는 사실을 발견한 후, 연구자들은 두 번째 의문으로 넘어갔고, 그들 자신도 깜짝 놀란 결과를 얻었다.

그들은 두 가지 요인이 가장 중요하다는 사실을 알았다. 첫째, 몇몇 사람이 토론을 지배하는 집단은 모든 구성원이 의견을 밝히는 집단보다 능률이 떨어졌다. 둘째, 여성의 비율이 높은 집단일수록 성공 확률이 높았다. 이 집단들은 모든 이들의 의견에 좀 더 주의를 기울였으며, 합의를 도출하고 의사를 결정하는 능력이 더 뛰어났다.

여성의 수가 많은 팀이 더 좋은 성과를 낸다는 연구 결과는 이 외에도 아주 많다. 2006년, 웰즐리의 연구자들은 〈포춘〉 선정 1,000대 기업의 여성 임원들에 대해 광범위한 연구를 시행했다. 〈필요한 기업 임원의 인원수: 왜 3명 이상의 여성이 관리의 질을 높여주는가〉라는 제목의 보고서는 한 명의 여성 임원도 상당한 기여를 하지만, 한 명보다 두 명이 더 낫다고 말한다. 한편, 세 명이라는 문턱에 이르면 여성들의 의견은 더 큰 위력을 발휘하게 된다. 왜일까? 이 연구를 주도한 숨루 에르쿠트Sumru Erkut는 다음과 같이 요약했다. "여성들은 남의 말을 경청하고 친절하게 기운을 북돋아주고 쌍방이 모두 만족할 수 있는 해결책을 제시하는 등 협력적인 리더십을 통해 기업 관리에 도움을 준다."

판사들 사이에서도 비슷한 결과가 나왔다. 캘리포니아 대학 버클리 캠퍼스에서 행해진 연구에 따르면, 연방 판사 3인 중에 여성이 한 명이라도 있으면 남성들의 극단화 본능이 꺾이고 더욱 신중한 판결을 내린다. 여성 판사가 두 명이면 그 효력은 훨씬 더 커진다.

이 연구들을 단독적인 사례로 무시해버릴 수만은 없다. 최근 수십 년간 이루어진 수많은 연구들은 여성이 더 협력적이고, 타인의 감정에 더 민감하며, 합의 도출에 더 관심이 많다는 사실을 증명해 보였다. 이 모두는 가족끼리 어려운 대화를 나눌 때 아주 유용한 자질들이다. 복잡한 문제에 대해 결정을 내려야 한다면, 대화에 여성을 많이 참여시킬수록 모두가 만족할 만한 결론에 더 쉽게 이를 수 있다.

부모 돌보기

내가 힌과 리처드슨, 스톤을 만나고 나서 겨우 며칠 지났을 때 아버지와 어머니의 건강 상태에 동시에 문제가 생기는 위기상황이 닥쳤다. 그래서 어려운 대화에 대해 배운 모든 것을 시험해볼 수밖에 없었다.

대화를 위해 부모님과 함께 앉아 있자니 초조한 마음이 들었다. 부모님의 보살핌을 받는 것이 아니라 부모님을 보살펴야 하는 입장에서 대화를 이끌어본 경험이 거의 없었다. 아버지도 당신의 어머니가 알츠하이머병으로 고생하는 모습을 지켜보았기 때문에 내 입장을 잘 이해했다. "자식 키우는 것보다 부모 모시는 게 더 어려운 법이지."

나는 천천히 말문을 꺼냈다. 두 분의 기분(아버지의 두려움, 우리에게 간섭받고 있는 것 같다는 어머니)이 어떤지는 이미 들었으니, '상대방의 이야기에 호기심을 가져야 한다'는 의무는 다한 것 같았다. 이제는 내 이야기, 아니 이번 경우에는 우리 남매들의 이야기를 할 차례였다. 우리는 부모님과 가까이 살지 않는 것이 안타까웠다. 두 분의 생활을 마음대로 조종할 생각도 없고, 설사 그러고 싶어도 불가능했다. 우리는 그저 자라면서 배운 대로 두 분을 돕고 싶었을 뿐이다. 분명 우리가 도울 방법이 있을 것이다. "몸은 떨어져 있지만 마음만은 저희한테 의지하셔도 돼요. 저희한테 맡기실 일은 맡기세요."

그 대화가 돌파구가 되었고, 그 주말 동안은 몇 년 만에 처음으로 부모님과 가장 허심탄회한 시간을 보냈다. 하지만 한 가지 껄끄러운 문제가 있었다. 어머니는 노인 질병에 대비하여 장기 간병 보험에 들까 고민하고 있었다. 아버지는 어머니를 돌보지 못할 테고 자식들 모두 멀리 떨어져 있으니 말이다. 하지만 보험료가 비쌌다.

노부모를 둔 많은 자식들이 그렇듯이, 우리 남매들도 공과금에서부터 지출액 검토까지 부모님의 재정 관리에 점점 더 관여하게 되었다. 오랜 세월 돈을 스스로 관리하던 부모님은 우리의 간섭을 별로 반기지 않았다.

하지만 이젠 달랐다. 예를 들어, 아버지의 휴대전화를 바꾸면서 보니 아버지가 10년 계약으로 한 달에 200달러를 내고 있었다. 몇 분 만에 나는 한 달 요금을 40달러로 낮추었다. 그 후 전기, 수도, 케이블, 보험 등의 요금을 차례차례 검토해보았다. 그 결과 나는 부모님의 지출을 1년에 수천 달러나 줄여드렸다. 하지만 그 과정에서 부모님의 지출 내역을 묻고 몇몇 항목은 굳이 필요 없다고 말씀드려야 하는 거북한 순간도 있었다.

어떤 전문가들은 노년의 미국인들이 자신의 능력을 증명해 보일 '금융 운전면허증' 같은 것을 만들어야 한다고 주장했다. 내 경험에 따르면 가면허증도 괜찮을 것 같다. "어머니 아버지, 두 분 뜻대로 운전을 하셔도 좋지만 꼭 자녀 한 명과 동승해주세요."

다행히도 어머니는 보험 가입을 혼자 결정하면 안 된다는 것을 이해했고, 내게 계약 조건을 꼼꼼히 살펴봐달라고 부탁했다. 결정을 내려야 할 시간이 되자 나는 전화로 가족회의를 하자고 제안했다. 아무도 찬성하지 않았다. 아버지는 감정이 격해질 것 같다고 하셨다. 누나는 보험에 대해 아무것도 모른다고 했다. 형은 다른 가족 문제로 너무 바쁘다고 말했다.

그래도 나는 밀어붙였다. 감정이 격해지든 잘 모르든 가족 모두의 의견을 모아야 한다고 주장했다. 모두 마지못해 동의했다. 전화상으로 나는 모두에게 솔직한 의견을 밝혀달라고 부탁했다. 나를 포함한 두 명은 보험 가입에 반대하고, 세 명은 찬성했으며, 한 명은 반반이었다. 그러자 어머니가 울먹이기 시작했다. "자식들한테 부담이 되긴 싫다." 누나가 갑자기 보험료를 도와드리겠다고 제안했다. 나는 감명 받았다. 조급하게 굴 뻔했지만, 어머니의 감정을 또 다른 여성인 누나가 이해하면서 우리는 어떤 보험에 가입할 것인가의 문제로 넘어갔다.

우리는 여러 장단점에 관해 이야기를 나누었다. 그때 아버지가 몇 가지 신중한 문제를 제기했다. 그러자 토론은 새로운 전환점을 맞았고, 나는 사전 부검을 시도해보기로 했다. 우리가 보험에 가입했다가 후회하게 된다면 그 이유는 뭘까? 돈 낭비, 라고 모두가 입을 모았다. 그럼 가입하지 않는다면 어떤 점을 후회하게 될까? 어머니가 병이 날 경우 원하는 치료를 받지 못하게 될 것이다.

결국 우리는 투표를 했고, 만장일치로 보험 가입을 결정했다.

우리 가족의 어려운 대화는 힌과 리처드슨, 스톤이 예로 들어준 사례들과 한 가지 중대한 공통점이 있었다. 서로 다른 생각을 가지고 솔직한 감정을 숨긴 다양한 세대의 가족 일원들이 민감한 상황을 헤쳐나가기 위해 노력했다는 것이다. 그리고 많은 사람들이 간과하고 있는 가족의 한 가지 특징을 여실히 증명해주었다. 바로 가족 내 힘의 균형이 끊임없이 변화한다는 것이다.

부모는 어린 자녀들을 돌보는 일을 당연시하고 거기에 대비하지만, 자녀들은 노부모를 보살펴드려야 할 때를 갑작스레 맞고 쩔쩔매는 경우가 많다. 형제자매들은 어릴 때는 자주 다투지만, 성인이 되고 나면 의무적으로라도 힘을 합쳐야 할 때가 많다.

우리는 가족이 옛 습성에 붙박여 있다고 생각한다. 그 가족 내에서의 역할이 고정되어 있다고 생각한다. 둘 다 잘못된 생각이다. 어려운 대화를 나누면서 배울 수 있는 한 가지 사실은 가족이 유동적이라는 것이다. 생각도 못한 곳에서 불시에 문제가 생길 수 있고, 해결책도 마찬가지이다. 어느 날 내 마시멜로를 빼앗아갔던 바로 그 사람이 다음 날 내게 코코아를 가져다줄 수도 있다.

7

가족이 나누어야 하는 성 이야기

섹스 맘으로터 성교육 비법을 듣다

"다들 빨리 와!" 한 소녀가 큰 소리로 친구들을 불렀다. "성 이야기 해주신대! 빨리 와서 들어."

9월 초의 어느 일요일 저녁, 코네티컷 주 북서부에 있는 고등학교의 수영부 소녀들 20여 명이 케이트와 브래드 에글스턴의 흰색 미늘판벽 집에서 야외 요리 파티를 즐기고 있었다. 스파게티, 핫도그, 청량음료, 샐러드, 브라우니 등이 차려져 있었다. 그리고 15초만 지나면 소녀들은 구강성교, 트로잔, 그리고 거절하는 법에 대해 재미있는 이야기를 듣게 될 터였다.

케이트 에글스턴은 스스로를 섹스 맘Sex Mom이라고 부른다. 그녀는 도도한 교외 주부이다. 카풀을 하고, 고기를 넣지 않은 칠리 콘 카르네와 사과 칩을 요리하고, 10대 딸 세 명과 열두 살짜리 아들이 참가하는 모든 경기를 보러 간다. 그리고 고단한 하루의 끝에 방문을 닫아놓고, 탈모가 시작됐지만 여전히 잘생긴 남편과 함께 포도주 마시기를 즐긴다. 또 아이들과 그 친구들에게 성에 관해 이야기하기를 좋아한다.

어느 날 일어난 일이 그 계기가 되었다. 맏딸인 브래디가 학교에서 돌아와 "펠라티오"라고 말했다. 케이트는 깜짝 놀라 물었다. "그게 뭔데?" "구강성교요. 다들 하잖아요." 브래디가 말했다. "정말 그래?" 하고 케이트가 묻자, 그녀의 열 살배기 딸은 "'구강'이 입이니까 말하는 거죠. 그러니까 성에 관해 말한다는 뜻이에요"라고 답했다.

케이트는 미소 지으며 내게 말했다. "자기 나름대로는 아주 영리한 생각이었죠. 내가 그 정확한 의미를 설명해주니까 브래디는 '어머! 말도 안 돼!'라면서 굉장히 충격을 받더군요. 그 단어는 요즘 아무렇지도 않게 많이 쓰이지만, 아이들은 그 의미를 전혀 몰라요. 그래서 아이들도 알 건 알아야 한다는 생각이 들었어요."

케이트는 아이들의 눈높이에 맞춘 용어를 써가면서 조심스럽게 시작했고 점점 자신감이 붙었다. 저녁식사가 끝나면 소녀들을 따로 데려가 이야기했고, 딸과 통화하기 위해 전화를 건 10대 남자아이들을 오랜 시간 붙잡아두었다. 특히 카풀 동안에 많은 이야기를 했다. 아무도 도망갈 수 없으니 아주 효과적이었다. 심지어는 부엌 조리대 위에 콘돔 한 상자를 올려놓았고, 누가 가져갔는지 추적할 수 없게 몇 개를 빼놓는 것도 잊지 않았다. 사람들이 그녀를 '섹스 맘'이라고 부르기 시작했다. 그녀는 이웃 사람들을 무지로부터 구원해주는 앞치마 두른 개혁운동가 같은 존재였다.

그녀에게 불만을 표하는 부모는 없었을까?

"없었어요." 케이트가 말했다. "오히려 정반대였죠. 나한테 도움을 구했어요. 한 친구는 매일 찾아와서 '못하겠어! 어떻게 해야 하는 거야? 아들이랑 성에 관한 이야기를 못하겠어'라고 하더군요. 나는 꼭 해야 한다고 말했죠. 그런데 어느 날 그 친구가 마치 로키처럼 들어오더니 '했어! 이야기했다고!'라더군요. 내가 친구를 쳐다보면서 '음경을 질 속에 넣는 거라고 말해줬어?'라고 했죠. 그랬더니 친구는 움찔하더니 다음 날 다시 와서 '말했어!'라고 하더군요. '정말? 그러니까 뭐래?' '말도 안 된다면서 아빠한테 물어보겠대.'"

그래서 에글스턴 부인이 그날 저녁 성큼성큼 다가와 이야기를 시작했을 때 수영부 소녀들은 그리 놀라지 않았다. 그녀는 네 가지 규칙을 세웠다.

1. 구강성교도 섹스다

"구강성교를 섹스로 생각하지 않는 아이들이 얼마나 많은지 몰라요."

2. 항상 콘돔을 사용할 것

"내 손가락으로 시범을 보여주죠. 양호선생님은 그렇게 못하니까요."

3. 콘돔을 스스로 살 수 없다면 아직 섹스를 할 만큼 성숙하지 못한 것이다

"아이들한테 몸만큼 정신도 자랄 때까지 기다리라고 말해주죠."

4. 더는 함께 나눌 것이 없는 상대와 섹스할 것

"남자친구 앞에서 코를 후빌 수 있다면, 어떤 생각이든 그에게 말할 수 있다면, 그에게 '싫어'라고 말할 수 있다면, 이제야 조금씩 서로를 이해하기 시작한 거라고 아이들에게 말해준답니다."

이런 이야기에 대해 소녀들은 어떻게 생각하느냐고 묻자 케이트가 대답했다. "직접 물어보지 그러세요? 10대 여자아이들이랑 한방에 있어본 적 있어요? 귀가 따가울 거예요."

누가 성교육을 두려워하는가?

많은 이들이 선뜻 입에 올리지 못하는 문제를 이야기할 시간이 왔다. 섹스. 대부분의 가족들이 가장 난감해하는 주제이다. 성에 관한 이야기를 아이들에게 어떻게 해야 하는지, 성인들은 어떻게 만족스러운 성생활을 할 수 있는지 등등 가족의 성 문제를 생각하는 것은 내게도 가장 큰 도전 과제였다.

어린 시절 우리 집에서는 성에 관한 이야기를 터놓고 하지 않았기 때문에 그 주제만 나오면 나는 긴장해서 말이 잘 나오지 않았다. 그리고 건강한 성 문화를 일구어낸 가족들의 비법을 알아내는 것도 쉽지 않았다. 마침내 이 주제를 파고들기 시작했을 때, 나는 린다와 내가 풋내기 같은 실수를 이미 많이 저질렀다는 사실을 깨달았다.

우선, 통념을 깨주는 연구 결과부터 살펴보자. 첫째, 청소년들은 우리가 생각하는 것보다 훨씬 더 정숙하다. 이성 친구들과 노닥거리기는 해도 실제로 성관계까지 하는 경우는 그리 많지 않다. 10대의 성에 관한 가장 권위 있는 기관인 구트마허 연구소Guttmacher Institute의 보고에 따르면, 10대의 13퍼센트만이 15세 전에 성관계를 가진다. 대부분은 17세 즈음 처음으로 성관계를 갖는다. 더욱 주목할 만한 사실은 이 수치가 지난 60년간 거의 변하지 않았다는 것이다. 최근에는 오히려 하락하기까지 했다. 성관계를 하지 않는 이유를 묻자 10대들은 "종교나 도덕관에 맞지 않아서"라는 대답을 가장 많이 했다. 그다음 이유로 소녀들은 "임신하기 싫어서" "아직 이상형을 찾지 못해서"라고 답했다. 상황이 이러하니 우리가 크게 걱정할 필요는 없다. 아이들이 앉아 있는 소파보다 아이들이 보고 있는 텔레비전에서 훨씬 더 많은 섹스가 벌어지고 있다.

이제 실망스러운 이야기를 해야겠다. 부모들은 성교육을 두려워한다. 청소년들은 별다른 지식 없이 손이나 입, 성기로 이런저런 시도를 해본다. 성관계 경험이 있는 청소년들 가운데 40퍼센트는 피임이나 성병에 대해 부모에게 듣지 못했다고 답했다. 특히 남자아이들은 그 비율이 걱정스러울 만큼 높았다. 뉴욕 대학의 연구진은 여자아이의 85퍼센트가 부모에게 성에 관한 이야기를 듣는 반면, 남자아이는 50퍼센트에 지나지 않는다는 사실을 발견했다. UCLA의 연구자에 따르면, 남자아이의 약 70퍼센트는 성관계를 하기 전에 콘돔 사용법이나 다른 피임법에 대해 들어본 적이 없었다.

성교육을 시도하는 부모들도 강압적인 관계나 거절하는 법 같은 난감한 문제는 슬슬 피해버린다. 그런 이야기가 뭐 그리 중요할까 싶겠지만, 가족끼리 성에 관해 좀 더 터놓고 이야기하는 유럽에서는 10대들의 첫 성관계 나이가 미국보다 두 살 늦으며, 10대 임신율은 8배 더 낮다.

두 번째 연구 결과는 아이들의 성 지식뿐만 아니라 첫 성관계 시기에도 가족이 엄청난 영향을 미칠 수 있다는 것이다. 수많은 연구들은 친부모와 함께 사는 아이가 그렇지 않은 아이보다 첫 성경험을 늦게 한다는 사실을 보여주었다. 그리고 부모가 아이에게 따뜻하게 대할수록, 아이가 부모에게 애정을 품을수록 첫 성경험은 늦어진다.

특히 어머니의 영향력이 지대하다. 뉴욕 대학의 제시카 벤저민Jessica Benjamin은 여자아이들이 생애의 첫 2년 동안 자신과 어머니를 동일시함으로써 성적 정체성을 형성한다는 사실을 발견했다. 어머니가 자신의 몸을 폄하하고, "난 매력이 없어" "살 빼야 돼"라는 말을 끊임없이 하고, 자신의 성적 매력을 평가절하하면, 그런 모습을 보고 자란 딸은 어머니와 똑같은 전철을 밟을 것이다. 반면, 어머니의 격려를 받으며 자란 딸들은 첫 성관계를 늦게 경험하는 경향이 있다. 아들의 경우도 마찬가지이다. 걸스카우트 연구소는 아동의 61퍼센트가 성에 관한 대화를 어머니와 나누는 반면, 아버지와 나누는 아이는 3퍼센트에 불과하다고 보고했다. 이렇듯 어머니는 아이들의 성교육에 중대한 역할을 한다.

하지만 아버지도 중요하다. 9만 명의 청소년을 대상으로 한 획기적인 미국 청소년 건강 연구National Longitudinal Study of Adolescent Health에 따르면, 아버지와 친밀한 관계를 유지하는 여자아이는 성적 활동을 늦게 시작한다. 아버지와의 밀접한 관계는 딸과 아들의 자신감과 사교성을 높여주기도 한다. 아버지의 부재는 여자아이의 조기 초경이나 남자아이의 공격성 증가 같은 부작용을 낳는다. 이 모든 데이터가 전하는 메시지는 다른 분야들에 대한 나의 연구와도 일맥상통한다. 삶의 다른 많은 측면들과 마찬가지로 성 역시 가족들이 함께 다루어야 할 문제이다.

"부모님이 미리 말씀해주셨더라면 좋았을걸"

조이스 맥패든Joyce McFadden의 《당신 딸의 침실Your Daughter's Bedroom》을 읽으면서 나는 린다와 내가 성교육의 첫 단추를 잘못 끼웠다는 사실을 깨달았다. 맥패든은 9·11테러가 일어났을 때 뉴욕 시의 온화한 정신분석가이자 초보 엄마였다. 안전을 걱정한 그녀는 가족과 함께 롱아일랜드로 옮겨갔다. 그 탓에 친구들과 떨어지게 된 맥패든은 다른 여성들과 친분을 이어나가는 기발한 방법을 생각해냈다. 그들의 가장 깊은 속내를 인터넷에 표현하도록 한 것이다. 맥패든은 고민, 출산, 미용 등 모든 분야를 아우르는 63가지의 자유응답식 질문을 작성했다. 그리고 이 질문들을 '여성의 현실 연구'라는 제목으로 인터넷에 올리고, 여성들에게 마음에 드는 질문에 답하도록 부탁했다.

곧 3,000건의 설문지가 완성되었고, 그 결과에 맥패든은 깜짝 놀라고 말았다. 가장 인기 많은 세 가지 질문 모두 성에 관한 것이었고, 더군다나 월경이나 수음, 어머니들의 연애사 등 그들이 어린 시절 가족과 이야기를 나누어본 적이 없는 주제에 관심이 많았다. 맥패든은 이에 관한 책을 쓰면서, 발표된 모든 연구들을 조사하고 학자들과 일반인 여성들을 똑같이 인터뷰했다.

어느 날 나와 함께 커피를 마시면서 맥패든은 그녀가 생각하는 가장 효과적인 성교육 방식을 말해주었다.

1. 빨리 시작할수록 좋다

고백할 일이 한 가지 있다. 나는 딸들을 목욕시키거나 대소변 가리는 연습을 시킬 때 성기의 명칭을 절대 부르지 않았다. 너무 민망하고 두려웠다. "밑에 씻어" 혹은 "오줌 나오는 데 있지? 거기 씻어"라고 말했다. 나 말고도 이런 부모는 아주 많다. 연구 결과에 따르면, 두 살 반 된 여자아이들의 절반은 남자 성기의 정확한 이름은 알면서도 자기 성기의 명칭은 모른다고 한다. 우리 문화에서 남자아이들은 음경을 가지고 있고, 여자아이들은 '거기 밑'을 가지고 있다.

맥패든은 이를 아주 못마땅하게 여겼다. "우리가 신체 부위의 명칭도 제대로 불러주지 않으면 어떻게 우리 딸들이 자기 몸에 자신감을 가질 수 있겠어요? 내 딸한테 기저귀 발진이 일어나면 나는 '음순이 아프니?' '음문에 크림 발라줄까?'라고 물었어요. '쉬 하는 데 아파?'라고 하지 않고요."

"우리는 말이 잘못 나올까 봐, 혹은 아이들이 성에 관해 물을까 봐 두려워하죠." 그녀가 계속 말을 이었다. "그래서 아이들한테 아무 말도 안 해줘요. 성기의 명칭은 코, 책상, 의자, 유두 같은 언어일 뿐이에요. 우리가 사람들의 귀, 두피, 손톱의 명칭을 바꾸지는 않잖아요. 그런데 왜 성기의 명칭은 바꾸는 거죠?"

미국 소아과 학회American Academy of Pediatrics 역시 맥패든과 같은 의견을 표한 바 있다. 2009년의 한 보고서에서 학회는 생후 18개월 때부터 아이에게 성에 관해 이야기할 것을 권고했다. "(그 연령의) 아이에게 신체 부위의 정확한 명칭을 가르쳐주어야 한다. 다른 이름을 지어내서 알려주면, 정식 명칭에 뭔가 안 좋은 문제가 있다는 인식을 심어줄 수 있다." 또 학회는 아이들이 질문을 하기 시작하면 신중하게 대응하라고 충고한다.

- 깜짝한 질문이라도 소리 내어 웃거나 킥킥거리지 말 것. 호기심을 느낀 아이에게 창피를 주어서는 안 된다.
- 간결하게 대답할 것. 네 살짜리 아이에게 성교를 자세히 묘사해줄 필요는 없다.
- 아이가 더 알고 싶어 하는 것이 있는지 혹은 아이에게 더 알려줄 필요가 있는지 살펴볼 것. 답을 해주고 나서 "이제 알겠니?"라고 물어보는 것이 좋다.

2. 열세 살짜리 아이보다 아홉 살짜리 아이에게 이야기하기가 더 쉽다

《당신 딸의 침실》에는 월경에 관한 가슴 아픈 이야기들이 소개되어 있다. 공포, 수치심, 죄책감, 혐오를 느끼는 소녀들. 처음 월경을 시작했을 때 어머니에게 모욕적인 말을 들었다는 여성도 있고, 월경을 시작한 후로 다시는 아버지가 안아주지 않아 슬펐다는 여성도 있다. 맥패든의 책에 담겨 있는 여성들의 생각은 곰곰이 되새겨볼 만하다.

> 그 일이 일어나기 전에 부모님이 미리 자세히 이야기해주셨다면 좋았을 텐데.
> 어머니가 당신의 몸을 좀 더 사랑하셨다면 나도 그럴 수 있었을 텐데.
> 겁내지 말고 기쁘고 자랑스럽게 생각하라고 가르쳐주는 사람이 있었으면 좋았을 텐데.

맥패든은 여성들의 이런 답변을 보면서, 여자아이가 잠재기(소아기의 소아성욕이 정점에 이르는 5세 무렵부터 사춘기 사이에 성적 호기심과 성적 활동의 중단이 있다고 보는 기간–옮긴이)에 있는 7~8세부터 부모가 월경에 대해 이야기해주는 것이 중요하다는 사실을 깨달았다고 한다. "많은 부모들은 딸이 10대가 될 때까지 기다리죠. 하지만 그때는 아이들이 부모를 멀리하기 시작하기 때문에 이야기를 나누기가 어려워요. 아이가 더 어릴 때 시작하면 아직은 스펀지 같은 상태라 우리 이야기를 쫙쫙 빨아들이죠."

내가 이 모든 이야기를 전하자 아내도 진지하게 받아들였다. 몇 주 후 딸들을 목욕시킬 때 나는 맥패든에게 들은 조언을 실천하기 위해 용기를 내어 타이비에게 말했다. "지-지-질 씻어." "네, 알겠어요." 타이비는 열심히 답했다. "지금은 약간 빨갛지만, 걱정 마세요, 아빠. 곧 월경 시작하면 아주 빨개질 거예요."

3. 천천히 한 걸음씩 나아간다

여덟 살짜리 딸에게 "음경을 질 속으로 넣으면 아기가 만들어진단다"라고 이야기해준다고 가정해보자. 음경을 질 속으로 넣는 이유가 단지 아기를 만들기 위해서만은 아니라는 사실을 딸이 알게 되면 어떻게 될까? 결코 쉬운 문제가 아니다.

"하지만 다른 일에서는 그런 고민을 하지 않잖아요." 맥패든이 말했다. "아이들을 리틀 리그에 가입시키면서 '나중에 메이저 리그에서 뛸 때는……'이라든지 '스테로이드는 말이야'라든지 하는 말은 하지 않잖아요. 그러니까 이런 식으로 진행해보세요. 먼저 아이에게 'ㅅ'을 가르쳐주세요. 그런 다음 '여기 사과라는 단어 속에 있잖아'라고 하세요. 그다음에 '여기 사과에 대한 책이 있어'라고 하는 거예요. 아이한테 'ㅅ'을 가르쳐줬다고 해서 곧바로 셰익스피어에 대해 이야기해줘야 하는 건 아니에요."

단발성 성교육으로 끝나서는 안 된다

그렇다면 부모가 성에 대해 떠들어대는 것을 아이들은 어떻게 생각할까? 나는 케이트와 브래드 에글스턴의 집에 있던 수영부 여학생들에게 그 질문을 던져보았다. 에글스턴 부부의 세 딸인 대학교 2학년생 브래디(열아홉 살), 조(열여섯 살), 엘리자(열네 살) 모두 그 자리에 있었다. 세 자매의 남동생이 방 안을 슬쩍 들여다보다가 얼른 자기 방으로 가버렸다. 소녀들은 나를 마음껏 조련하고 싶어 했다.

그 아이들 가운데 대부분은 3~4학년에 처음 성교육을 받았다. 엘리자가 말했다. "아마 여덟 살 때였을 거예요. 엄마가 언니한테 음경을 질 속으로 삽입하는 이야기를 해주고 계시더라고요. 나는 문을 벌컥 열고 들어가서 '그게 무슨 말이에요?'라고 물었죠." 그녀의 어머니는 두 딸에게 모든 걸 설명해주었고, 새로운 정보를 충분히 습득한 엘리자는 그날 밤 침대에 누워 언니들에게 소리쳤다. "존슨네는 애들이 아홉이야! 우와아아아! 커피네는 다섯! 우와아아아!" 그다음은 선생님들 차례였다. "버처 선생님. 우와아아아!" 그다음 날 엘리자는 할머니에게 전화를 걸었다. "할머니, 할머니도 섹스했어요?" "그래, 했지." "우와아아아!"

성교육을 받기에 너무 어린 나이가 있을까?

"아니요, 그렇게 생각 안 해요." 한 아이가 답했다. "우리는 욕조에서 신체 부위에 대해 배웠어요. 그게 자연스러운 일이니까요. 그리고 4학년쯤 되면 자연스레 '떡친다' 같은 표현을 듣게 되죠. 남자애들이 많이 쓰는 말이니까요."

브래디가 말했다. "그냥 단발성으로 끝나는 이야기가 아니에요. 계속 이어지죠. 나이에 따라 또 다른 이야기가 있어요. 한번 이야기했으니 끝이다, 라는 생각은 버려야 해요. 어린아이한테는 항상 수면에 오르는 문제예요!"

다음 질문: "이런 정보를 정말 부모님에게서 듣고 싶니?"

한 아이가 답했다. "친구들에게서 그런 말을 들으면 아주 심한 편견을 갖게 돼요. 인터넷상으로도 마찬가지고요. 부모님한테서 들으면 적어도 거짓은 아니라는 걸 알 수 있잖아요."

또 다른 아이는 이렇게 답했다. "가끔은 잘 모르는데도 아는 척해야 할 때가 있어요. 하지만 엄마랑 이야기할 때는 그럴 필요가 없어요. 엄마한테 놀림당할 리는 없으니까요."

"부모님한테 직접 물어보니, 아니면 부모님이 말해주셨으면 하고 속으로 바라니?" 내가 물었다.

"내가 그런 이야기를 꺼낼 필요가 없어서 좋았어요." 조가 말했다. "나는 이런 식이에요." 그녀는 손가락을 귓속에 찔러 넣었다가 반쯤 빼냈다. "듣기 싫은 척하면서 몰래 듣고 있는 거죠."

그다음으로 나는 월경에 대해 이야기하고 싶다고 말했다. "남자라서 이런 말 하기가 조금 거북하긴 하지만, 아빠로서 꼭 짚고 넘어가야 할 문제 같아서 말이야."

아이들이 말하기를, 초경을 맞으면 보통은 뭐가 뭔지 잘 모르는 상태에서 충격을 받고 울게 된다고 했다. 하지만 그들은 뜻밖의 이야기도 해주었다. 왠지 기쁘고 우쭐해지기도 한다는 것이었다. 맥패든은 바로 그런 기분으로 성교육에 임해야 한다고 말했다.

"난 굉장히 신이 났어요." 브래디가 말했다. "월경을 시작하면 귀를 뚫게 해주겠다고 엄마가 약속했거든요. 그리고 고모할머니, 엄마랑 같이 근사한 식당에 가서 식사도 했어요. 난 카푸치노를 마셔봤죠. 설탕을 엄청 많이 넣었는데 그래도 쓰더라고요."

케이트 에글스턴은 이것을 '월경 파티'라고 부르며, 세 딸 모두에게 그 파티를 열어주었다. 또 생리대, 초콜릿, 짭짤한 음식, 그리고 헬런 레디의 〈나는 여자I Am Woman〉 같은 적절한 노래들이 담긴 CD까지 챙겨주었다. 케이트는 동네의 모든 소녀에게 그것들을 나누어주었다. 섹스 맘이 월경 맘이 된 것이다.

마지막으로, 나는 아버지가 아들이든 딸이든 자녀에게 성에 대한 문제를 잘 이야기할 비결이 있을까 하고 물었다. 아이들은 아주 직설적인 충고를 해주었다.

- **편견을 가지지 말 것.** 한 소녀가 말했다. "우리가 아빠를 믿고 사실대로 이야기하는데 아빠가 색안경을 끼고 성급하게 단정지어버리면 기분 나빠요."
- **거북하게 생각하지 말 것.** "우리 아빠는 쓰레기통이 생리대로 가득 차 있는 걸 아주 싫어하세요." 누군가가 덧붙였다. "아주 어색해하시죠. 생리대를 사다 주지도 않으려고 하시더라고요. 민망하더라도 그런 티를 내지 마세요. 그래야 아이들도 편하게 느낄 거예요."
- **절대 화내지 말 것.** "나는 아빠한테 이렇게 말씀드렸어요. '내가 사소한 잘못을 저질렀다고 그렇게 무섭게 소리를 지르지만 않으시면 나도 남자애들이랑 큰 사고 치지 않을게요.'"
- **긴장하지 말 것.** "아이들한테 성에 관해 이야기하는 걸 너무 거창하게 생각할 필요 없어요." 브래디가 말했다. "아이들도 그렇게 대단한 일로 생각하지 않을 테니 아저씨도 편하게 하셔야 해요."

행복한 결혼생활의 공식

아이들에게 성교육을 시키는 것도 문제지만, 부모에게는 훨씬 더 큰 난제가 있다. 바로 건강한 부부관계를 유지하는 것이다.

이번에도 최근의 연구 결과들로 시작해보자. 대부분은 놀라울 정도로 낙관적이다. 섹스가 가족에게 득이 된다는 수많은 증거가 있다. 섹스를 하면 건강에 좋고, 기분이 좋아지며, (섹스 상대가 배우자라면) 배우자와 더욱 친밀해진다. 특히 남자들에게 이롭다. 영국에서 행해진 한 연구에 따르면, 일주일에 서너 번 오르가슴을 느끼면 심장병으로 사망할 확률이 50퍼센트 줄어든다. 오스트레일리아의 연구자들은 잦은 사정이 전립선암에 걸릴 확률을 줄여준다는 결과를 발표했다. 그리고 벨파스트의 과학자들은 1,000명의 중년 남자들을 10년간 추적했는데, 오르가슴을 경험하는 빈도가 높은 사람은 그렇지 않은 사람보다 사망률이 절반가량 낮았다. 남성들이여, 마음껏 사랑하라, 그러면 수명이 길어진다!

여성들도 득을 볼 수 있다. 여성의 오르가슴은 면역체계를 활성화시키고, 숙면을 도와주고, 정크 푸드나 담배에 대한 욕구를 가라앉히며, 우울증을 줄여주기까지 한다. 2002년 뉴욕 주립대학의 한 연구는 콘돔을 사용하지 않은 남성과 성관계를 가진 여성이 우울증에 걸릴 확률이 더 낮다는 사실을 발견했다. 연구자들은 정액에서 발견된 호르몬인 프로스타글란딘이 항우울제의 역할을 할지도 모른다고 추측했다.

훨씬 더 의미 있는 사실은, 일부일처제가 비록 많은 결함이 있기는 하지만 상당히 신뢰할 만한 제도라는 점이다. 시카고 대학의 종합 사회 조사General Social Survey에 따르면, 어느 해든 간에 부부의 90퍼센트는 배우자에게 충실하며 외도를 하지 않는다고 답한다. 평생 동안 한 번이라도 외도한 적이 있느냐는 질문에는 남성의 20퍼센트, 여성의 15퍼센트가 그렇다고 시인했다.

그렇지만 안타깝게도 시간이 지날수록 부부의 성관계 횟수는 점점 줄어든다. 조지아 대학의 연구자들은 네 대륙에 거주하는 9만 명 이상의 여성을 연구하여 "결혼 연차가 오래된 부부일수록 성관계 횟수가 적다"라는 결론을 내렸다. 결혼 2년차 부부의 성관계 횟수는 결혼 첫해보다 52회 줄어든다. 3년차에는 12회 더 줄고, 그 후에는 훨씬 큰 폭으로 줄어든다.

심지어는 결혼이 성관계의 질을 떨어뜨리는 것처럼 보인다. 콜로라도주의 결혼·가족 건강 연구소Marriage & Family Health Center 소장인 데이비드 슈나치David Schnarch가 9,000명을 조사한 결과, 부부의 50퍼센트는 성관계가 친숙하긴 하지만 예측 가능하고 빤하다고 답했다. 17퍼센트는 미적지근하고 기계적이며 전혀 자극적이지 않은 성관계를 한다고 말했다.

이런 생각은 가족생활의 질에도 영향을 미칠 수 있다. 행동과학자 로빈 도스Robyn Dawes는 한 정밀한 연구에서 결혼 만족도를 조사한 뒤 단순하고도 부정할 수 없는 공식을 만들어냈다.

결혼 행복도=성관계의 빈도－다툼의 빈도

그렇다면 차가운 밤을 보내고 있는 부부들은 어떻게 해야 할까? 오래전부터 이어져온 모범적인 조언은 배우자와 좀 더 가까워지도록 노력하라는 것이다. 상담 치료도 아침 토크쇼도 부부들에게 관계를 고치면 성생활도 고쳐질 거라고 말한다. 이런 개념은 애착 이론에서 비롯되었다. 즉, 어린 시절 부모님과 얼마나 끈끈한 유대를 형성하느냐에 따라 훗날 성인이 됐을 때 인간관계의 성공 여부가 결정된다는 것이다. 부모님에게 바랐던 안정감과 따뜻한 보살핌을 연인에게서도 찾게 된다는 의미이다. 그런 친밀감이 없다면 성관계가 잘될 리 없다. 그래서 "부부 데이트를 즐겨라, 배우자와 단둘이 보내는 시간을 가져라, 사랑하는 사람의 욕구를 충족시켜줘라, 그러면 불꽃이 팍팍 튈 것이다" 같은 조언이 나온 것이다.

하지만 이 모범적인 조언은 많은 사람들에게 효과가 없었고, 그래서 최근 몇 년간 비난을 받았다. 《열정적인 결혼Passionate Marriage》의 저자 데이비드 슈나치와 《사랑은 지속될 수 있을까?Can Love Last?》의 저자 스티븐 미철Stephen Mitchell을 위시한 일단의 심리학자들은 새로운 접근법을 제시했다. 그들의 급진적인 아이디어에 따르면, 부부에게 친밀감은 오히려 방해가 된다. 같이 살면서 한방을 쓰고, 상대의 생활을 속속들이 알고 있으니 이미 그 단란함이 지나칠 정도이다. 그러므로 좀 더 떨어질 필요가 있다. 슈나치와 미철은 과도한 친숙함이 성욕을 가라앉히며, 신비로움과 모험심이 활발한 성생활의 바탕이 된다고 말했다. 배우자와 더 많은 성관계를 하고 싶다면, 부둥켜안고만 있을 것이 아니라 창의성을 발휘하고 상대를 피해 다녀라.

즐거운 성생활의 비결

그렇다면 이 이론이 침실에서 어떻게 실행될까? 그 답을 찾기 위해 나는 이 '새로운 섹스' 운동의 대표자들 중 한 명을 만났다. 에스더 페렐Esther Perel은 똑똑하고 매력적이며 가끔은 직설적이다. 벨기에 출신인 그녀는 9개 언어에 능통하며, 그 모든 언어를 섹시하면서도 단호한 말투로 구사한다(그녀는 또한 조지아 주 타이비 아일랜드 출신의 남자와 결혼했다). 페렐은 이 새로운 운동의 경전이라 할 만한 세계적인 베스트셀러《왜 다른 사람과의 섹스를 꿈꾸는가Mating in Captivity》의 저자이기도 하다. 나는 그녀에게 부부 간에 불타는 사랑을 유지할 수 있는 비법을 물어보았다.

"섹스가 부부에게 의미하는 바를 제대로 알아야 해요." 그녀가 말했다. "섹스는 우리가 하는 행위가 아니라 우리가 찾아가는 장소 같은 거예요. 섹스에 능한 사람은 그곳에서 자신이 표현하고 싶은 바를 잘 알아요. 그곳은 도피를 위한 곳일까요? 아니면 반항을 위한 곳? 마음 놓고 공격성을 드러내도 괜찮은 곳? 무엇보다 명심해야 할 점은, 섹스는 즐거워야 한다는 거예요. 섹스를 의무로 생각하는 순간 다 끝나버리죠."

“나는 홀로코스트 생존자들의 딸로 태어났어요.” 페렐이 말을 이었다. “우리 공동체는 두 집단으로 나뉘죠. 죽지 않은 자들과 삶을 되찾은 자들.” 죽지 않은 자들이란 여전히 과거에 매여 있는 사람들이라고 그녀는 설명했다. 그들은 절대 위험을 무릅쓰지 않는다. 인생을 즐기지 않는다. 결혼한 지 오래되어 아무 느낌 없이 성관계를 하는 부부가 바로 그들과 같다.

“삶을 되찾은 자들이란 꿈꾸고, 상상하고, 제대로 살 수 있는 능력을 되찾은 사람들이에요. 배우자와 함께 끊임없이 새로운 것을 발견하는 부부들이 바로 그렇죠.”

페렐에 따르면, 미적지근한 성생활에 대해 불만을 토로하는 부부들은 더 많은 횟수를 원하는 경우도 있지만, 모두가 공통적으로 원하는 것은 더 나은 질의 섹스이다. “그리고 뭔가 새로운 섹스를 원해요. 놀이처럼 재미있고 서로의 관계가 더욱 깊어질 수 있는 섹스. 그런 섹스는 죽음을 막아주는 약과도 같죠.”

새로운 섹스를 즐길 방법은 무수히 많다고 그녀는 말했다. 효과를 볼 수 있는 방법은 사람마다 다르다. 나는 그녀의 몇 가지 제안과 다른 사람들의 조언을 모아, 부부가 오래도록 즐거운 성생활을 누릴 수 있는 비결을 정리해보았다.

어디서

- 침대에서 벗어나라. 침대만 고집하면 실패할 수밖에 없다. 집 안의 다른 장소를 찾아라.

언제

- 꼭 밤 열한 시에 해야 한다는 생각을 버려라.

- 즉흥적인 기분에 따라라. 친구와의 점심 약속을 취소하고 한낮에 만나라. 아이들이 깨기 전에 일어나라. 약간의 일탈처럼 느껴지는 시간을 선택하라.

어떻게

- 둘만의 음담패설을 즐겨라. 둘만이 아는 이메일 계정을 만들어 서로에게 비밀 메시지를 보내라. 아름다운 밤을 보내기에 앞서 온라인으로 혹은 문자메시지로 비밀스런 대화를 나누며 기대감을 높여라.
- 불을 끄거나 눈을 감지 마라. 상대의 눈을 바라보며 거기에 비친 감정을 느끼도록 노력하라.
- 이기적으로 행동하라. 먼저 자신을 챙긴 다음 상대를 걱정하라.
- 신음소리를 내라. 연구자들은 '여성의 교성'이 중요하다고 강조했다. 한 학자는 암컷 비비가 교미 중에 크게 내지르는 소리를 550가지로 확인했다. 카마수트라도 교성의 효과를 인정하면서, 여성들에게 "비둘기, 뻐꾸기, 청비둘기, 앵무새, 벌, 나이팅게일, 거위, 오리, 꿩의 울음소리" 가운데 하나를 택하도록 권한다.

페렐의 이런 생각은 행복한 가족에 대한 내 연구의 다른 영역들에서 접한 사상과도 일맥상통했다. 협상과 마찬가지로 섹스도 연습을 통해 능숙해져야 한다. 인생과 마찬가지로 섹스도 판에 박힌 길만 따라가서는 안 된다. '애자일'한 융통성을 발휘해야 한다.

페렐은 간단한 게임을 함께해보자고 제안했다. 우리 두 사람이 돌아가면서 "나는 ______하면 성욕이 사라진다"라는 문장을 완성하는 것이다.

그녀가 먼저 시작했다. "잠들기 전에 이메일을 보면 성욕이 사라진다."

나. "한참 동안 이를 닦고, 약을 먹고, 잠들 준비를 하다 보면 성욕이 사라진다."

페렐. "운동을 하지 못했다면 성욕이 사라진다."

나. "침대에서 베개 스무 개를 치워야 할 때 성욕이 사라진다."

"한번 보세요." 페렐이 말했다. "90퍼센트는 섹스 자체와는 아무런 관계가 없는 답이잖아요. 성욕이 사라지는 건 내면에서 감정이 죽어버렸기 때문이에요. 이제 반대로 해봐요. 나는 춤추러 가면 성적으로 흥분된다."

"내가 원하는 것을 말할 때 성적으로 흥분된다."

"자연 속에서 시간을 보낼 때, 친구를 만날 때, 외출할 때 성적으로 흥분된다."

"중요한 점은 우리 각자가 성욕이 사라지든 생기든 자신의 욕구에 책임을 져야 한다는 거예요." 그녀가 말을 이었다. "22개국의 사람들한테 '언제 배우자에게 끌립니까?'라는 질문을 했더니 공통적인 답이 나오더군요. 첫째, 배우자가 멀리 떨어져 있을 때, 돌아올 때, 떨어져 있다가 다시 만났을 때. 둘째, 직장에서 일하거나 무대 위에 서 있는 모습을 볼 때, 파도타기를 하거나 노래하는 모습을 볼 때, 자기가 좋아하는 일을 열심히 하고 있는 모습을 볼 때. 셋째, 나를 웃게 할 때, 의외의 일로 나를 깜짝 놀라게 할 때, 옷을 다르게 입었을 때, 내가 전혀 모르고 있던 사실을 알려 줄 때."

페렐은 이 대답들을 통해 행복한 부부에 대한 보편적 진실을 알 수 있다고 말했다. 즉, 행복한 부부는 친숙한 것과 낯선 것을 결합하여 기분 좋은 긴장감을 만들어낸다는 것이다. "만족스러운 성생활을 하는 부부들은 섹스를 좋아해요. 그곳에서 일어나는 일들을 즐기는 거예요. 그리고 그곳에서 계속 새로운 일이 일어나도록 모든 시도를 하죠."

부부의 성생활과 자녀들의 미래 성생활 모두에 도움이 될 한 가지 방법이 더 있다고 그녀는 말했다. "아이들 앞에서 성적인 행동을 숨기지 마세요." 진한 키스나 애무 같은 노골적인 행위를 하라는 의미가 아니다. 부모로서의 분별력은 잃지 말아야 한다. 하지만 애정 깊은 가족 안에서의 긍정적이고 건전한 성을 아이들에게 몸소 보여주는 것이 좋다. 부모가 자체 검열을 하면 그런 잠재적인 억압이 다음 세대에도 이어지게 된다. 욕구를 숨기기만 하는 부모는 자식에게도 그렇게 하라고 가르치는 셈이다.

"아이들 앞에서 시시덕거리는 모습을 보여주면 아이들이 처음엔 '오오오오—' 하면서 놀랄 거예요. 그러다가 조금 더 크면 '방에서 좀 하면 안 돼요?'라고 하겠죠. 그러던 아이들이 10대가 되면 부모 앞에서 자연스럽게 이성 친구의 손을 잡을 거예요. 그러면 바로 그때 알게 되는 거죠, 성에 대한 우리 가족의 태도가 건전하다는 걸 말이에요."

성을 가족 안에서 터놓고 이야기할 수 있는 화두로 만든다면, 아이들이 어릴 때 나눈 모든 이야기는 헛되이 낭비되지 않고 유용하게 쓰일 거라고 페렐은 말했다.

8

행복한 부부관계의 비법

당신의 사랑 언어는?
배우자의 사랑 언어는?

수전 로모는 마침내 행복을 찾았다. 남편 어니와 함께 캘리포니아 주 샌디에이고 부근의 출라 비스타에서 태평양 가까이에 있는 햇볕 잘 드는 집에 살고 있었다. 널찍한 뒤뜰에는 그들 부부가 유기견 보호소에서 데려온 강아지 매기가 지내고 있었다. 그들은 보험 판매원으로 엄청난 재산을 모았고, 지역 학교들을 지원했다. 밝은 얼굴에 함박 미소를 짓고 있는 30대 중반의 수전은 힘겨운 어린 시절을 보낸 끝에 지금은 마침내 그녀가 원하던 인생을 누리게 되었다.

단 한 가지 예외가 있었으니, 바로 남편과의 관계였다.

"권태기였어요." 수전이 말했다. "내가 남편한테 말했죠. 당신을 사랑하지 않는 건 아니지만 예전처럼 우리 두 사람이 연결되어 있다는 느낌은 이제 없다고요. 남편은 텔레비전 보는 걸 좋아해요. 보통 좋아하는 게 아니에요. 자기만의 공간에 수백 장의 DVD, 52인치짜리 평면 텔레비전, 서라운드 사운드를 갖춰놓고 있죠." 저녁식사를 마치고 나면 어니는 자기 방으로 들어가 스포츠나 정치 관련 프로그램들을 시청했다. 수전은 둘이 함께 시간을 보내기 위해 종종 그를 따라가기도 했다. 하지만 금세 지루해지고 화가 치밀었다.

"결혼 초기에는 같이 해변을 걷고, 포도주를 함께 마시고, 누가 볼일이 있으면 같이 가주기도 했어요. 남편이 이렇게 멋진 일을 해주던 때도 있었죠. 지금 우리가 같이 하는 일이라곤 소파에 앉아 있는 것뿐이에요."

급기야 그녀는 저녁마다 뒤뜰로 나가 강아지와 놀기 시작했다.

그러던 어느 날 수전은 한 금융 회의에 참석했다. "강연자가 자신의 결혼생활에 대해 이야기하더군요. 아무 문제 없이 정말 행복했는데, 언젠가부터 다람쥐 쳇바퀴 돌아가듯 지루해지더라고 말이에요. 남 얘기 같지가 않더라고요."

그 강연자는 게리 채프먼Gary Chapman 박사의 책 《5가지 사랑의 언어The Five Love Languages》를 추천했다. 보험 회의에서 결혼생활에 관한 조언을 얻기는 처음이라 수전은 흥미를 느끼고 그 책을 주문했다.

"그 책을 읽으면서 갑자기 내 인생의 축이 움직이기 시작했어요." 그녀가 말했다. "부부관계뿐만 아니라 가족생활 전체가 말이에요. 사랑받는다고 느끼고 남들을 사랑하려면 어떡해야 하는지 그 책이 가르쳐줬죠."

그녀는 하루 만에 책을 다 읽고 남편에게 달려가 말했다. "여보, 당신이 봐야 할 책이 있어. 우리 부부한테 큰 도움이 될 거야."

사랑과 결혼

결혼. 그것은 많은 가족들의 바탕이 되는 토대이다. 초혼이든 재혼이든 중매결혼이든 사실혼이든, 아니면 아이들을 키우기 위한 목적으로 이어진 관계이든, 성인들 간의 동반자 관계는 대부분의 가족들에서 그 중심을 차지하지만 가족 안에서 제대로 유지하기가 가장 힘든 관계이다.

그렇다면 부부관계를 바로잡기 위한 최선의 방법은 무엇일까?

최근에 이루어진 결혼에 대한 학문적 연구는 대부분 고무적인 내용을 담고 있다. 사람들이 뭐라 말하든 혹은 어떻게 느끼든 간에 결혼은 행복에 이를 수 있는 가장 확실한 길이라 증명된 바 있다. 가끔은 그 상관관계가 반대일 때도 있다. 조너선 헤이트Jonathan Haidt는 《행복의 가설The Happiness Hypothesis》에서 "행복한 사람은 행복 설정 값이 낮은 사람보다 더 빨리 결혼하고 결혼생활을 더 오래 유지한다"라고 썼다.

하지만 헤이트를 비롯한 여러 사람이 증명해 보였듯이, 결혼은 사람들을 더 행복하게 만드는 수많은 변화를 일으킨다. 결혼한 사람은 흡연과 음주를 덜하고, 감기에 덜 걸리며, 수면 및 식사 시간이 더 규칙적이다(마지막 사실에는 부정적인 면도 조금 있다. 고등학교 동창회에 가보면 알겠지만, 결혼하면 대개 살이 찐다). 이 모든 건강상의 이득으로 인해 결국 얻을 수 있는 결론은 결혼한 사람들은 더 오래 산다는 것이다. 그리 놀라운 사실도 아니지만, 42개국의 5만 9,169명을 조사한 결과, 기혼자들은 미혼자들보다 삶에 대한 만족도가 높았다.

결혼은 대부분의 사람들이 생각하는 것보다 훨씬 더 성공적인 제도이다. 결혼의 50퍼센트가 이혼으로 끝난다는 자주 인용되는 통계는 분명 오해의 소지가 있다. 결혼은 1960년대와 1970년대에 여성 해방 운동과 성

혁명으로 인해 엄청난 변화를 겪었다. 그 변화가 시작되기 전 결혼한 불운한 부부들의 이혼율은 50퍼센트 정도 되는 것 같다.

하지만 그 후로 이혼율은 급격히 떨어졌다. 지금 미국의 이혼율은 1979년에 정점을 찍은 후 3분의 1 줄어들어, 30년 만에 최저치를 기록하고 있다. 주된 이유는 결혼 연령이 점점 늦어지고 있기 때문이다. 이혼의 가장 큰 위험 요인은 24세가 되기 전에 결혼하는 것이고, 성공적인 결혼을 예측할 수 있는 가장 큰 요인은 대학 졸업이다. 타라 파커 포프Tara Parker-Pope는 자신의 저서《연애와 결혼의 과학For Better》에서 1990년대 여성 대학 졸업자들의 10년간 이혼율이 16퍼센트에 불과하다고 밝혔다.

결혼생활은 가족 전체에게도 큰 영향을 미친다. 부부관계가 좋을수록 가족생활 역시 더 행복해진다. 하지만 여기서 중대한 문제가 제기된다. 결혼이 가족에게 그토록 중요하다면, 좀 더 행복한 결혼생활을 누릴 수 있는 비결은 무엇일까?

결혼의 근간이 경제와 육아에서 자아실현과 '영혼의 동반자 찾기'로 옮겨간 후, 미국인들은 한 세기 넘게 그 질문의 해답을 찾고 있다. 그 결과 아주 다양한 해결책이 나왔다. 레베카 데이비스Rebecca Davis가 그녀의 저서《좀 더 완벽한 결합More Perfect Unions》에 기록했듯이, 부부관계 향상 기법들은 프로이트적 분석에서부터 최면술, 탄트라 섹스 비법까지 수많은 유행을 거쳐왔다.

부부관계에 도움이 된다는 수많은 전통적 방식이 최근 비난을 받았다. 부부 상담 치료는 그 내부 비판으로 인해 휘청거렸다. 2011년, 한 유력한 업계지의 편집자는 그 분야에서 점점 더 커져가고 있는 좌절감에 대해 특집 기사를 썼다. 상담 치료사들이 종종 "당황스러움을 느끼고, 한 명 이상의 환자와 사이가 좋지 않으며, 자제력을 잃는다"는 것이다.

영화를 보러 가거나 촛불을 밝히거나 서로를 위해 시간을 할애하는 등의 좀 더 대중적인 방법들 역시 이제는 그저 진부해 보인다. 배우자가 하는 말을 적극적으로 경청하고 그대로 반복한 뒤 차분한 말투로 답하라는 조언은 비현실적이고 짜증스럽게 느껴진다. (한 친구는 적극적으로 경청하라는 충고를 듣고 나서 얼마 되지 않아 아내와 함께 해변을 걸으면서 아내가 하는 말을 성실하게 그대로 반복했다. "그래서 내 반응이 마음에 안 들었어?" "내 행동에 당신이 실망했잖아." 결국 아내는 그를 쳐다보며 물었다. "참 나, 왜 내 말을 계속 따라 하는 거야!?")

그럼 도대체 어떻게 해야 부부관계가 좋아질 수 있을까? 어디 참신한 아이디어 없을까?

물론 있다. 하지만 우리가 예상치 못한 곳에 있다.

러브 포션 넘버 5

8월 말의 어느 화창한 날 아침 아홉 시가 막 지났을 때, 게리 채프먼은 내슈빌 외곽의 브렌트우드 힐스 그리스도 교회의 연단에 섰다. '당신이 항상 원하던 결혼'이라는 제목의 여섯 시간짜리 세미나가 시작되었다. 미국에서 800만 부가 팔려나가고 40개 언어로 번역된 그의 저서 《5가지 사랑의 언어》의 인기에 힘입어 마련된 자리였다.

1,000명에 가까운 사람들이 신도석을 가득 메웠다. 몇몇 남자는 블레이저코트를 입고 있었고, 티셔츠와 청바지 차림의 남자들도 있었다. 여자들은 여름 원피스나 밝은 색의 블라우스를 입고 있었다. 몇몇 부부는 손을 잡고 있었고, 또 어떤 부부는 마치 "억지로 끌려왔소"라고 말하는 양

팔짱을 끼고 있었다.

“꼭 노아의 방주 같아.” 린다가 속삭였다. “모두들 둘씩 짝을 지었잖아.”

일흔세 살의 채프먼 박사는 권위자나 전문가 같은 인상은 풍기지 않았다. 카키색 바지에 니트 조끼를 입은 모습이 상원 원내 총무인 미치 매코널과 닮았고, 말투는 고머 파일(미국 시트콤 〈고머 파일U. S. M. C.〉에 등장하는 단순하고 착한 성격의 해병－옮긴이) 같았다.

하지만 그의 솔직함과 상냥함은 사람의 마음을 움직이는 힘을 지녔다. “오늘 제 목표는 여러분의 부부관계가 좋아지도록 도와드리는 겁니다. 부부관계는 더 좋아지거나 더 나빠지거나 둘 중 하나지요. 현상을 유지하는 경우는 없습니다. 나 때문에 여러분의 부부관계가 더 나빠지는 일은 절대 없었으면 합니다.” 작은 웃음소리가 여기저기서 들렸다.

“성공적인 부부관계의 비결은 단 하나, 바로 사랑입니다.” 그의 이야기가 계속 이어졌다. “하지만 우리 인간은 본래 사랑하는 동물이 아닙니다. 자기중심적이지요. 사랑이라는 것이 단순히 감정만은 아닙니다. 생각하는 방식이자 행동하는 방식이기도 합니다. 여기 계신 몇몇 분에게는 생소한 말일지도 모르지만, 충분히 이해하시리라 믿습니다. 자, 이제부터 시작해보죠.”

게리 채프먼은 처음부터 부부관계 전문가가 될 생각은 아니었다고 말했다. 그는 노스캐롤라이나 주의 차이나 그로브(인구 2,000명)에서 태어났다. 고등학교를 중퇴한 그의 아버지는 셸 주유소를 운영했다. 채프먼 박사는 그의 가족 가운데 처음으로 대학에 진학하여 무디 신학교에 다녔다. “고등학교 졸업반이 됐을 때 신께서 나를 성직자로 원하고 계신다는 느낌이 강하게 들더군요.” 인터뷰에 잘 응하지 않는 그가 세미나 전날 밤 나를 만난 자리에서 이렇게 말했다. “기독교라는 틀 안에서 내가 할 수 있는 일은 두 가지밖에 없었습니다. 교회의 목사가 되거나, 아니면 전도사가 되거나 둘 중 하나였지요. 그런데 오지를 다니면서 뱀을 만날지도 모른다는 생각을 하니까 목사가 되어야겠다 싶었어요."

안수식을 마치고 노스캐롤라이나 주로 돌아간 그는 결혼과 가족에 대한 파트타임 수업을 열기 시작했는데, 뜻밖에도 많은 부부가 면담을 요청해왔다. 그는 애착 이론, 구체적으로는 '사랑에 빠지는' 경험에 대한 새로운 연구에 매혹되었다. 이혼이 점점 더 만연하고 있었고, 다수의 학자들은 사랑이 갑자기 찾아오고 훨씬 더 빨리 사라져버리는 이유를 파악하려 애쓰고 있었다. 1977년, 심리학자 도로시 테노브Dorothy Tennov는 누군가에게 낭만적으로 끌리고 그에 대한 보답에 집착하는 강박적인 감정을 설명하기 위해 '생리적인 사랑limerance'이라는 신조어를 만들었다. 이런 사랑의 열병은 2년을 채 넘기지 못한다고 테노브는 결론지었다.

채프먼 박사는 내슈빌에 모인 청중에게 이렇게 말했다. "사랑에 푸욱 빠져 있을 땐 무엇 하나 제대로 할 수 없지요. 사랑에 빠지는 것과 실성하는 것은 종이 한 장 차이입니다. 나는 그걸 '설렘'이라고 부릅니다. 그 설렘이 사라질 거라고 우리에게 말해주는 사람은 아무도 없었지요. 황홀한 기분이 사라지고 나면 서로의 차이점이 드러납니다. 두 사람은 다투기 시작하지요. 그러다가 직장에서 누군가를 만납니다. 그리고 그 사람 때문에 또 설레기 시작해요. 곧 우리는 그 사람에게 집착하면서 이런 생각을 합니다. '이 결혼생활을 더는 계속할 수 없어. 난 당신을 사랑하지 않아. 내가 정말 당신을 사랑한 적이 있었는지도 이젠 모르겠어.'" 그는 잠깐 말을 멈추었다. "이 악순환을 멈추어야 합니다. 내가 그 방법을 알려드리죠."

1980년대에 채프먼 박사는 사람들이 사랑을 표현하는 각기 다른 방법들을 파악하기 위해 10년간 그가 기록한 내용들을 구석구석 검토하기 시작했다. “성인들은 누구나 사랑의 탱크를 가지고 있어요. 배우자에게 사랑받고 있다고 느끼면 온 세상이 아름다워 보이죠. 사랑의 탱크가 비어버리면 온 세상이 암흑으로 보이기 시작합니다.” 사람마다 탱크를 채우는 방법이 다르기 때문에 문제가 생기는 것이다.

채프먼은 그를 만나러 온 한 부부를 예로 들었다. 남편은 어이가 없다는 표정이었다. 매일 저녁 아내를 위해 식사를 준비하고, 식사가 끝나면 설거지를 하고 쓰레기를 버리고, 토요일마다 잔디를 깎고 세차를 한다고 했다. “뭘 더 어떡하라는 건지 모르겠습니다. 아내는 사랑받고 있다는 기분이 안 든다는 말만 하고 있으니.”

아내도 그의 말에 반박하지 않았다. “남편이 그런 일을 다 해주는 건 맞아요.” 그러더니 그녀는 왈칵 울음을 터뜨렸다. “그런데 채프먼 박사님, 우린 대화를 안 해요. 30년 전부터 그랬어요.” 채프먼 박사의 분석에 따르면, 두 사람은 각기 다른 사랑의 언어로 말하고 있었다. 남편은 아내에게 도움이 되는 일을 해주고 싶었던 반면, 아내는 남편과 교감하는 시간을 보내고 싶었던 것이다.

“사람마다 제1의 사랑의 언어가 있습니다.” 물론 제2의, 제3의 언어를 가지고 있는 경우도 많다. 채프먼 박사는 자신의 언어가 무엇인지를 파악하려면 사랑을 표현하는 방식에 초점을 맞춰야 한다고 말했다. 내가 상대에게 주는 것이 바로 내가 상대에게서 원하는 것일 수 있다. “부부관계에서 남편과 아내가 똑같은 언어로 말하는 경우는 거의 없습니다. 그러니 상대의 언어로 말하는 법을 배우는 것이 중요해요.”

채프먼 박사는 애정을 표현하고 받아들이는 서로 다른 방식을 ‘5가지 사랑의 언어’라고 부른다.

1. **인정해주는 말.** "당신은 세상에서 최고로 멋진 남편이야" 혹은 "난 당신의 낙천적인 성격이 좋아" 같은 말로 배우자를 칭찬하고 고마움을 전한다.
2. **선물.** 꽃을 주거나, 사랑의 편지를 쓰거나, 애정의 징표가 될 만한 물건을 산다.
3. **봉사.** 내가 해주면 배우자가 좋아할 일 하기. 예를 들어 설거지, 개 산책시키기, 기저귀 갈기 등등.
4. **함께 보내는 시간.** 텔레비전을 끄고 함께 식사하거나 산책하면서 배우자에게만 오롯이 집중한다.
5. **신체적 접촉.** 배우자의 손을 잡거나 어깨를 감싸 안거나 머리를 쓰다듬는다.

그는 1992년에 무디 출판사가 출간한《5가지 사랑의 언어》에 이런 생각들을 담았다. 출간 첫해에 이 책은 8,500부가 팔렸는데, 이는 출판사가 예상한 판매 부수의 네 배에 달했다. 그다음 해에는 1만 7,000부, 2년 후에는 13만 7,000부가 팔렸다. 그 후 20년 동안 해마다(한 해를 빼고) 판매 부수가 점점 늘어, 출판계 사상 보기 드문 기록을 세웠다(결국 채프먼 박사는《자녀의 5가지 사랑의 언어》를 비롯한 후속 작품들까지 발표했다).

내가 린다와 결혼했을 때 조지아 주의 한 친구에게서 그 책을 선물 받았다. 한 쌍의 연인이 손을 잡고 저녁놀로 물든 해변을 걷고 있는 표지 사진을 보니, 휴게소에서 공짜로 나눠주는 책 같다는 생각이 들었다. 그래서 펴보지도 않고 책장에 꽂아두었다. 몇 년 후 책을 펼쳐본 나는 깜짝 놀랐다. 그 책은 우리 부부의 문제점을 아주 정확히 짚어주고 있었다.

나는 하루 종일 혼자 일하기 때문에 밤에는 아내와 함께 앉아서 이런저런 이야기를 나누고 싶다. 하지만 린다는 하루 종일 직장에서 다른 사람들을 상대하며 바쁘게 일하기 때문에 집에서는 혼자 있고 싶어 한다. 아내가 늦잠을 잘 수 있게 해주거나 아내 옷을 세탁소에 맡겨주면 나는 (잠시나마) 지상 최고의 남편이 된다. 아내의 사랑의 언어는 '봉사'인 것이다. 아내가 내게 온전히 관심을 기울이고 나와 대화할 시간을 할애해주면 나는 특별한 존재가 된 듯한 기분이 든다. 나의 사랑의 언어는 '함께 보내는 시간'이다.

샌디에이고의 로모 부부도 비슷한 깨달음을 얻었다. 수전은 자신의 주된 사랑의 언어가 '함께 보내는 시간'이라는 사실을 알았다. 처음에 그녀의 남편 어니는 이해하지 못했다. "우리가 함께 보내는 시간이 얼마나 많은데! 같이 일하고, 같이 식사하고, 같이 텔레비전 보잖아."

"그런 게 아니야. 우린 그냥 같이 있는 거지 교감하지는 않잖아. 시간의 질이 중요해." 그녀는 남편에게 책을 보여주었다.

"그제야 알겠더군요." 어니가 내게 말했다. "아내의 불만이 뭔지 마침내 이해하게 된 겁니다."

어니의 주된 사랑의 언어는 '육체적 접촉'이었다. 수전은 이렇게 말했다. "처음엔 걱정이 됐어요. 그전에는 육체적 사랑이라 하면 성관계를 하고 서로에게 요구하는 것밖에 몰랐으니까요."

하지만 그들은 서서히 맞추어나갔다. "하루 내내 서로의 몸이 닿도록 노력해요. 남편을 안아주기도 하고요." 수전이 말했다. 어니는 중요한 경기가 다가오면 아내에게 미리 알려주고 해변 산책을 더 자주 하려고 노력했다. "이제 아내가 '여보, 리틀 이털리에서 야외 행사 하나 봐, 같이 갈래?'라고 물으면, '아니, 그냥 집에 있을래'라고 하지 않고 '내가 꼭 같이 가주면 좋겠어?'라고 말합니다." 아내가 그렇다고 하면 그는 경기 시청을 포기하고, 아내가 아니라고 하면 집을 지킨다.

수전은 미소 지었다. "이런 작은 일들이 쌓이다 보면 예전의 뜨거웠던 사랑을 되찾을 수 있어요." 그리고 정말 효과가 있었다. 로모 부부는 최근에 결혼 20주년을 맞았다.

채프먼 박사의 저서 역시 비판을 피하지 못했다. 독자에게 설교하려 든다, 지나치게 단순한 접근법이다 등의 비난을 들어야 했다. 그럼에도 이 책이 많은 이들에게 공감을 불러일으킨 이유는 채프먼 박사가 자신의 실패를 솔직하게 밝혔기 때문이다. 스물세 살에 동료 교구민이던 캐럴린과 결혼한 그는 결혼 초기에 너무도 힘들어 필사적으로 신에게 의지했다. "결혼서약이 없었다면 그냥 떠나버렸을 겁니다."

세미나가 끝나고 몇 달 후 캐럴린은 뉴욕으로 찾아와 우리 부부와 함께 커피를 마셨다. 그녀는 예의범절을 엄격히 따지는 그녀의 남편과는 정반대이다. 성격이 대담하고, 표범 무늬 블라우스와 얼룩말 무늬 바지를 좋아하며, 특이한 머리 모양을 즐기고, 시끄럽게 수다 떨기를 좋아하는 키 152센티미터의 여인이다. 그녀의 남편이 연인들의 서로 다른 언어를 설파한 사람이라는 사실이 그리 놀랍지 않다!

그들이 막 결혼했을 때, '봉사'라는 사랑의 언어를 가진 캐럴린은 남편이 화장실을 청소하고 진공청소기를 돌려줄 거라 기대했다. '인정해주는 말'을 사랑의 언어로 가진 채프먼 박사는 아내로부터 칭찬을 들어야 하는 사람이었다. 50년 후에도 두 사람의 사랑의 언어는 변하지 않았다. 얼마 전 그는 청중에게 한 가지 일화를 이야기해주었다. 어느 날 아침, 집에서 그와 함께 앉아 있던 캐럴린이 "블라인드가 더러워졌네"라고 말했다. 그는 "그러게 말이야"라고 대꾸했다. 이틀 후 아침 6시 30분, 그는 블라인드를 닦기 시작했다. 캐럴린이 들어와서는 물었다. "여보, 뭐 해?" 그는 아내를 돌아보며 답했다. "사랑을 나누고 있잖아!" 그녀가 활짝 미소 지었다. "당신은 세상에서 최고로 멋진 남편이야!" 채프먼 박사는 훨씬 더 활짝 미소 지으며 말했다. "한 번 더 말해봐, 여보. 한 번만 더 말해줘!"

종교와 행복한 가족

어떤 면에서 채프먼 박사의 성공은 그리 놀라운 일이 아니다. 오래전부터 미국에서 종교와 가족생활은 떼려야 뗄 수 없는 관계였다. 과학 연구들은 독실한 신앙심과 행복한 가족 간의 지속적인 연관성을 거듭 증명해주고 있다. 지난 50년간의 연구 결과는 한결같았다. 가족은 종교적·영적 전통에 충실할수록 더 행복해진다. 2011년에 버지니아 대학은 주마다 종교 예배에 참석하는 어머니들이 그렇지 않은 어머니들보다 더 행복하다는 연구 결과를 발표했다. 2008년의 한 연구는 종교 예배에 규칙적으로 참석하는 사람들이 더 행복한 결혼생활을 누리고 자녀들과의 관계도 더 좋다는 사실을 증명해 보였다.

이 주제에 관한 가장 광범위한 2010년의 연구는 그 이유에 대한 몇 가지 단서를 던져준다. 3,000명 이상의 성인을 대상으로 한 연구들을 검토한 임채윤과 로버트 퍼트넘Robert Putnam은 어떤 종교를 신봉하든, 신과 얼마나 가깝게 느끼든 전반적인 삶의 만족도에는 아무런 영향을 미치지 않는다는 사실을 발견했다. 중요한 것은 종교단체 속에서 친분을 맺는 사람의 수이다. 열 명이 가장 이상적이다. 그만큼의 친구를 가지면 더 행복해질 것이다. 달리 말하면, 신앙심이 깊은 사람이 더 행복한 이유는 마음이 맞는 사람들과의 유대감 때문이다.

종교는 다른 역할도 한다. 수천 년 동안 우리 인간은 인생사의 슬프고 기쁜 사건들을 겪을 때마다 종교에 의지해왔다. 그런 사건들의 대부분은 가족 내에서 벌어진다. 나는 채프먼 박사에게 가족의 화목을 위해 종교로부터 얻을 수 있는 교훈이 있는지 물어보았다. 그는 세 가지를 일러주었다.

첫째, 기쁨. 캘리포니아 대학의 셸리 게이블Shelly Gable은 배우자의 성공을 진정으로 기뻐해주는 것이 중요하다고 강조했다. 〈일이 잘 풀릴 때 나와 함께 기뻐해줄 건가요?〉라는 멋진 제목의 논문에서 게이블은 좋은 소식을 배우자와 함께 나눌 것을 권했다. 그저 "잘했어, 여보"라고 말하거나 배우자의 성공에 축배만 들 것이 아니라, 배우자의 특별함이 이루어낸 성공임을 인정해주어야 한다. "당신이 이렇게 배짱 두둑하고 재간이 좋은 사람이라서 잘된 거야."

종교는 바로 그런 너그러움을 길러준다. 채프먼 박사의 말대로, 종교를 가진 사람은 기쁜 일이 생기면 대대적으로 축하해야 할 행사로 여기고, 배우자를 특별하고 훌륭한 존재로 미화한다. 관찰력이 그리 예리하지 않은 사람도 상대방에게 주의를 기울이게 된다. 게이블은 좀 더 행복한 가정을 이루고 싶다면 긍정적인 순간을 더 많이 만들어야 한다는 결론을 내렸다. 이는 안 좋은 상황에서 도움을 주는 것보다 더 중요한 일이다.

둘째, 용서. "인간관계에서 완벽한 사람은 아무도 없습니다." 채프먼이 말했다. "우리는 가끔 자신이 가장 사랑하는 사람에게 상처를 주지요. 이 문제를 제대로 해결하지 않으면 사랑하는 사람과의 사이에 벽이 생기고 맙니다."

광범위한 연구가 이를 증명해준다. 학자들은 가정에서든 직장에서든 사과가 더욱 깊은 공감대를 형성해주고, 위기상황을 안정시키며, 관계를 오래 지속시킨다는 사실을 밝혔다. 나처럼 이 결과를 그대로 받아들이기가 힘든 사람에게는 그나마 반가운 소식이 하나 있다. 사과를 하면 돈을 절약할 수 있다. 노팅엄 경제 대학의 연구진에 따르면, 기업의 배상금보다는 사과가 소비자들의 용서를 받아낼 확률이 두 배나 더 높다. 한 연구자는 "말로 때우면 돈이 덜 든다"라고 말했다. 남자들이여, 장미는 잊어라. "내 탓이로소이다"라는 말 한마디면 충분하다.

마지막으로, 회복력. 사회학사에 한 획을 그은 어빙 고프먼Erving Goffman은 성공적인 인간관계를 맺으려면 '잘못된 것을 바로잡아주는 의식'이 반드시 필요하다고 말했다. 종교는 지금까지 구원을 완벽하게 행해왔다. 신앙의 언어는 사람들에게 고통으로부터 회복할 수 있다고 끊임없이 일러주고 있다.

채프먼 박사의 세미나에서 들은 이야기 중에, 우리는 고통스러운 일을 자주 겪지만 부부관계가 좋은 사람들은 다시 일어설 방법을 찾는다는 말이 가장 기억에 남는다. 그러기 위해서는 "밤에는 싸우지 말아야 한다"고 채프먼 박사는 말했다. 나는 그 말이 마음에 들고, 그것을 실천하는 방법에 대한 그의 조언은 훨씬 더 마음에 든다. "남성분들, 제가 지금부터 불러드릴 문장을 공책에 적어두십시오. 그것이 여러분의 인생을 완전히 바꿔놓을 겁니다. '여보, 당신 말이 천번 만번 옳아.' 이렇게 말하면 이제 여러분은 아내의 원수가 아니라 아내를 이해해주는 친구가 되는 겁니다."

행복한 부부관계를 위하여

행복한 부부가 되는 비법을 담은 책들이 엄청나게 많이 출간되었고, 나는 그 책들을 하나씩 읽어보기로 했다. 린다는 정장 차림으로 출근하고, 나는 집에서 잠옷 차림으로 앉아 베개 정리하는 법이나 누가 다림질을 해야 하는가에 대해 읽었다. 이렇다 보니 학교 행사에 가면 기묘한 일이 벌어졌다. 남자들은 아내에게 투자 비결을 물었고, 여자들은 내게 다가와 행복한 부부관계의 비결을 물었다.

내가 읽은 책들 대부분은 참기 어려울 만큼 지루했다. 하지만 때때로 기가 막힌 아이디어를 만나기도 했다. 상식과 정반대되고 무척이나 기발하며 당장이라도 시험해보고 싶은 발상도 있었다. 나는 이런 아이디어들을 하나하나 모으기 시작했다. 각각의 아이디어는 과학적인 근거를 가지고 있지만, 내가 기준으로 삼은 것은 엄밀함이 아니다. '하루의 끝에 아내에게 이야기하고 싶은 아이디어'라면 충분했다. 이걸 지킨다고 해서 노벨상을 받지는 못하겠지만, 하루나 이틀 밤 아내와 더 오붓한 시간을 가질 수 있을 것이다.

1. 자기 자신을 최우선으로 생각하라

좋은 부부관계를 유지하려면 '우리'를 생각하라고 흔히들 말한다. 하지만 최신 연구에 따르면, '나'를 중요하게 생각해야 성공적인 부부관계를 이어나갈 수 있다. 심리학자들인 아서 에어런Arthur Aron과 게리 레반도프스키Gary Lewandowski는 개인들이 인간관계를 이용하여 자기 발전을 성취하는 방식을 연구한 결과, 사람들이 배우자로부터 새로운 것을 배우고, 새로운 사람을 만나며, 새로운 경험을 시도한다는 사실을 알았다.

예를 들어, 부부가 처음 사랑에 빠질 때 두 사람은 아주 다양한 단어들을 사용하여 자기 자신을 설명한다. 이 새로운 관계는 자기 이해의 폭을 확실히 넓혀준다. 시간이 지나면서 그들은 상대의 특성을 받아들이며, 개인적으로 그리고 함께 성장해나간다. 레반도프스키 박사는 다음과 같은 결론을 내렸다. "사람들은 자신을 발전시키고자 하는 근본적인 욕구를 가지고 있다. 더 나은 사람이 될 수 있도록 배우자가 도와준다면, 그 관계 속에서 더 큰 행복과 만족감을 느끼게 된다."

2. 참신한 데이트를 하라

부부에게 둘만의 시간을 가지라는 조언을 많이 한다. 현대의 부부들이 겪는 대부분의 문제는 그런 방법으로 해결 가능하다. 이를 뒷받침해주는 연구도 있다. 2012년 국립 결혼 프로젝트National Marriage Project는 매주 둘만의 시간을 갖는 부부가 3.5배 더 행복하다는(성적인 만족도까지 포함해서) 연구 결과를 발표했다.

하지만 모든 데이트가 도움이 되는 것은 아니다. 단순히 외식을 하고 영화를 보는 것은 부부관계에 미치는 영향이 미미하다는 사실을 증명해주는 연구가 점점 늘어나고 있다. 부부관계를 개선하고 싶다면 배우자와 함께 참신한 일을 시도해야 한다. 러트거스 대학의 헬런 피셔Helen Fisher에 따르면, 미술 수업을 듣거나 생소한 곳으로 드라이브를 가거나 새로운 방법으로 요리해보는 등 평소와 다른 특이한 활동을 시도하는 부부는 몸속에서 막 사랑에 빠진 연인과 똑같은 화학반응이 일어난다.

3. 더블데이트

부부 데이트를 참신하게 즐기는 한 가지 방법은 다른 부부와 함께하는 것이다. 웨인 주립대학의 리처드 슬래처Richard Slatcher는 〈해리와 샐리가 딕과 제인을 만났을 때〉라는 흥미로운 연구 논문을 발표했다. 그는 60쌍의 부부를 두 그룹으로 나누고, 부부끼리 어울리게 했다. 한 그룹은 아주 의미 깊은 질문들을 받았고, 다른 그룹은 잡담을 나누었다. 그 결과는 극적이었다. 자신에 대해 많이 털어놓은 부부들은 서로에게, 그리고 다른 부부들에게 더 친밀감을 느꼈다. 슬래처는 다른 부부와 친밀해지는 경험이 이색적인 데이트와 똑같은 화학반응을 일으킨다고 말했다.

4. 아이가 태어나는 것을 두려워 말라

대부분의 학자와 일반인들은 아이를 가진 부부가 아이 없는 부부보다 덜 행복하다고 생각한다. 이런 생각을 뒷받침해주는 많은 증거가 있으며, 수많은 사람들이 그렇게 떠들어대고 있다. 여기에는 2010년 〈뉴욕〉에 실린 특집 기사 〈기쁘지만 재미없어: 왜 부모들은 육아를 싫어하는가〉가 큰 몫을 했다.

이 기사에서 영감을 받은 미국 가치 연구소Institute for American Values는 〈아기가 태어나면〉이라는 광범위한 연구를 의뢰했다. 그 결과는 눈이 휘둥그레질 만큼 놀라웠다. 부모가 되는 과정은 압박감이 아주 심하기 때문에 처음으로 부모가 되는 사람은 행복감이 낮아지고, 그것도 하룻밤 사이에 갑자기 그렇게 된다. 하지만 아이 없는 부부 역시 행복감이 줄어드는 경험을 한다. 단지 시간이 좀 더 걸릴 뿐이다. 보고서는 "결혼 8년차가 되면 아이가 있든 없든 부부관계의 질은 그리 다르지 않다"라고 결론 내렸다.

그 보고서는 훨씬 더 흥미로운 소식도 알려주었다. 아이를 키우는 부부가 아이 없는 부부를 확실히 능가하는 부분이 하나 있으니, 바로 '의미'이다. 아이가 있는 부부들(특히 어머니들)은 "나는 삶의 중요한 목적이 있다"라는 말을 더 많이 한다.

이는 육아의 역설적인 측면을 말해준다. 단기간으로 보면, 부모는 심신이 지치고 돈에 허덕이고 틀에 박힌 일상에 찌든다. 하지만 장기간으로 보면 목적의식이 더욱 깊어진다. 부모라면 잘 알겠지만, 금요일 저녁 보드게임을 하다가 고개를 들었을 때 배우자와 시선이 마주치거나, 배우자가 아이의 코에 밀가루 반죽을 묻히는 모습을 우연히 보거나, 잠자는 아이에게 이불을 덮어주면서 손을 뻗어 배우자의 손을 잡을 때 결혼생활의 가장 큰 행복을 느낄 수 있다. 옛날 탐험가들이 힘겹게 밀림을 빠져나가 마침내 샹그릴라를 발견했을 때 느꼈을 법한 기분이다. 그래서 〈아기가 태어나면〉의 저자들은 많은 아이(넷 이상)를 키울수록 부모가 더 행복해진다는 사실을 발견하고 깜짝 놀랐을 것이다.

이상적인 부부관계를 유지하는 최선의 방법은 그냥 집에서 아이들과 놀아주는 것일 수도 있다.

9

손자를 돌보는 조부모들

행복한 노인이
더 행복한 가족을 만든다

월요일마다 데비 로턴버그Debbie Rottenberg는 매사추세츠 주 와번에 있는 집 근처의 슈퍼마켓에 가서 장을 본다. 손자인 네이트가 좋아하는 파스타, 네이트가 좋아하는 깍지콩과 당근, 멜론, 포도, 네이트가 좋아하는 오레오 아이스크림과 바닐라 아이스크림을 산다. 핫도그와 감자튀김도 사는데, 이것들은 그녀의 남편이 먹지 못하도록 옷장 안에 숨겨둔다.

"문제야." 그녀가 말했다. "가끔 찬장을 보면 그이가 감자튀김을 다 먹어치우고 없거든! 그럼 네이트한테 점심에 뭘 줘? 네이트는 점심 때 감자튀김만 찾는데."

다음 날 아침 데비는 늦잠을 잔다. 일주일에 한 번 아들 내외가 데이트를 나가는 날이라, 여섯 손자 중 가장 큰 네이트를 데려와서 같이 놀아주려면 힘을 비축해놔야 한다. 정오가 되면 그녀는 스테이션왜건을 10분 동안 몰아서 네이트가 1학년에 다니고 있는 뉴턴 센터의 초등학교로 간다.

"좋은 곳에 주차하려면 빨리 가야 해." 그녀가 말했다.

학교에 도착하면 데비는 그녀가 듣고 있던 오디오북을 빼고 네이트가 들을 오디오북을 틀어놓는다. 그런 다음 학교 앞으로 걸어간다.

예순다섯 살의 데비는 건강하고 패션감각도 뛰어나서 카키색 카프리바지(홀쭉한 라인의 8부 바지)와 긴 소매의 흰 티셔츠를 즐겨 입는다. 할머니가 아니라 엄마로 오해받는 경우도 많다. 그녀는 다른 엄마들과 몇 마디 나누고는, 그녀의 중학교 시절 남자친구를 기다리던 설레는 기분으로 문 쪽을 응시한다. 그녀는 그 남자친구와 스물한 살에 결혼했고, 45년이 지난 지금은 하룻밤이라도 떨어져 지내는 날이 거의 없다.

"난 학교에 오는 게 좋아." 데비가 말했다. "네이트의 예쁜 선생님한테 안부인사도 하고 손자 친구들도 모두 볼 수 있잖아. 그러면 손자 녀석이랑 더 가까워지는 기분이 들거든."

드디어 네이트가 나타나, 학교 앞에서 아이를 기다리고 있는 어른들을 쭉 훑어본다. 그 아이는 갈색 생머리에 할머니를 닮아 표정이 풍부한 갈색 눈을 가지고 있다. 그리고 소파에서 떨어져 부러진 팔에 부목을 대고 있다. 아이는 할머니를 보자 얼른 그녀 곁으로 달려온다.

"안녕하세요, 할머니!" 아이가 데비의 두 다리를 꽉 껴안으며 인사한다.

"안녕, 우리 아가. 공부는 열심히 했니?"

아이는 뒤로 물러나 씩 웃으며 할머니의 질문을 못 들은 척한다. "게임할래요! 게임!"

"알았어." 데비는 싱긋 웃는다. "아이패드 줄게. 가자, 점심 먹어야지."

두 사람은 손을 잡고 데비의 차로 향한다. 네이트는 세상에서 가장 운

좋은 아이인 양 활짝 미소 짓고, 데비도 비슷한 표정이다. 손자 녀석이 아직은 어리니까 이렇게 함께할 수 있구나, 하고 그녀는 생각한다.

"할머니, 오늘도 감자튀김 먹을 수 있어요?" 네이트가 묻는다.

"네 할아버지가 먹어치우지 않았기를 빌자꾸나!"

할머니 효과

조부모. 그들은 종종 가족 내의 2군으로 여겨지기도 하지만, 인간이 가족을 이루고 살 수 있었던 주된 이유가 조부모 덕분이라는 놀라운 연구 결과가 있다. 이런 관점을 개척했다 할 만한 진화 인류학자 세라 블래퍼 허디Sarah Blaffer Hrdy는 조부모가 인류의 "비장의 카드"라고 내게 말했다.

이런 생각이 등장하게 된 배경은 무엇일까? 부모에게 아이를 맡기는 건 좋아하면서도 그들의 잔소리는 듣기 싫어하는 우리에게 어떤 의미가 있을까?

우선, 이와 관련된 이런저런 사실들을 살펴보자. 지난 500년 동안 서양 문화는 개인의 힘이 사회를 움직인다는 믿음이 지배적이었다. 일편단심 개인주의에만 초점을 맞춘 원인은 여러 가지였다. 그중 하나는 개인의 책임과 구원을 강조한 종교개혁이었다. 개인의 자유를 찬양한 계몽운동도 또 다른 원인이었다. 이런 세계관을 가장 분명하게 주장한 이는 영국 철학자 토머스 홉스Thomas Hobbes일 것이다. 그는 1651년에 자연 상태의 삶은 "고독하고, 가엾고, 불결하고, 야만적이며, 짧다"라고 썼다.

350년 후인 21세기 초, 획기적인 지적 발전으로 인해 인간의 본성에 대한 다른 견해가 대두되었다. 존 카치오포John Cacioppo는 그의 저서《인간은 왜 외로움을 느끼는가Loneliness》에서 이렇게 말했다. "우리 조상들이 야만적일지도 모른다는 홉스의 주장은 틀리지 않았다. 그러나 그들이 고독한 존재라는 설명은 완전히 틀렸다." 시카고 대학 인지 신경과학 센터의 관장인 카치오포는 인간의 공동체적인 성격을 좀 더 강조했다. "인간이 한 종으로서 진보할 수 있었던 것은 야만적일 정도의 이기심 때문이 아니라 타인과 협력할 줄 아는 능력 덕분이다." 우리는 다른 사람들을 갈망한다고 그는 말했다.

우리 인간들이 함께하는 것을 그토록 좋아하는 한 가지 이유는 동물계에서 거의 유일무이한 무언가를 가지고 있기 때문이다. 바로, 생물학적 부모가 아니면서도 우리를 돌보고 키워주는 사람들이다. 그런 사람들을 뜻하는 공식 용어는 '대행부모alloparent'이다. 베이비시터, 손위 형제자매, 이모나 고모 등 누구나 대행부모가 될 수 있지만, 인류 역사상 주된 대행부모는 할머니였다. 그들이 없었다면 "인간 종은 계속 유지될 수 없었을 것이다"라고 허디는 말했다.

다른 종의 암컷들은 자기 새끼의 새끼를 돌보는 일은 거의 하지 않는다. 인간과 달리 가임기를 넘어 수십 년 동안 살지 못하기 때문이다. 인간의 경우, 남자들(늙은 남자들도 포함하여)이 사냥하고 여자들이 식량을 찾아다니는 동안, 할머니 같은 대행부모가 어린아이를 돌보고 있었다. 이렇듯 인간의 진화 능력에 주된 역할을 한 할머니의 영향력에 '할머니 효과'라는 이름이 붙여졌다.

하지만 할머니의 영향력은 초기 인간들에게만 국한된 것이 아니라 오늘날에도 계속 이어지고 있다. 수많은 연구들은 현대 가족에게 할머니가 큰 도움이 되고 있음을 증명해 보였다. 1992년 66건의 연구를 통계적으로 종합 분석한 결과, 할머니의 도움을 많이 받을수록 어머니는 스트레스를 덜 느끼고 아이들은 정서적으로 더 안정되었다. 할머니가 육아에 많이 개입할수록 아버지의 참여도도 높아졌다.

그러니 허디가 할머니들을 인류의 '숨은 은인'이라고 부르는 이유를 알 만하다.

그렇다면 이 할머니들이 실제로 하는 일은 무엇일까? 그들은 아이들에게 다른 사람들과 협력하고, 연민을 베풀고, 남을 배려하는 방법 같은 핵심적인 사회성 기술을 가르친다. 유타 주 브리검영 대학의 연구자들은 408명의 청소년들을 대상으로 조부모와의 관계에 대한 인터뷰를 실시했다. 그 결과, 조부모의 보살핌을 받은 아이들은 사교성이 좋고, 학교생활에 더 적극적이며, 다른 사람을 걱정해주는 마음이 더 컸다. 또한, 그 연구를 주도한 과학자 제러미 요거슨Jeremy Yorgason은 부모가 부정적인 행동에 벌주는 일을 도맡으면서 조부모가 긍정적인 행동을 격려할 수 있게 된다고 말했다.

참, 할머니가 손자에게 해주는 일이 또 한 가지 있다. 응석을 다 받아주는 것이다. 네이트 로턴버그에게 물어보시라.

할머니와 함께하는 화요일

할머니 집에 도착하자마자 네이트는 곧장 할머니의 아이패드를 찾아 헤매기 시작한다. 손자가 게임을 하는 동안 데비는 핫도그, 감자튀김, 당근, 포도로 점심식사를 만든다. 그리고 지하에서 작은 나무의자를 가져와 텔레비전 맞은편에 있는 커피 테이블 뒤에 둔다. 내 눈에는 꼭 왕좌처럼 보인다. 점심식사를 하는 동안에는 미리 녹화해둔 어린이 프로그램을 틀어준다.

"교육적인 프로그램들이야." 그녀가 말했다. "게다가 손자와 이야기할 거리도 생기잖아."

디저트로는 네이트에게 젤리 과자를 줬는데, 젤리가 이에 붙는다고 네이트의 아버지가 불평했다. 얼마 동안은 젤리 과자를 (감자튀김과 함께) 옷장에 숨겨두었지만, "애 아빠가 단호하게 안 된다고 해서 지금은 껌을 주고 있어"라고 그녀는 말했다.

점심식사가 끝나면 데비는 근처의 수학교실로 네이트를 데려가고, 네이트와 함께 컴퓨터로 야구게임을 하고, 그러고 나서는 네이트를 씻기고 저녁식사를 차려준다. 여러 면에서 데비는 더 광범위한 어떤 시대적 경향을 예증해주고 있다. 2004년, 미국 국립 가족·가계 조사는 조부모의 50퍼센트가 정기적으로 육아를 도와주고 있다는 사실을 밝혔다. 일주일에 고작 몇 시간인 경우도 있고, 40시간이나 되는 경우도 있다. 그리고 50퍼센트라는 수치는 조부모와 함께 사는 500만 명의 아이들을 포함하지 않은 결과이다. 브리검영 대학의 제러미 요거슨은 "조부모들은 파트타임 군인과 비슷하다"라고 말했다. 필요하면 언제든 투입 가능하지만, 대개는 주말에 육아활동에 참여하니 말이다.

이런 유형의 관계에는 분명한 이점들이 있다. 로턴버그 가족의 경우, 네이트는 일주일에 하루는 마음껏 응석을 부릴 수 있다. 거기다 네이트의 부모는 육아 비용을 조금이나마 줄일 수 있다. 하지만 곤란한 점도 있다. 데비는 손자들의 말을 들어주고, 손자들이 원하는 것을 줘야 할머니 노릇을 제대로 하고 있다고 느낀다. 데비는 네이트에게 그가 좋아하는 사과주스를 준다. 하지만 네이트의 엄마는 아이에게 주스를 먹이고 싶어 하지 않는다. 몇 년 동안 두 사람은 이 문제로 대립했고, 급기야 데비는 사과주스를 몰래 네이트의 집으로 가져갔다. 데비는 며느리와의 싸움에서 졌지만, 지금도 가끔 물 탄 주스를 네이트에게 몰래 먹이고 있다.

나 역시 이런 갈등이 생소하지 않다. 데비는 다섯 명의 손자를 두고 있는데, 우리 두 딸인 타이비와 에덴 역시 그녀의 손녀들이다. 린다와 나는 적극적으로 할머니 역할을 해주시는 장모님으로부터 큰 도움을 받아왔다. 하지만 스트레스가 되는 점도 있다. 원기 왕성한 10대들은 부모에게 반항하고 싶은 자연스러운 성향을 가지고 있다. 그런데 장모님은 아침 점검표에서부터 잘 시간에 해야 하는 일까지 우리 부부가 가정을 이끄는 방식에 대해 10대와 같은 그런 태도를 취하신다. 그러니 손자들은 이런 할머니를 좋아할 수밖에. 장모님은 부모에게 반항하라며 손자들을 끊임없이 부추기고 있는 셈이다!

장모님의 생각은 이렇다. "나도 네이트 부모나 자네 부부가 정해놓은 경계를 존중하면서 그 선을 넘지 않으려고 노력하고 있어. 하지만 아이들이 나와 함께 있을 때 아무런 스트레스 없이 즐길 수 있었으면 좋겠어. 그러면 나도 편하고 아이들도 편하니까."

저녁 일곱 시쯤 네이트의 아버지가 아이를 데리러 온다. 이미 씻고 식사까지 마친 네이트는 잠옷 차림이다. 장모님은 손자의 물건을 챙겨주고, 손자의 뺨에 뽀뽀하고, 집 밖으로 달려나가는 손자에게 손을 흔든다. 그러고는 위층으로 올라가 침대로 푹 쓰러진다.

"막내 아이가 집을 나간 후로 지금처럼 열심히 노력했던 적이 없어." 장모님의 말씀이다. "어떤 면에서는 할머니 노릇이 엄마 노릇보다 더 어려워. 자식을 키울 때는 육아가 생활의 일부니까 다른 일들도 같이할 수 있지만, 손자들을 돌볼 때는 내 생활을 딱 멈추고 손자들만 보고 있어야 해. 그 시간 동안은 내 직업이 되는 거지."

그렇다면 장모님은 네이트와 함께 보내는 날을 더 늘리고 싶으실까?

"아니, 그럴 리가." 장모님은 망설임 없이 대답했다. "일주일에 하루면 충분해!"

장보님의 대답을 들으니, 예전에 비행기에서 들었던 재미있는 말이 떠올랐다. 한 할머니가 다른 할머니에게 이렇게 말했다. "손자는 오면 좋고, 가면 더 좋아."

왜 조부모가 더 행복할까

하지만 장모님의 생각이 옳을까? 조부모는 손자들에게 무조건적인 사랑을 베풀고, 스트레스 없는 자유로운 시간을 마련해주며, 무슨 응석이든 받아주어야 할까? 그 해답을 찾기 위해 나는 미국 최고의 노인 전문가를 찾아갔다.

로라 카스텐슨Laura Carstensen은 스탠퍼드 대학 장수 센터의 관장이며, 그녀 자신 역시 할머니이다. 상냥한 표정에 환한 미소를 짓고, 흰 머리칼 한 타래가 검은색 생머리와 인상적인 대조를 이루는 그녀는 모든 부모가 원할 법한 할머니 같은 인상을 풍긴다. 카스텐슨은 노인에 대한 관점을 완전히 바꾸어버린 주장을 펼쳤다. 바로 노인이 더 행복하다는 것이다.

1993년부터 2005년까지 카스텐슨과 몇몇 동료는 18~90세의 미국인 180명을 추적 연구했다. 5년마다 연구 참가자들은 일주일 동안 무선호출기를 휴대하고 다녔다. 무선호출기가 울릴 때마다 참가자들은 얼마나 행복하고, 슬프고, 불만스러운지에 대한 일련의 질문에 답해야 했다.

그 결과는 인상적이었다. 연구 참가자들은 나이가 들수록 부정적인 감정이 줄고 긍정적인 생각이 더 많아졌다. 연구진은 행복감을 높여주는 몇 가지 요인을 발견했다. 첫째, 나이가 들수록 사람들은 친하지만 각별한 사이는 아닌 이들(예를 들어, 아이 친구의 부모들)과의 관계를 끊고, 가족처럼 정말로 아끼는 이들에게 집중한다. 카스텐슨에 따르면 보통 다섯 명 정도로 인맥이 정리되는데, 이는 로빈 던바Robin Dunbar가 한 개인이 사교관계를 맺을 수 있는 친구 수의 최대치라고 밝힌 150명에 한참 못 미친다.

"젊은 사람들은 자신의 시야를 넓혀줄 선택을 하는 경향이 있어요." 카스텐슨이 내게 말했다. "파티에 가고, 클럽에 가입하고, 소개팅에도 나가죠. 나이가 들면 번거로운 상황을 잘 못 참아요. 그래서 소개팅도 안 하게 되죠!"

나이가 들수록 더 행복해지는 두 번째 이유는, 좀 더 젊은 성인들은 직업적 목표, 배우자 찾기, 돈 벌기 등의 문제에 대해 불안감과 좌절을 많이 느끼는 반면, 나이가 든 사람들은 자신의 성취와 실패를 담담하게 받아들이고 그래서 인생을 좀 더 즐길 수 있게 되기 때문이다.

"우리는 나이가 들수록 죽음을 점점 더 인식하게 돼요." 카스텐슨이 말했다. "그래서 멋진 일을 경험할 때마다, 인생이란 덧없고 언젠가는 끝날 거라는 깨달음도 함께 오죠. 손자가 밖에서 강아지와 노는 모습을 보고 있으면 눈물이 나잖아요. 이 장면을 앞으로 계속 볼 수 없다는 걸 아니까 그런 거예요. 그 어린 손녀가 꼬부랑 할머니가 되리라는 걸 아니까, 또 꼬부랑 할머니가 된 손녀를 볼 수 없으리라는 걸 아니까요. 이 모든 감정 때문에 같은 경험을 해도 젊은 사람보다 훨씬 더 진하고 복잡 미묘하게 느끼죠."

카스텐슨은 정서적으로 안정된 이런 노인들이 사회의 훌륭한 자산이 될 수 있다고 믿는다. "얼마 전까지만 해도 대가족은 그리 흔치 않았어요. 많은 사람들이 옛 시골집에 사는 조부모와 증조부모의 이미지를 떠올리지만, 사실은 그렇지 않아요. 그렇게 오래 살지 못했으니까요. 100년 전만 해도 수명이 너무 짧아서, 어머니와 아버지가 모두 있는 집이 없을 정도였어요. 아이들의 20퍼센트는 열여덟 살쯤 되면 고아 신세가 됐죠."

반면 요즘은 조부모와 증조부모를 점점 더 많이 볼 수 있다. 카스텐슨에 따르면, 30대 중후반의 다소 늦은 나이에 아이를 갖는 사람도 있지만, 인구통계학자들은 2030년에 이르면 미국 아이들의 대다수가 양친뿐만 아니라 조부모와 증조부모까지 온전히 갖게 될 거라고 예측한다. "그럼 얼마나 멋진 가족이 되겠어요!" 카스텐슨이 말했다. "조부모와 증조부모가 가족 내에서 소외당하지 않는 문화를 만들 수만 있다면요."

그렇다면 이 행복한 노인들이 어떻게 가족을 더 행복하게 만들어줄 수 있을까? 카스텐슨은 세 가지 방법을 제안했다.

1. 양육을 분담한다

그랜드페어런츠Grandparents.com라는 웹사이트의 편집자인 친구가 자기네 사이트의 독자층에 관해 흥미로운 이야기를 해주었다. 부모는 갓난아기부터 3세까지의 문제를 다루는 웹사이트에 더 관심이 많은 반면, 조부모는 5~9세 아이들과 관련된 문제에 더 관심이 많다. 카스텐슨의 연구가 이를 뒷받침해준다. "첫 아이가 태어나면 조부모는 할 일이 그리 많지 않아요. 자질구레한 일을 도와줄 수는 있지만, 그래도 중요한 일은 부모가 맡아서 하죠. 둘째아이가 태어나면서 조부모의 개입이 급격히 늘어나게 돼요."

카스텐슨은 여덟 살배기 손자 에번과 다섯 살배기 손녀 제인을 두고 있다. "제인이 태어난 날 나는 에번에게 엄청난 연민을 느꼈어요. 그 아이가 걱정되더군요. 가족의 관심을 독차지하고 있던 애가 그 자리를 뺏기게 됐잖아요. 에번을 보호하고 변함없는 사랑을 보여주는 게 내 역할이라는 생각이 들었죠. 그래서 남편과 나는 아들네 부부가 힘들어 보인다 싶으면 에번을 우리 집으로 데려왔어요."

2. 안전판 역할을 한다

어느 가족이든 힘겨운 시간을 겪게 마련인데, 바로 그 시기에 노인들이 큰 도움이 될 수 있다고 카스텐슨은 말했다. "아들과 며느리가 많이 다투던 때가 있었어요. 그런 때면 에번이나 제인이 나한테 '가끔 아빠가 무섭게 소리 질러요'라거나 '엄마가 슬퍼해요'라는 말을 하곤 했죠. 그러면 나는 '그래, 엄마랑 아빠는 가끔 싸우기도 한단다' '그래, 누구나 슬플 때가 있어'라고 답해줬어요. 다른 말은 필요 없어요. 아이들이 나를 꼭 껴안으면 그걸로 된 거예요."

"가끔은 부모가 줄 수 없는 안정감을 조부모가 준다면 가족에게 얼마나 큰 도움이 되겠어요? 부모 노릇을 하기란 여간 힘든 게 아니에요. 항상 냉정을 유지하기가 불가능하죠. 다투지 않는 것도 불가능해요. 하지만 조부모는 아이들과 갈등을 겪을 일이 거의 없잖아요. 얼마 전에 내가 에번에게 '네 아빠가 화를 내니?'라고 물었더니 '네!'라고 답했어요. '네 엄마가 화를 낸 적은?' '있어요!' '할머니가 화를 내던?' 에번은 멈칫하더니 '아니요!'라고 답하더군요. 참 웃기죠. 할머니는 화를 낼 일이 없어요."

3. 손자들의 주변을 맴돈다

요즘 부모는 아이가 자랄수록 곁에 붙어 있지 말라는 당부를 듣는다. 하지만 카스텐슨은 조부모는 아이들 주변을 맴돌아야 한다고 말했다. "10대들이 부모 외에 그들을 미치도록 사랑하는 어른이 있으면 순조로운 생활을 할 수 있다는 연구 결과가 많아요. '숙제 했니?' '성적표 받았어?' '네 책임을 다하고 있니?'라고 물어보는 것도 사랑의 표현이 될 수 있어요."

조부모가 많이 개입하는 것을 탐탁지 않게 생각하는 부모도 있을 것이다. 카스텐슨은 이렇게 말했다. "부모님한테 이렇게 말하고 싶을 때가 올 거예요. '내 아이는 내가 알아서 키워요!' 하지만 아이를 키우는 방법은 한 가지만이 아니라는 걸 알아야 해요. 한가족이 되는 방법도 여러 가지가 있죠. 그리고 조부모가 손자들 곁에 있어서 좋은 점이 나쁜 점보다 훨씬 더 많아요."

잔소리에 대처하는 자세

조부모가 자녀들과 손자들을 더 행복하게 만들어줄 수 있다지만, 바로 그 조부모가 끝없는 잔소리로 자녀들을 미치게 만든다면? 잔소리를 방지하는 방법은 없을까?

잔소리는 사람들이 잘 이해하고 있는 현상은 아니다. 그 주제를 다룬 몇 안 되는 사람 중 한 명인 플로리다 대학의 언어학자 다이애나 박서Diana Boxer는 광범위한 연구를 실시한 결과, 잔소리가 주로 가족 내에서 나타난다는 사실을 발견했다. 왜냐하면 사람들은 친구나 동료에게 하듯이 가족에게도 정중할 필요는 없다고 생각하기 때문이다. 잔소리의 거의 반은 집안일과 심부름에 관련되어 있고, 4분의 1은 누군가에게 무슨 일을 해달라고(혹은 하지 말라고) 부탁하는 내용이며, 나머지는 연락이 닿지 않는 데 대한 불만이다. 잔소리의 3분의 2는 여성들이 했다.

"사람들은 잔소리꾼 하면, 주름진 얼굴에 불쾌한 표정을 짓고 있는 노파를 떠올리는 경향이 있다"라고 박서는 말했다. "남자들이 잔소리를 하면, 잔소리가 아니라 몰아세우는 거라고 여겨진다. 아이가 잔소리를 하면, 조르는 거라고 완전히 다르게 해석된다."

나는 잔소리가 심한 조부모에 대처하는 방법에 대한 지침을 얻고 싶었다. 먼저, 시어머니나 장모에게 그저 고분고분하지만은 않은 몇몇 친구에게 연락했다. 세 명은 "이를 악물고 참는다"고 했고, 두 명은 "장모님(시어머니)이 오시면 빨래를 한 번 더 돌린다"고 했고, 한 명은 "장모님(시어머니)이 주무실 방은 난방을 덜 한다"고 했다. 한 친구는 장모님(시어머니)이 좋아하실 만한 일거리를 잔뜩 드리는 방법을 권했다. 한 사람은 닥터 필(심리학자이자 방송인인 필 맥그로 - 옮긴이)의 말을 인용했다. "담장이 튼튼해야 이웃 사이가 좋아진다. 그러니 정말 튼튼한 담장을 세워야 한다."

모두가 동의하는 한 가지 사실이 있었다. 즉, 어머니가 불쾌한 언사로 문제를 일으키고 있다면 그 혈육이 나서야 한다는 것이다.

다음으로 나는 말하는 기계의 대가인 오랜 친구 클리포드 내스Clifford Nass에게 전화했다. 스탠퍼드 대학 교수인 내스는 GPS, 전화기, 은행의 자동 음성 응답 서비스 등의 기계 음성을 설계하는 일에 관여했다. 사람들이 잔소리처럼 느끼지 않을 기계 음성을 만들어내는 것이 관건이었다. 그의 시험에 통과하지 못할, 살아 있는 진짜 인간에게 대처하는 법을 그는 알고 있을까?

내스의 말에 따르면, 인간의 뇌는 건설적인 비판을 처리하도록 설계되어 있지 않다. "'건설적인' 부분보다 '비판'이라는 부분이 항상 먼저 와 닿거든." 뭔가 비판적인 말을 들으면 우리는 뇌의 명령에 따라 반격을 가하거나 달아난다. "하지만 자네 장모님한테 절대 해서는 안 되는 행동이지." 그가 말했다.

이런 충동을 억누르려면 뇌의 본능적인 부분을 잠재우고 신중함을 발휘해야 한다고 그는 조언한다. "장모님한테 이렇게 말씀드려. '머릿속이 복잡하네요. 장모님이 지적해주신 점을 의논하기 전에, 우리 육아 방식에 대해서 칭찬해주실 점은 없으세요?' 장모님은 칭찬할 점을 단번에 찾지는 못하시겠지. 그렇다고 해서 장모님이 자네를 형편없는 아버지로 생각하는 건 아니야." 단지 뇌의 생각하는 부분을 가동하는 데 시간이 좀 걸릴 뿐이라고 그는 말했다. "그러고 나면, 장모님한테 그런 지적을 한 이유를 설명해달라고 부탁해봐. 누가 알아? 장모님 말씀에서 얻을 게 있을지."

할머니 규칙

마침내 린다와 나는 우리만의 규칙을 정하는 일에 착수했다. 장모님은 어머니와 할머니로서 관대한 분이라 우리를 너무 엄격한 부모로 여기셨고, 좀 더 엄격한 내 어머니는 우리가 너무 관대하다고 못마땅해하셨다. 그래서 우리는 어떤 상황에서든 완전히 상반된 두 가지 비난을 듣고 있었다. 결국 우리는 지침을 만들어 양가의 두 어머니 모두에게 적용하기로 했다.

1. **어머니 댁에서는 어머니의 규칙을, 우리 집에서는 우리의 규칙을 따라주세요.** 우리가 주말에 어머니 댁에 가면 어머니의 규칙을 따를 테니, 우리 집에 오시면 우리의 일과를 깨뜨리지 말아주세요.
2. **원하는 점을 말씀하셔도 좋지만, 우리가 어머니의 조언을 받아들이지 않는다고 해서 기분 나빠 하지 마세요.** 양가의 어머니들은 적어도 한 가지 점에서는 똑같다. 연기를 잘 못한다는 것이다. 생각을 숨기는 척해봐야 얼굴에 다

드러난다. 우리는 두 분에게 말씀드렸다. "생각을 말씀해주세요. 잘 들을게요. 하지만 최종 결정은 우리가 내려요."

3. **우리 딸들의 부모는 우리예요.** 딸들이 뭘 먹고, 언제 잠자리에 들고, 태도가 어떻고 하는 문제로 우리를 비난하는 말씀은 사실 딸들뿐만 아니라 우리의 부부관계까지 평가하시는 겁니다. 부모로서 우리도 의견이 맞지 않을 때가 있는데, 갑자기 어머니가 우리 부부 사이에 끼어들고 계시죠. 어머니를 무척 사랑하지만, 그러지 말아주세요.

이런 규칙을 정해놓는다 해도 가끔은 이런저런 문제가 생기고, 어머니들은 우리의 자녀 교육 방식이 틀려먹었다고 비난할 것이다. 하지만 린다와 나는 우리의 방식이 결국에는 옳다는 사실을 알고 있다.

그래도 아이들의 할아버지, 할머니가 가족에게 미치는 영향은 아주 긍정적이기 때문에, 적절한 규칙을 정하고 적절한 담장을 지어 올릴 수만 있다면 큰 도움을 받을 수 있다(물론 가끔은 마음에 상처를 받을 수도 있지만). 조부모는 인류의 역사가 시작된 후로 언제나 비장의 카드 같은 존재였다. 하지만 그 패를 유리하게 사용할 줄 알아야 완전한 이득을 얻을 수 있다.

10

똑소리 나는 공간 활용법

가구 배치를 바꾸면
가족이 행복해진다

나는 생활공간이나 소지품 등으로 사람의 성격을 읽을 수 있다는 스눕snoop의 개념에 매혹되어 스누퍼snooper를 우리 집에 초대했다. 그것도 그냥 스누퍼가 아니라 그 분야의 토머스 에디슨이라 할 만한 샘 고슬링Sam Gosling이었다. 영국 출신의 온화한 남자인 그는 스케이트보드를 즐기는 10대처럼 날씬한 체격에, 빅토리아 시대 풍의 덥수룩한 콧수염을 기르고, 컨트리 음악을 하는 피들 연주자처럼 바스락거리는 옷을 입고 있다. 그는 지금 텍사스 주 오스틴에서 심리학 교수로 재직 중이다.

고슬링이 자신의 연구 분야에 이름 붙인 스누폴로지Snoopology는 사람들의 집이나 다른 개인적인 공간들을 돌아다니면서 사람들과 그들의 환경이 어떻게 서로 영향을 주고받는가를 파악하는 과학이다. 고슬링에게 우리 집을 보여주고 싶었던 이유는 같은 지붕 아래에 사는 것이 가족에게는 가장 어려운 일 가운데 하나이기 때문이다. 자질구레한 집안일은 부부 사이에 해결해야 할 상당히 골치 아픈 문제이며, 어질러진 방은 부모와 자녀들 간의 싸움을 일으키는 가장 큰 원인이다. 가족이 영리하게 공간을 공유하는 비법만 알아낸다면 우리 가족의 생활을 개선하는 데 큰 도움이 될 것 같았다.

물론 린다는 내 생각에 찬성한 후, 고슬링이 오기 전 일주일 동안 어지럽게 쌓여 있던 물건들을 정신없이 치우고 드라이클리닝한 옷들을 옷장으로 마구 쑤셔넣었다. 마치 우리 생활에 낀 지방을 제거하는 수술을 하는 듯한 느낌이었다. 아내가 그렇게 걱정할 만했다. 고슬링은 우리 집으로 겨우 두 발짝 들여놓자마자 스누핑 작업에 들어갔다. 그는 먼저 그곳에 놓여 있던 2미터 높이의 미얀마 북 두 개에 대해 이야기했다.

"이 북들도 그 주인의 개성을 뚜렷이 보여주지요." 그는 재미있어 하는 듯한 표정을 지으며 천천히 말했다. "문화 유물들을 많이 가지고 있다는 건 아주 개방적인 사람이라는 의미입니다. 하지만 내가 이 북을 조금만 움직여도 당신이 얼른 제자리로 되돌려놓을 것 같은 기분이 들어요. 그건 신경증에 가까운 성실성이겠지요."

아직 문도 닫지 않았는데 그는 벌써 우리 가족을 읽어내고 있었다!

그는 오른쪽으로 몸을 돌려, 친구들이 쓴 책들을 가득 꽂아놓은 책장으로 갔다.

"당신이 책장을 여기 둔 건 어떤 메시지를 전하기 위함입니다." 고슬링이 말했다. "당신은 작가죠. 하지만 이 모든 사람들과도 연결되어 있어요. 거기다 한 분야에 집중된 것이 아니라 아주 다양한 책들이 있죠. 그건 외향성을 보여주는 증거예요."

고슬링에 따르면, 다섯 가지 주된 성격 가운데 세 가지, 즉 개방성, 성실성, 외향성은 생활공간에 뚜렷이 드러난다고 했다. 나머지 두 성격인 친화성과 신경성은 좀 더 내적이다.

"사람들이 본모습을 감추고 남을 속이려 드는 것처럼 보일 때가 많지만, 사실은 그렇지 않습니다." 고슬링이 말했다. "사람들은 자기를 알리고 싶어 해요. 그래서 공간을 보면 아주 많은 걸 알 수 있죠. 대화를 나누기보다 집을 보면 그 사람과 그 가족에 대해 더 많은 걸 알 수 있어요."

바로 그때 린다가 나타났고, 나는 고슬링을 거실로 안내했다.

"잠깐만요." 그가 말했다. "아직 여기를 다 못 봤어요. 사람들이 보여주기 싫어하는 장소가 가끔은 흥미로운 진실을 가장 많이 드러내주기도 하죠." 그는 옷장으로 고개를 돌렸다. "여기 안은 아직 못 봤는데." 린다가 헉 하고 깜짝 놀라는 소리가 들렸다. 나는 긴장되어 어깨가 굳었다. 그가 옷장 문을 열었다.

"이런!" 그가 말했다. "이제야 여러분의 진짜 모습이 보이기 시작하는군요."

우리가 초대한 사람은 알고 보니 스누핑의 프로이트 박사였다.

더 행복한 집

나는 가족과 공간을 떼어놓고 생각할 수 없다. 아버지는 건축업자였고, 그래서 내가 어릴 적에 공사 중인 집을 지나칠 때마다 아버지는 어떤 흙을 쓰고 있는지 확인하셨다. 어머니는 미술 교사이자 화가셨다. 그래서 우리는 문을 다른 색깔로 칠하거나, 바닥가재 잡는 통발로 테이블을 만들거나, 보드게임에서 사용하는 집들, 장난감 병정들, 주사위 등을 물고기 인형에 붙이거나 하는 엉뚱한 일을 집 안에서 끊임없이 했다.

린다가 자란 보스턴 외곽의 집은 레이스 모양의 창문 장식, 페이즐리 무늬 벽지, 미국 특유의 꼿꼿이 선 가구들로 꾸며져 훨씬 더 전통적인 분위기를 풍겼다. 나의 어머니는 거실 테이블에 피스타치오로 가득한 막자사발을 올려두셨다. 린다의 어머니는 은은한 색의 박하사탕을 담은 크리스털 유리 접시를 테이블에 올려놓으셨다. 린다와 내가 결혼해서 함께 집을 꾸밀 때 여긴 힘들었던 것이 아니다. 아내가 두 딸을 낳고 나서 브루클린에 있는 우리의 적갈색 사암 집이 아기침대, 유모차, 구토 얼룩으로 가득 채워지자 문제는 훨씬 더 심각해졌다.

공간에 대해 서로 다른 생각을 하는 사람들이 어떻게 하면 하나의 집을 아름답게 꾸밀 수 있을까? 어떻게 하면 아이들을 그 집으로 자연스레 융화시키고 집을 존중하도록 가르칠 수 있을까? 가족을 위한 더 행복한 집을 만들려면 어떻게 해야 할까?

래리 웬트Larry Wente는 이런 문제에 가장 신중하게 접근한 사람이다. 교회에서부터 병원에 이르기까지 온갖 건물들을 설계한 맨해튼의 건축가 래리는 우리가 이사 갈 집의 개조를 도와주었다. 우선 그는 우리에게 질문지를 한 장 보내면서 다음의 세 가지 질문에 집중하라고 당부했다.

1. 새 집이 어떤 모습일지 상상하면서 열 개의 형용사로 묘사해보십시오.
2. 여러분이 좋아하는 건물은 무엇입니까? 그 이유는요?
3. 예전에 살던 집에서 기억에 남을 만큼 특색 있거나 중요한 곳이 있나요?

래리는 집을 함께 지으려면 우선 각 개인이 가장 편안하게 느끼는 공간 유형을 파악해야 한다고 설명했다. "사람은 누구나 자신만의 환경을 구성하고 창조하려는 근본적인 욕구를 가지고 있어요. 그게 바로 인간이죠." 그리고 어린 시절부터 자신만의 공간이라는 개념이 시작된다. 어디서 놀고, 부모님을 피해 어디에 숨고, 가장 기억에 남는 곳이 어디인가 하는 질문은 자기의 본모습을 그대로 드러낼 수 있는 편안한 곳이 어디인가를 찾는 데 도움이 된다. "그 기억들을 이용하면 자신이 어떤 공간을 원하는지 알 수 있습니다"라고 래리는 말했다.

린다와 나는 몇 가지 중대한 차이점을 발견했다. 린다는 어릴 적에 거실에는 거의 들어가지 않았다고 했다. 그녀의 가족은 부엌과 주방을 하나로 튼 넓은 공간에 모였고, 그래서 린다는 그곳에서 안정감과 친밀감을 느꼈다. 내게 부엌은 그저 음식을 준비하는 장소에 지나지 않았다. 우리 가족은 식당이나 거실에 모였고, 나는 그곳에서 가장 편안함을 느꼈다.

이 차이점을 파악하고 나면 어떻게 되는 걸까?

"이제 타협점을 찾아야지요." 래리가 말했다. "누가 요리를 더 많이 하는지 판단한 다음 주방을 그 사람 중심으로 설계하면 됩니다. 누가 텔레비전을 더 많이 보고 자신만의 시청 공간을 필요로 하는가? 누가 책읽기를 더 좋아하는가? 중요한 것은 모두가 자신만의 공간을 소유할 수 있어야 한다는 겁니다."

래리의 접근법은 1970년대의 유명 건축자 크리스토퍼 알렉산더 Christopher Alexander의 영향을 받은 것이었다. 1977년, 캘리포니아 대학 버클리 캠퍼스의 교수였던 알렉산더는 모든 효율적인 공간이 공통적으로 가진 253개의 '패턴'을 소개한 《패턴 랭귀지 A Pattern Language》라는 기발한 책을 (여러 동료와 함께) 발표했다. 개인 주거지가 갖추어야 할 패턴에는 실내 채광, 무대로서의 계단, 다양한 조명도, 농가형 부엌, 부부의 공간,

아이들의 공간, 벽감, 다양한 천장 높이, 개방된 선반, 쭉 이어진 휴식 공간 등이 포함되었다. 상상 속에서나 가능할 것 같은 이야기다!

하지만 이 패턴들을 각자의 형편에 맞게 응용하여 집을 더 효율적으로 꾸밀 수 있다고 래리는 말했다. 그리고 몇 가지 방법을 제안했다.

사생활

알렉산더는 성공적인 집들이 꼭 가지고 있는 세 가지 유형의 공간을 소개했다.

1. **개인적인 공간.** 각자가 혼자 사용하는 공간.
2. **공유하는 공간.** 부모 혹은 자녀들 같은 소집단이 사용하는 공간.
3. **공공의 공간.** 모두가 사용하는 공간.

공간이 제한된 장소에 살고 있다면 좀 더 넓은 공간 내에 작은 은신처들을 만들라고 알렉산더는 권했다. 연구 결과에 따르면, 여성들은 아늑한 장소를 선호하는 반면, 남성들은 높거나 넓게 트인 공간을 좋아한다. 그런데 대부분의 집은 남성이 설계하기 때문에, 천장과 입구는 그리도 높고, 거실은 여성들 눈에 휑뎅그렁하고 인간미가 없어 보이는 것이다.

해결책은 널찍한 공간을 잘게 나누는 것이다. 책장, 화분 혹은 칸막이 등을 이용하여 컴퓨터실이나 작업실을 만들고, 안락의자 두 개를 창가로 가져가 창밖이 내다보이는 개인 은신처를 만들어라. 집 안에서 가장 독특한 곳을 찾아, 베개 몇 개와 램프를 가져다놓고 성인들만의 요새로 삼는 것도 좋다.

특히 아이들에게는 그들만의 공간이 꼭 필요하다. 아이들은 지하실이

나 나무 위의 집 같은 '비밀' 은신처를 만들기를 좋아한다. 아이들이 한방에서 같이 잔다면 작은 융단들, 개인 독서등, 이름의 머리글자를 새긴 베개 등을 사용하여 각각의 아이가 자신만의 공간을 가질 수 있도록 해주어야 한다.

색채

빛깔의 밝기와 채도가 사람들의 기분에 어떤 영향을 미치는가에 대해 이야기해주는 방대한 문헌이 있다. 연령, 성별, 소득 수준에 상관없이 전 세계 사람들이 가장 좋아하는 색깔은 파란색이다. 파란색은 하늘과 바다를 연상시키며, 무한하고 고요하며 평온한 색으로 여겨진다. 초록색, 빨간색, 검은색, 갈색 역시 인기가 높지만, 노란색은 별로 인기가 없다. 비 오는 날의 빛깔인 회색은 가장 흉한 색으로 자주 꼽힌다(내가 좋아하는 오렌지색은 사람을 호들갑스럽게 만드는 경향이 있다. 그래서 패스트푸드점에서는 손님 회전율을 높이기 위해 오렌지색 쟁반을 사용한다. 사람들이 음식을 허겁지겁 먹어치우고 나가게 되기 때문이다).

그렇다면 색깔을 어떻게 사용해야 가족에게 도움이 될까?

- **아이들 방에는 밝은 색을 사용하라.** 특히 아이들에게는 밝고 선명한 색깔이 긍정적인 감정을 불러일으키고, 어두운 색깔은 부정적인 감정을 유발한다.
- **어른 방에는 한 가지 색을 사용하라.** 같은 색깔을 다양한 명도로 사용하면 편안한 분위기를 만들 수 있다. 다만, 병원을 연상시키는 흰색과, 시험지 채점에 사용되는 펜을 연상시켜 힘든 과제를 빨리 포기하게 만드는 빨간색은 피하는 것이 좋다.

- **부엌에는 따스한 느낌을 주는 색을 사용하라.** 부엌을 가족끼리 오붓하게 어울릴 수 있는 공간으로 만들고 싶다면 따스한 느낌의 색조들, 즉 빨간 토마토, 녹색 사과, 주황색 호박 등을 연상시키는 색깔을 쓰는 것이 좋다. 하지만 이런 색들은 식욕을 북돋아주니, 가족들과 신나게 어울리다가 뚱보가 되지 않도록 조심해야 한다.

조명

마지막으로, 소명은 낮추는 것이 좋다. 1950년대의 연구에 따르면, 은은한 조명은 사람들 간의 상호작용을 더욱 수월하게 만들어준다. '조명 심리학의 아버지' 존 플린John Flynn은 조명이 은은하면 긴장이 풀리고 걱정이 사라져 좀 더 친밀하게 말하고 속마음까지 털어놓게 된다는 사실을 밝혀냈다. 동생의 알코올 중독 문제를 상의하거나 힘든 하루를 보낸 배우자의 기운을 북돋아주거나 실연한 아들을 위로할 때 중요한 것은 분위기이다. 조명을 낮출수록 더욱더 애정 깊은 대화를 나눌 수 있다.

배우자보다는 공간을 바꾸기가 더 쉽다

공간을 설계하는 방법을 알았다면, 이제 '그 공간에서 어떻게 살아야 할까?'라는 의문이 남는다. 우리는 샘 고슬링에게서 바로 그 답을 얻고 싶었다.

고슬링이 본 우리 옷장의 모습은 이랬다.

린다는 바닥에 수북이 쌓여 있는 딸들의 옛날 옷들, 맨 위 선반에 엉망으로 뒤섞여 있는 나무탈들, 짝이 잘못 지어진 옷걸이들을 보고는 민망해했다. 하지만 고슬링은 의외의 반응을 보였다. "내가 본 옷장 중에 가장

정리가 잘 되어 있네요!"

린다는 충격에 휩싸였다.

"우산꽂이가 있고, 거기에 우산이 들어가 있잖아요. 쟁반들을 넣을 자리도 있고요. 아이들이 언제든 등교할 수 있게 준비가 되어 있군요. 하지만 제가 처음 보는 것이 하나 있습니다. 여분으로 준비해두신 생수 한 상자. 물건이 떨어지기 전에 미리 대비하는 건 성실함의 전형적인 증거죠."

"하지만 지저분해 보이지 않으세요?" 린다가 물었다.

"항상 이런 경우를 겪는데, 사람들은 자기 집을 제대로 평가할 줄을 몰라요. '들어오지 마! 집이 엉망진창이야'라고 하지만 막상 들어가 보면, 꽃병이 테이블 한가운데에 놓여 있지 않거나 의자가 제자리에서 빠져나와 있는 게 고작입니다. 이 정도로 정리되어 있는 걸 부러워하는 사람들이 많을 겁니다."

그는 옷장에 조심스럽게 보관되어 있는 일본 서예 작품 한 점, 컨트리 음악이나 살사 음악이 담긴 CD들을 가리켰다(컨트리 음악은 내 것, 라틴 음악은 린다의 것이었다). 그는 CD들이 다른 물건들 뒤에 있는 걸 보니 자주 사용하지 않는 모양이라고 말했다. 그의 말이 옳았다. 우리가 20~30대에 자주 듣던 음악이었다.

"이 모든 물건이 여러분의 성격을 일부 드러내줍니다." 고슬링이 말했다. "하지만 여러분 삶의 우선순위가 바뀌면서 물건들의 위치도 변했죠. 이제는 음악을 듣는 것보다 아이들을 늦지 않게 학교에 보내는 일이 두 분에게 더 중요해진 겁니다."

옷장만 보고 우리의 인생에 대해 이야기하는 그가 참으로 놀라웠다. 우리가 그렇게 속이 빤히 들여다보이는 사람들인가? 그가 설명하기를, 심리학자들은 사람들의 성격을 파악하도록 훈련을 받지만 가족들도 저마다의 성격을 지니고 있다고 했다. 집이 그 성격에 어떤 영향을 미치는가를 이해하면 그 공간 안에서 잘 지낼 수 있다.

한 가지 간단한 방법은 고슬링이 말하는 '감정조절장치feeling regulators'를 사용하는 것이다. 감정조절장치란, 신혼여행에서 산 기념품이나 아이들의 그림처럼 우리가 함께한 행복한 시간을 떠올리게 하는 물건들을 말한다. 이들은 추억 속의 그리운 음식처럼 우리를 따스하게 위로해준다.

그중 가장 강력한 것은 사진이라고 고슬링은 말했다. 뇌 연구에 따르면, 우리는 어떤 사람의 이미지를 볼 때 무의식적으로 '친구' 혹은 '적'으로 간주하게 된다. 그 결과가 만약 '적'이라면 우리의 본능은 달아나는 것이고, '친구'라면 우리는 긴장을 푼다. 가족사진이 특히 강한 힘을 지니고 있다. 갓난아기의 엄마는 아기의 사진을 보기만 해도 소위 포옹 호르몬이라는 옥시토신이 분비되어 젖내림을 하기도 한다. 고슬링은 사람들이 집의 여기저기에 사진을 두는 것은 '가벼운 사회적 소속감social snacking', 즉 이별의 고통을 달래주는 작은 만남을 갖기 위해서라고 말한다. 성인의 85퍼센트는 사랑하는 이들의 사진을 책상 위에 두거나 지갑이나 휴대전화 안에 보관한다고 한다.

고슬링은 거실로 들어가자마자 맨 먼저 사진에 대해 이야기했다. 우리 거실은 소파 하나와 의자들, 책장 두 개, 베두인족 양탄자, 모로코풍의 문짝으로 만들어진 커피 테이블, 어머니가 그린 타이비 아일랜드 그림으로 꾸며져 있다. 사진은 한 장도 없다.

"어쩌면 두 분이 생각보다 외향적인 사람이 아닐지도 모르겠군요."

그의 설명에 따르면, 외향적인 사람은 얼굴이 뚜렷하게 나온 사진들로 집 안을 장식하는 경향이 있다고 했다. 또 성악곡을 좋아한다는데, 우리 집 거실에는 음향 조절 장치도 없다(거의 사용하지 않아서 다른 곳으로 치워 버렸다).

"의자가 있기는 한데, 많은 사람이 앉도록 배치되어 있지는 않네요." 그가 말을 이어나갔다. "두 분은 세상 밖으로 나가면 외향적이지만, 집에 오면 두 분만의 시간을 즐기시는 것 같군요. 책을 읽거나 잡담을 나누면서요. 두 분은 이 공간을 '다른 사람들로부터 벗어나기 위해' 사용하고 있는 겁니다."

고슬링의 설명을 듣다 보니 우리 집을 새로운 시각으로 보게 되었다. 바깥세상을 담고 있는 상징물들이 집 안에 많이 있긴 하지만, 우리 집은 어디까지나 우리를 위한 공간이다. 친구들이 아닌 우리를 위해 설계된 곳이다. 그의 말을 듣고 나서는 우리 가족에게 더욱 초점을 맞추고픈 마음이 생겼다. 우선 가족사진을 더 뽑아야 할 것이다. 우리 네 가족뿐만 아니라, 마셜 듀크의 '알고 있나요?' 척도를 생각하면 부모님이나 조부모님의 사진도 뽑아야 한다. 그리고 아이들의 예술 작품들로 집 안을 장식할 수 있도록 좀 더 의식적으로 노력해야 한다. 또, 두 딸이 태어나기 전 우리 부부가 다녀온 여행의 기념품들과 아이들과 함께 다녀온 여행의 기념품들 간에 균형을 잘 잡아야 한다.

고슬링은 이런 물건들이 있으면 우리가 서로를 긍정적으로 느낄 수 있다고 생각한다. 하지만 서로를 죽이고 싶게 만드는 물건들, 그러니까 지저분하게 어질러진 물건들은 어떨까? 이에 대한 대화를 나누기 위해 우리는 위층으로 올라갔다.

어질러진 방은 가족 간 불화를 일으키는 가장 큰 원인 중 하나다. 컬럼비아 대학 교수이자 《완벽한 혼란A Perfect Mess》의 저자인 에릭 에이브러햄슨Eric Abrahamson에 따르면, 부부의 80퍼센트가 어질러진 공간에 대한 의견 차이로 결혼생활에 갈등을 겪고 있다고 한다. 12명 중에 한 명은 바로 그 갈등을 별거나 이혼의 한 요인으로 지목했다.

이 갈등은 일부분 성별에서 비롯된다. 남성과 여성이 애착을 느끼는 집 안의 물건이 서로 다르다는 연구 결과가 있다. 남성은 열심히 일하고 무언가를 연마할 수 있는 공간을 아낀다. 그래서 컴퓨터, 스테레오 장치, 혹은 낚시 도구가 있는 공간을 좋아한다. '남자만의 공간'이라는 것이 진짜 있다. 반면, 여성은 집에 대해 좀 더 사회적인 관점을 가지고 있어서, 앉아서 잡담을 나눌 수 있는 분위기를 만들어주는 과자 접시나 푹신푹신한 쿠션처럼 사람들 간의 교감을 높여주는 물건들에 한없는 관심을 쏟는다. 여성이 생각하는 휴식처의 개념은 남들을 위해 일하는 곳(이를테면 남성들의 공구실 같은 곳)이 아니라, 남을 위해서는 아무것도 할 필요가 없는 곳(예를 들면 욕조)이다.

하지만 문제는 성별이 아닌 듯하다. 진짜 문제는 자기 미화이다. 대니얼 카너먼은 남편과 아내 모두 청소에 자신이 기여하는 정도를 지나치게 강조한다는 사실을 발견했다. 《생각에 관한 생각》에서 카너먼이 인용한 한 연구는 부부들에게 정리정돈이나 쓰레기 버리기 같은 집안일에 소비하는 시간을 추정해보게 했다. 그 결과, 여성과 남성 모두 실제보다 더 많은 시간을 답했다. 카너먼에 따르면, 이 정보의 위력은 무척이나 대단해서 사실을 알게 된 부부들의 다툼이 줄어들 정도였다. 자기가 억울하게 더 많이 일하고 있는 것 같겠지만, 배우자도 똑같이 생각하고 있다는 걸 명심하라고 카너먼은 말했다.

이 정보가 우리에게 도움이 될까?

위층으로 올라가면서 나는 고슬링에게 보라며, 린다가 잔뜩 쌓아놓은 물건들을 손가락으로 가리켰다. 식탁에는 그녀의 컴퓨터 옆으로 서류 뭉치가 쌓여 있고, 계단에는 우편물들이 수북했다. 우리 방으로 들어가 보면, 내가 사용하는 공간은 완벽까지는 아니어도 그런대로 정돈이 되어 있는 반면, 아내 쪽은 읽지 않은 잡지들, 읽지 않은 책들, 미납 고지서들이 여기저기 무더기로 쌓여 있었다. 이런 환경을 견디고 사는 난 정말 참을성 많은 남편 아닌가?

내 착각인 모양이었다. 고슬링은 쌓여 있는 무더기의 부피가 아니라 그 질서정연함에 놀라워했다. "이건 어질러놓은 것도 아닙니다. 나름대로 체계가 있잖아요. 책들은 모두 부인이 읽고 싶어 하는 것들이고, 고지서들은 집게로 집은 다음 고무줄로 묶어놨죠. 지저분하게 어질러놓고는 그냥 감수하는 사람과 어질러놓기는 하지만 정돈된 생활을 강렬히 원하는 사람은 다릅니다. 부인은 분명 후자 쪽이에요."

린다의 얼굴은 밝아졌고, 밤마다 큰 소리로 불평하던 나는 머쓱해졌다. "맞아요!" 아내는 흐뭇한 표정으로 말했다. "내가 쌓아놓은 물건들에는 다

깊은 뜻이 있어요. 이 책들은 언젠가 읽을 거예요! 고지서 요금들은 주말까지 납부할 거고요! 난 조금 욕심 부린 죄밖에 없어요."

고슬링이 고개를 끄덕이자, 린다는 이제 나를 공격했다. "하지만 남편은요! 난 다 이유가 있어서 이렇게 물건들을 쌓아놓지만, 깔끔한 게 좋다는 사람이 우유 하나 냉장고에 집어넣는 걸 못 봤다니까요."

결국 우리의 싸움은 다시 제자리로 돌아갔다.

"함께 살면서 극복해야 할 부분입니다." 고슬링은 서글서글하게 말했다. "두 분 다 체계적인 사람인데 차이가 있을 뿐이에요. 한 공간을 공유하려면 두 사람 모두 심리적으로 만족할 수 있는 타협점을 찾아야 해요. 배우자보다는 공간을 바꾸는 게 훨씬 더 쉬우니까요." 결국 고슬링의 방문을 통해 내가 얻은 교훈은 사람보다는 공간에 초점을 맞추어야 한다는 것이다. 이제 나는 물건들을 쌓아놓는 린다가 아니라 그 물건들 자체를 탓한다. "여보, 침대 위에 잘 정리해둔 물건들 중에 몇 개는 당신 자리 쪽으로 조금만 옮기면 안 될까?"

부엌에 관해서는 그곳에서 더 많은 시간을 보내는 아내의 규칙을 따를 수밖에 없었다. 가끔은 이 점을 이용해먹기도 했다. "미안, 오늘 저녁에는 설거지 못하겠어. 당신 공간을 침범할 순 없잖아." 하지만 효과가 없었다. 가끔은 쓰레기 버리는 일이 귀찮아서 스누폴로지를 핑계로 대기도 한다.

공간 코치의 조언

한 발 더 나아가, 가족의 관계를 더 끈끈하게 만들기 위해 집에서 비용을 들이지 않고 실천할 수 있는 구체적인 일은 없을까?

샐리 오거스틴Sally Augustin은 자칭 '공간 코치'이다. 전 세계에서 활동하고 있는 100명의 환경 심리학자 가운데 한 명인 그녀는 시카고에 디자인 위드 사이언스Design with Science를 설립하였으며 많은 기업들이 그녀를 컨설턴트로 찾고 있다. 그녀는 188센티미터 키에 옷을 잘 입고, 머리칼이 오렌지색이다.

"나는 공간에 들어가면 인간의 정신을 검사해요." 그녀가 말했다. "환경이 그 주인의 욕구를 충족시키고 있는지 평가하는 거예요. 그런 다음 바꾸어야 할 점들을 제안하죠."

오거스틴은 직원들이 좀 더 생산적으로 일할 수 있는 공간을 설계해달라는 요청을 자주 받는다. 그녀는 고용주들에게 천연재료를 많이 사용하고, 채광을 최대화하며, 직원들이 자신만의 공간을 가질 수 있게 해주어야 한다고 조언한다. 우리 집의 경우에는 목표가 조금 다르다고 그녀는 말했다. "하루 동안 있었던 일을 혼자서 조용히 정리할 시간도 필요하지만, 아무리 내향적이라도 인간은 사회적 동물이기 때문에 살기 위해서는 다른 사람들과 어울려야 해요."

그렇다면 집에 어떤 변화를 주어야 가족 간의 소통이 원활해질 수 있을까?

1. 소파를 원 모양으로 배치하라

1957년, 험프리 오스먼드Humphrey Osmond라는 캐나다 의사는 서스캐처원 주에 있는 한 정신병원의 환자들이 서로 마주보고 있을 때 상대에게 더 친절해진다는 사실을 발견했다. 반면, 가구를 벽에 쭉 세우거나 횡렬로 놓자 사람들은 덜 상냥해졌다. 오스먼드는 전자를 '집集사회적'(방사 형태) 배치, 후자를 '이離사회적'(격자 형태) 배치라고 불렀다. 그가 만들어낸 용어는 지금까지도 계속 사용되고 있다. 성공적인 가족모임을 갖고 싶다면 U, L, V자 형태가 아닌 O자 형태로 앉는 것이 좋다.

2. 모나리자처럼 앉아라

우리 집을 개조할 때 래리 웬트가 거실의 가구들이 서로 너무 멀리 떨어져 있다고 지적했다. 나는 그의 말을 무시했지만 내 생각이 틀렸다. 연구 결과에 따르면, 미국인들은 다른 사람과 앉을 때 45센티미터보다는 멀리 1.6미터보다는 가깝게 앉는 것을 좋아한다. 1.6미터의 간격은 '초상화' 거리라고 불린다. 레오나르도 다 빈치나 렘브란트 같은 화가들이 초상화를 그릴 때 바로 그 거리를 사용했기 때문이다. 그 거리에 있으면 대상의 몸통을 편안하게 관찰하고 얼굴과 손의 미세한 움직임까지 포착할 수 있다. 더 가까이 앉으면, 상대의 머리가 너무 커 보이고, 상대의 체취 때문에 주의가 흐트러질 수 있다. 더 멀리 떨어져 있으면, 눈과 귀를 바짝 긴장시켜야 하며, 딴 곳으로 정신을 팔기가 쉬워진다.

3. 파리 사람처럼 먹어라

과학자들은 사람들을 직사각형 테이블에 앉혀놓은 다음, 그들이 자신의 옆, 맞은편, 대각선상에 앉은 사람들과 나누는 대화를 평가했다. 맞은편에 앉은 사람들은 두 유형으로 나뉘었다. 절반은 담소를 나누었고, 절반은 이견으로 대립했다. 직각으로 앉은 사람들은 이야기를 많이 나눈 데 비해, 파리의 카페에서처럼 나란히 앉은 사람들은 협력하는 모습을 많이 보였다. 중요한 대화를 나누는 자리라면 나란히 앉는 것이 좋다.

4. 같은 높이, 같은 자세로 앉아라

어머니들의 말씀이 옳았다. 자세가 중요하다. 아내와의 '저녁 7시 42분의 결투'에서 나는 보통 책상에 꼿꼿이 앉아 있고, 아내는 회전의자에 나보다 15센티미터 정도 낮게 앉아 있었다. "그러면 안 돼요!" 오거스틴이 말했다. "더 높이 앉아서 내려다보면 상대에게 위압감을 줄 수 있어요." 다리를 책상에 올리거나, 목 뒤로 깍지를 끼거나, 클립보드처럼 빳빳한 물건을 들고 있는 것도 위압감을 줄 수 있다.

오거스틴이 설명하기를, 고압적인 자세를 취하고 있는 사람은 남성 호르몬인 테스토스테론이 많이 분비되고 스트레스 호르몬인 코르티솔이 줄어들며 우월감이 높아지는 반면, 더 낮게 앉거나 구부정한 자세를 취하거나 팔짱을 끼고 있는 사람은 방어적이고 화를 잘 낸다고 했다. 따라서 의미 있는 대화를 나누려면 같은 높이, 같은 자세로 앉아야 한다. 꼿꼿이 앉든 드러눕든 모두가 똑같은 자세를 취하고 있다면 상관없다.

5. 푹신한 곳에 앉아라

우리 가족이 아침식사용 식탁에서 푹신한 의자에 앉아 가족회의를 연다고 말하자, 오거스틴은 잘하고 있다며 칭찬해주었다. 푹신한 곳에 앉으면 사람들이 더 친절해진다면서 말이다. 2010년 MIT, 하버드 대학, 예일 대학의 교수들이 발표한 흥미로운 연구 논문에 따르면, 사람들은 딱딱한 나무의자에 앉으면 더 엄격하고 완고해진다. 반면, 쿠션을 댄 푹신한 의자에 앉으면 좀 더 융통성 있고 싹싹하며 관대해진다.

"딸들에게 통금시간에 대해 이야기할 때는 푹신한 의자에 앉아서 하는 게 좋아요. 그러면 편견 없이 열린 마음으로 상대의 의견을 듣고 좀 더 타협적인 대화를 할 수 있어서 싸움도 줄어들거든요."

오거스틴의 조언에 따라 우리는 몇 가지 큰 변화를 주었다. 린다와 나는 내 작업실이 아닌 거실이나 침실에서 중요한 대화를 나누기로 했다. 그리고 가족회의를 열 때 어느 한 의자가 왕좌가 되는 것을 막기 위해, 앉는 자리를 돌아가며 바꾸기로 했다. 또한 래리의 지적을 받아들여 거실의 가구를 좀 더 가까이 둥글게 배치했다. 이 모든 일에 든 비용은 0달러였다.

멋진 일

우리는 래리의 또 다른 조언도 따랐다. 아이들이 원하는 집의 모습에도 주의를 기울인 것이다. 래리는 일곱 살짜리 아이에게도 가장 편안하게 느끼는 공간 유형을 묻는 질문지를 작성하게 한다고 했다. "아이들 기억력이 얼마나 대단한지 깜짝깜짝 놀라게 돼요. 그리고 그런 질문에 답한 아이는 자기 주변 환경에 대한 주인의식이 강해지죠."

어느 날 점심시간에 우리는 두 딸과 함께 외식하면서, 아이들 눈높이에 맞추어 수정한 래리의 세 가지 질문을 던졌다. 첫 질문은 "갖고 싶은 집의 모습을 열 개의 단어로 표현해보라"였다. 아이들의 답은 다음과 같았다.

에덴

큰 수영장	예쁜 색깔
항상 깨끗한 집	2층침대
하트 모양 방	화실
아이스크림 가게	푹신푹신한 베개
서재	타이비

타이비

책이 많은 집	수영장
즐거운 분위기	사탕
보드게임	깨끗한 집
베개	강이 내려다보이는 집
겨울에는 따뜻하고 여름에는 시원한 집	에덴이 사는 집

나는 아이들의 상상력에 큰 감명을 받았다. 하트 모양 방! 아이스크림 가게! 푹신푹신한 베개! 라스베이거스의 고급 호텔 방을 연상시키는 답들이었다. 더 눈에 띄는 점은 두 딸의 답이 아주 비슷하다는 것이다. 둘 모두 수영장과 서재를 원했고, 자매와 함께 살고 싶어 했다. 아이들이 작성한 목록과 린다와 내가 작성한 목록(역시 색깔, 햇빛, 책이 포함되어 있었고, '일본 온천 풍 욕실' '널찍하게 트인 토스카나 양식의 부엌'처럼 린다의 기분 좋은 상상이 투영된 답들도 있었다)을 서로 비교해보자 일정한 패턴이 보이기 시작했다.

"정말 비슷해요!" 공통적인 단어들을 보더니 타이비가 말했다.

"큰 수영장만 빼고." 린다가 덧붙였다.

"우리가 가장 갖고 싶었던 게 수영장인데!" 에덴이 말했다.

다음 질문은 "좋아하는 건물은 무엇이고, 좋아하는 이유는 무엇인가?"였다. 린다는 바르셀로나에서 아직 건설 중인 가우디의 성가족 교회를 꼽았다. 나는 모세가 십계명을 받았다고 하는 산의 기슭에 지어진 시나이 반도의 성녀 카타리나 수도원이 마음에 든다고 말했다. 타이비는 케이프 코드에 있는 외갓집 근처의 해변 호텔이 좋다고 말했다. "수영장도 두 개나 있고 근처에 바다도 있고, 하고 싶은 대로 다 할 수 있잖아요!" 에덴은 우리가 한 번 묵은 적 있는 이탈리아의 호텔이 좋다고 했다. "우리 넷이 다 한방에서 잤고, 창문도 엄청 크고 흰색 커튼이라 밖이 다 보였잖아요."

나는 갑자기 우리 가족 사명서가 떠올랐다. "우리의 첫 말은 모험, 마지막 말은 사랑이기를." 모든 답에 우리의 탐험정신이 빛을 발하고 있었다.

하지만 가장 의미 있는 답들이 나온 것은 "추억이 어린 장소 중에 가장 좋아하는 곳은 어디입니까?"라는 세 번째 질문을 던졌을 때이다. 나는 타이비 아일랜드라고 말했다. 린다는 항구가 내려다보이는 그녀의 친정집이라고 답했다. 타이비는 우리가 자주 찾아가는 버몬트 주의 친구네 농장이라고 답했다. 에덴은 집 근처의 놀이터가 좋다고 말했다. "태어나서 해마다 거기 갔잖아요. 그래서 거기 가면 내가 아기였을 때가 생각나요."

네 장소 모두 우리를 따스하게 감싸주는 듯한 포근한 느낌의 공간이었다.

우리의 행복에 공간이 중대한 역할을 한다는 사실을 다시 한 번 실감한 후, 린다는 우리 모임의 주된 이유를 지적했다. "우리가 바라는 이상적인 집이 어떤 건지 알았으니까 이젠 현실적인 이야기를 해야지." 아내는 우리 모두 우리의 실제 집에서 함께 살아야 하고, 그러려면 그 집을 깨끗하게 유지하는 일에 모두가 참여해야 한다고 말했다.

그런 다음 우리는 집에 대한 아이들의 책임감을 더 키워주기 위해 세워둔 계획을 밝혔다. 30분짜리 일과 15분짜리 일, 이렇게 두 가지 목록을 만들어 아이들에게 매주 일정한 수의 일을 실천하게 했다. 30분짜리 일은 현관 쓸기, 빨래한 옷 개기, 매주 장보기 목록 짜기 등이었다. 15분짜리 일에는 욕실 휴지통 비우기, 화장실마다 예비용 휴지 갖다 놓기, 설거지하기 등이 포함되었다. 두 아이 모두 베개가 좋다고 해서, 15분짜리 일에 베개를 푹신하게 부풀리기도 추가해 넣었다.

린다와 나는 아이들이 울면서 투덜거릴 거라 예상했지만 그렇지 않았다. 놀랍게도 아이들이 유일하게 불만을 표한 부분은 '집안일'이라는 단어가 싫다는 것이었다. "따분한 일처럼 느껴지잖아요." 아이들은 "우리가 하는 일이 우리 집을 더 멋지게 만든다"라는 의미로 '멋진 일'이라고 부르자고 제안했다.

그러고 나서 우리는 아이들에게 집이 어떻게 바뀌었으면 좋겠느냐고 물었다. 아이들은 더 많은 베개, 체조용 매트를 놓을 자리, 정장들을 넣을 여분의 수납공간, 각자의 책을 꽂아둘 개인 책꽂이를 원했다. 모두 무리 없는 요구였다. 우리는 공동 계좌에서 돈을 뽑아 아이들이 원하는 베개를 사주기로 했다.

행복한 집을 만들려고 노력하면서 내가 얻은 교훈 가운데 하나는 세 가지 유형의 공간(개인적인 공간, 공유하는 공간, 공공의 공간)이 꼭 필요하다는 것이다. 그런 공간을 만드는 것도 어렵지만, 그보다 훨씬 더 어려운 일은 그 과정에 아이들을 참여시키는 것이다. 하지만 아이들의 참여는 중대한 일이며, 아이들이 클수록 특히 더 그렇다. 점점 더 개인 공간을 요구하는 아이들이 가족 공간과 최대한 떨어지지 않도록 하는 일이 중요해진다. 따라서 가족 공간을 설계할 때 아이들의 의견을 적극적으로 수용해야 한다.

래리의 질문지는 아이들이 장소에 대한 감각을 키우는 데 도움이 되었다. 린다는 그 질문지를 우리 가족 사명서에 비유했다. 가족 사명서는 우리의 이상적인 자아상을 분명히 밝혀주고, 질문지는 우리가 이상적으로 생각하는 집이 무엇인지 파악할 수 있도록 도와주었다. 물론 두 가지 모두 우리의 이상이었다. 그날 점심에 아이들이 놀라운 태도를 보여주긴 했지만, 우리 부부는 아이들의 방이 계속 깨끗하리라는 환상은 품지 않았다. 하지만 적어도 두 아이 모두 깨끗한 집을 '원했다'는 증거는 가지게 되었다.

우리의 과제는 아이들이 원하는 개인의 자유를 보장해주는 동시에, 집을 깨끗하게 관리하는 일에 아이들의 도움을 받아내는 것이었다. 몇 주 후 어느 날 아침식사 시간에 우리 부부는 시험대에 올랐다. 아이들이 말했다. "우리끼리 회의를 해봤는데, 우리 둘 다 노란색 방에 질렸어요. 녹색으로 칠했으면 좋겠어요."

나는 랜디 포시Randy Pausch(미국의 전직 컴퓨터공학과 교수로, 췌장암으로 사망하기 전 감동적인 마지막 강의를 남겼다-옮긴이)가 그의 마지막 강의에서 했던 말이 떠올랐다. 그는 수학 기호들로 온통 도배가 되어 있는 그의 어린 시절 방의 사진들을 보여주면서 "아이들 방은 아이들 마음대로 색칠하게 내버려두십시오"라고 말했다. 다음번에 또 스누퍼가 우리 집을 찾는다면 민트 초콜릿칩 아이스크림 색으로 칠해진 딸들의 방을 보게 될 것이다. 그리고 그 색을 누가 선택했는지 첫눈에 알아챌 것이다.

PART 3

함께하는 시간을 즐겨라

11

가족여행 점검표

게임개발자에게
가족여행의 비법을 묻다

해마다 밸런타인 주간이 되면 우리 부부는 친구 부부와 함께 더블데이트를 한다. 그런데 이번에는 캠벨과 댄이 테이블에 앉아 서로 쳐다보지도 않았다. 더블데이트에서 우리가 암묵적으로 지키는 규칙이 있었다. 아이에 대한 이야기를 하지 않는다. 정치적인 문제를 (너무 오래) 이야기하지 않는다. 부부 사이의 문제를 이야기한다.

하지만 그날 저녁 친구 부부는 입을 다물고 있었고, 그래서 부부관계에 대해 이야기를 나누기가 그리 쉽지 않을 것 같았다.

일주일 전, 그들은 처음으로 가족끼리 스키를 타러 갔다. 캠벨은 "내가 스키광이잖아요. 그러니까 우리 애들도 스키를 좋아했으면 좋겠어요"라고 말했다. 스키에 대해서는 꽉 잡고 있는 캠벨이 모든 계획을 짜고, 특수

장비를 사고, 가방을 쌌다. 댄은 그저 제시간에 일어나 자기 물건을 챙겨서 짐을 차에 싣기만 하면 그만이었다. 하지만 그는 느지막이 일어나 뒤늦게 짐을 쌌으며, 목적지에 도착하자마자 캠벨은 그녀가 세 살배기와 네 살배기 아들들을 위해 새로 사둔 스키 장비를 집에 빼놓고 왔다는 사실을 깨달았다.

댄은 이렇게 말했다. "아내가 나한테 전화기를 주는데, 도어맨한테 전화하라는 건지 이혼 전문 변호사한테 전화하라는 건지 모르겠더라고."

가족여행은 가족이 분주한 일상에서 벗어나, 날카로워지고 있는 관계를 회복하여 즐거운 생활을 되찾을 수 있도록 도와준다. 함께 보내는 시간, 유대감, 즐거운 연휴, 해마다 하는 해변 여행 등은 가족의 근간을 튼튼하게 다져준다. 사진으로 남기기도 하는 그 소중한 추억들이야말로 가족의 행복을 분명히 증명해준다.

하지만 경험에 따르면, 가족여행이야말로 가장 험악한 싸움이 벌어질 수 있는 시간이다. 돈. 계획 짜기. 길 찾기. "당신은 쇼핑밖에 안 하잖아." "또 박물관에 가요?" 이뿐인가. 비행기는 취소되고, 짐을 잃어버리고, 도로는 꽉 막히고, 한 아이는 휴대전화에 코를 처박고 있고, 둘째 날만 되면 모두가 입을 꾹 다물고 있다.

사진 찍는 일도 예전 같지 않다. 사진을 찍고 나면, 엄마의 머리를 포토샵으로 보정하고 사진에 인스타그램의 특수 효과를 입힌 다음 페이스북으로 할머니에게 보내느라 10분은 기다려야 한다.

나는 가족여행을 제대로 즐길 방법이 있으리라는 생각이 들었고, 그래서 한번 연구해보기로 했다. 세 가지 영역에 초점을 맞추었다. 좀 더 효율적으로 집에서 빠져나가기, 차 안에서 즐거운 시간 보내기, 목적지에 도착해서 잊지 못할 추억 만들기.

가족여행 점검표

맥아더 영재 상 수상자인 피터 프로노보스트Peter Pronovost는 한 베스트셀러의 소재이자 또 다른 베스트셀러의 저자이기도 하다. 그리고 수백만 명의 목숨을 구했다. 그가 이런 획기적인 업적을 이룰 수 있었던 것은 단순해 보이는 한 가지 도구를 고안함으로써 전 세계의 의료 방식을 바꾸어놓았기 때문이다.

프로노보스트의 기적 같은 발명품은 약이나 장비, 혹은 어떤 절차가 아니었다. 전혀 혁명적이지도 않았다. 이 세상에서 가장 오래되고, 또 가장 흔한 것들 가운데 하나였다. 바로 점검표이다.

볼티모어에 있는 존스 홉킨스 병원의 중환자 관리 전문가인 프로노보스트는 비행기 조종사들이 연료 탱크나 엔진을 점검하기 위해 점검표를 사용하듯이, 응급실에서도 그런 점검표를 사용해야 한다고 생각했다. '비누로 손 씻기'나 '소독제로 환자 피부 닦기' 같은 아주 기본적인 항목들을 담은 점검표를 만들고 응급실에서 가장 지위가 낮은 사람에게도 발언권을 주는 방식을 도입함으로써 프로노보스트는 생명을 구하고, 시간과 돈을 절약했다. 곧 전 세계 병원들이 그의 점검표를 채택했다.

나는 그의 기법을 가족여행의 문제점들에 적용해보면 어떨까 하는 생각이 들었다. 그가 내게 몇 가지 방법을 권해주었다.

1. 시간대마다 다른 점검표를 만들어라

"점검표는 시간과 공간에 맞춰져야 합니다." 프로노보스트가 말했다. "나는 중환자실 입실과 수혈에 대한 점검표를 따로 만들었어요. 그러니까 여행 가기 일주일 전의 점검표, 이틀 전의 점검표, 문을 나설 때를 위한 점검표를 따로 작성하는 게 좋죠. 놓친 부분을 찾아 개선할 시간이 있어야 하는데, 공항에 가서야 점검하면 너무 늦어요."

2. 구체적인 점검표를 만들어라

"점검표의 항목을 실행하는 데 1분이 넘게 걸려서는 안 됩니다. 각 항목이 아주 구체적인 행동이어야 한다는 이야깁니다. 애매한 표현은 안 돼요."

3. 꼭 필요한 항목을 포함시켜라

"점검표를 작성할 때는 실수가 잦은 일들에 초점을 맞춰야 합니다. 그렇지 않은 사항까지 포함시키면 사람들이 미치고 말 겁니다. 이 사실은 항공술에서 증명된 바 있어요. 사람을 피곤하게 만드는 점검표 때문에 사고들이 생기기도 하지요."

4. 7의 법칙

"나는 점검표의 항목을 일곱 개만 작성합니다. 한 사람이 특정 영역에서 일곱 가지밖에 기억하지 못한다는 7의 법칙이 있거든요. 일곱 개가 넘어가면 사람들은 점검표를 무시해버리고 요령을 피울 겁니다."

5. 아이들을 참여시켜라

"아이들을 앉혀놓고 이렇게 말하는 겁니다. '얘들아, 우리 가족여행을 재미있게 하려고 점검표를 하나 만들었어. 너희가 보기엔 어떠니? 추가하고 싶은 게 있어?'"

이 조언을 듣고 나서 나는 우리 가족이 여행에서 흔히 저지르는 실수들을 쭉 적어보았다. 자주 잊어버리는 물건들: 자외선 차단제, 휴대전화 충전기, 동물 인형. 깜박 잊고 안 하는 일들: 에어컨 끄기, 커튼 치기, 쓰레기통 비우기. 다른 사람들이 할 거라 지레짐작하는 일들: 간식 챙기기, 지도 출력, 신문 배달 중지 요청하기. 린다는 '보안 카메라 설치해놓기, 출발하기 전에 아이들 화장실 보내기' 항목을 추가했다. 아이들은 '책 가져가기, 아이패드 충전하기'를 더했다.

이 목록을 친구들에게 보여주었다가 좋지 않은 소리를 많이 들었다. 어떤 친구는 너무 계획적이라 딱딱해 보인다고 했고, 몇 명은 굳이 점검표가 필요할 것 같지 않다고 말했다. 한 친구는 "침대 옆에 메모지만 두면 잊어버릴 일이 없어"라고 했다. 나는 친구들이 허술한 건지, 완벽한 건지, 아니면 그냥 둔감한 건지 판단이 서질 않았다. 어쨌든 나는 벽난로 선반에 우리 가족 사명서를 조각해 넣거나 부모님에게 그들의 성생활에 대해 물으려 했던 일과 마찬가지로 여행 점검표를 실패한 실험으로 여겼다.

한 달쯤 후, 우리는 여행을 떠났다. 아니나 다를까, 동물 인형을 깜박 잊고, 딸들의 양말을 챙기지 않았으며, 테니스 라켓도 빼놓았다. 차 뒷좌석에서 울며 잠들지 못하던 타이비가 말했다. "점검표를 사용했어야 해요!"

그래서 나는 점검표를 본격적으로 사용해보기로 했다. 가족여행 점검표는 다른 이들에게는 몰라도 우리 가족에게는 도움이 되었다. 몇 번의 여행 후에 딸들이 린다와 나의 실수를 엄격하게 감시하면서 점검표 감독관 역할을 하자 그 효과는 더욱 커졌다. 마침내 쓸 만한 점검표가 만들어졌다는 생각이 들자, 나는 그것을 캠벨과 댄 부부에게 보냈다.

가족여행 점검표

출발 일주일 전

□ 특별히 챙겨야 할 물건들 파악하기(자동차 유아용 보조의자, 휴대용 아기침대, 자전거, 스포츠 장비)
□ 미리 준비해야 할 것들(숙소 예약, 티켓, 약도)
□ 사거나 가져올 기념품 목록 만들기
□ 신문 배달 중지 요청하기
□ 여권이나 운전면허증 복사본 준비하기
□ 처방약이 떨어졌는지 확인하기, 여행자수표 준비하기
□ 애완동물 돌봐줄 사람 알아보기

출발 하루 전

□ 전자기기 준비하기(GPS, 카메라, 비디오카메라, 충전용 배터리)
□ 티켓, 약도, 여권, 현금 준비하기
□ 세탁소에 맡긴 옷 찾기, 차에 기름 채우기
□ 창고에서 여행가방 꺼내놓기
□ 옷, 신발 꺼내기
□ 처방약, 세면도구, 자외선 차단제 준비하기
□ 아이들 소지품 싸기

출발 한 시간 전

□ 동물 인형이나 담요 등 아이들 필수품은 챙겼나?
□ 간식거리, 음식, 음료는?
□ 책, 게임, CD는?
□ 충전기! 휴대전화! 태블릿 PC!
□ 오븐, 에어컨, 전등은 껐나? 쓰레기는 비웠나? 커튼은 쳤나? 창문은 잠갔나? 화분에 물을 줬나?
□ 모두 화장실은 다녀왔나?
□ 마지막으로 집을 둘러볼 사람은? 확인하기 편하게 가방 개수 세어놓기

몇 주 후 캠벨이 다음과 같은 답장을 보내왔다.

모든 면에서 큰 도움이 됐어요. 항상 늑장 부리는 남편만 빼고요.

경고: 점검표는 할 일을 상기시켜줄 뿐, 그 일을 하도록 잠을 깨워주지는 않는다.

게임 디자이너들이 알려주는 즐거운 가족여행 비법

징가Zynga 본사에 발을 들여놓으면 마치 핀볼기 안으로 들어가는 것 같은 기분이 든다. 샌프란시스코의 세련된 동네에 지어진, '개집'이라는 별명을 가진 7층짜리 건물은 네온 불빛의 터널들, 오락실의 비디오 게임기, 테이블 축구 게임기, 그리고 직원들에게 공짜로 고급 음식을 나누어주는 밀차 등으로 가득 차 있다. 어린 시절의 나무 위 집과 남학생 클럽 하우스의 지하실을 섞어놓은 듯한 분위기지만, 그곳은 세계적으로 가장 잘나가는 게임공장이다.

2007년에 마크 핀커스Mark Pincus가 창립한 징가(그의 불도그 이름)는 역사상 가장 빠른 속도로 성장한 소셜 게임(소셜네트워크서비스SNS 사용자들이 서로 연결된 사람들과 즐기는 게임–옮긴이) 회사이다. 매달 2억 5,000만 명이 징가가 제공하는 온라인 게임을 한다. 팜빌FarmVille과 시티빌CityVille 같은 마을 짓기 게임도 있고, 테이블 위에서 하던 놀이를 온라인상에서 즐길 수 있는 징가 포커Zynga Poker나 낱말 조합 게임인 워즈 위드 프렌즈Words With Friends도 있다. 이 회사는 10억 달러 이상의 연간 소득을 올리고 있다.

나는 아이들과 함께 기나긴 자동차 여행을 무사히 마치는 방법, 여행 중의 휴식시간을 잘 보내는 방법, 낯선 도시에서 따분하지 않고 흥미로운 시간을 보내는 방법에 대해 징가 직원들의 조언을 얻을 수 있을지 알고 싶었다. 징가가 우리 가족의 여행을 그들의 게임만큼이나 재미있게 만들어줄 수 있을까?

안개가 자욱하게 낀 어느 날 아침, 어린 자녀를 키우고 있는 징가의 주요 디자이너들 10여 명이 우리에게 이상적인 가족여행을 위한 지침을 알려주기 위해 롤빵과 과일 샐러드를 앞에 두고 모였다. 우선 그들은 왜 게임이 효과적인지에 대한 특강으로 시작했다.

좋은 게임들은 네 가지 공통점이 있다고 그들은 말했다.

1. **명확한 목표.** 게이머는 자신이 달성하고자 하는 바가 무엇인지 잘 알고 있다.
2. **규칙.** 제한된 조건들이 있기 때문에 창의성을 발휘하고 전략을 잘 짜야 한다.
3. **피드백.** 점수나 레벨은 목표에 얼마나 가까워졌는지 알려주고, 게임을 계속할 수 있는 동기를 부여해준다.
4. **자발적 참여.** 자신이 선택한 게임이라야 재미있게 할 수 있다.

우리가 게임을 하면 행복해지는 이유는 목표를 달성하기 위해 노력하기 때문이다. 장애물을 넘으면서 우리는 성취감을 느낀다. 이런 성공을 거두면 우리의 몸에서는 아드레날린이나 도파민처럼 기분을 좋게 만드는 화학물질이 분비된다. 그런 게임을 집단으로 하면 그 효과는 훨씬 더 강력해진다. 다른 사람들과 함께 목표를 달성하면 우리 몸은 일명 '포옹 약'인 옥시토신처럼, 같이 게임하는 사람들과의 유대감을 더욱 높여주는 화학물질을 만들어낸다.

징가는 서로 다른 곳에 있는 사람들이 함께할 수 있는, 그래서 바쁜 가족들에게 특히 효과적인 새로운 종류의 온라인 게임을 개척했다. 한 사람이 아침에 어떤 수를 쓰면, 그날 늦게 다른 사람이 응수할 수 있다. 핀커스는 사람들이 "하루에 다섯 번, 5분 동안" 게임했으면 좋겠다는 유명한 말을 했다. 한 디자이너는 아침식사를 하며 이렇게 말했다. "직장에 다니는 부모들은 바쁘니까 그렇게 짧은 게임이 좋아요. 아이들한테도 그렇고요. 앉아서 하루 종일 부모랑 같이 게임하는 건 싫겠지만, 2분에 한 판을 끝낼 수 있다면 아이들도 좋아하겠죠."

징가의 게임 방식은 가족식사에 대한 학자들의 발견과 일맥상통하는 부분이 있다. 즉, 가족이 짧은 시간이나마 집중적으로 함께 보내면 가족생활 전반에 도움이 될 수 있다는 것이다. 징가를 비롯한 여러 소셜 게임의 기획자들은 채팅 기능도 추가함으로써 이를 훨씬 더 수월하게 만든다. 컴퓨터 화면은 "다리는 다 나았니?" "생일선물 뭐 받고 싶어?" "네 새아버지가 안부 전해달래" 등의 대화로 가득 차게 된다.

징가의 마케팅부 부장은 내게 이렇게 말했다. "우리는 게이머들의 프로파일을 많이 분석합니다. 예를 들어, 북미에 사는 한 어머니와 오스트레일리아에 사는 딸이 매일 워즈 위드 프렌즈를 해요. 가끔은 하루에 한 단어만 만들기도 합니다. 엄마한테는 딸이 무탈하다는 사실을 아는 게 가장 중요하니까요. 그 어머니가 이렇게 말씀하시더군요. '내가 게임에 지고 있더라도 사랑한다고 말할 기회가 있잖아요.'"

게이머들이 서로 협력해야 하는 팜빌이나 시티빌 같은 게임의 경우에는 그 효과가 훨씬 더 크다. 2009년, 미국과 아시아의 여덟 개 대학의 연구자들은 '협조적인 행동'을 필요로 하는 게임들의 효과에 대해 연구했다. 13세 이하의 아동, 10대, 대학생들을 각각 대상으로 한 세 건의 연구가 실시되었다. 세 연구 모두, 남과 협력하는 게임을 많이 하는 젊은이들이 실생활에서도 친구들과 가족을 더 많이 돕는다는 결론을 내렸다. 연구자들은 이를 게임의 '상향 소용돌이upward spiral'라고 불렀다. 놀이를 함께하는 가족이 유대감도 높아진다.

나는 징가의 직원들에게 세 가지 상황을 제시하고는 그 해결책을 찾아달라고 했다.

차 안에서 뭘 하지?

첫 번째는 차 안에서 보내는 시간에 관한 문제이다. 간식거리도 다 먹고, CD도 다 들었고, 스무고개 게임도 지겨워졌다. 뭔가 새로운 건 없을까?

우리 가족만의 스무고개

게임 디자이너들은 단순한 놀이를 하라고 당부했다. "아이들은 한 가지에 오래 집중하지 못해요. 아이들이 이미 알고 있는 놀이로 시작하세요. 잘한다는 기분을 느끼게 해줘야 빨리 싫증을 안 내죠. 그런 다음 이런저런 요소를 추가하면서 수정하면 돼요."

그들은 가족끼리의 추억을 주제로 한 스무고개를 추천했다. "아이들은 부모와 함께한 일들을 잘 기억해요." 한 디자이너가 말했다. "이렇게 해보세요. '우리가 저번에 같이 갔던 곳인데…… 단답형 질문만 할 수 있어. 시작!'" 그러면 아이들은 "답이 뭘까?" "우리가 어디 갔더라?" 하면서 적극적으로 참여하기 시작한다.

이 게임의 또 다른 장점은 아이들을 한편으로 만들어준다는 것이다. "아이들이 어릴 경우엔 한 아이만 계속 답을 맞히면 난리가 날 겁니다." 한 디자이너가 덧붙였다. "그러니까 공동 점수제를 써야 해요. 아이들끼리 한편이 됐다가 다시 경쟁을 하는 겁니다. 그러다 보면 사이가 더 좋아져요." 게임에서 이긴 사람이 다음 문제를 낸다.

이야기 만들기

징가는 사람들이 세 가지 이유 중 하나 때문에 게임을 한다는 사실을 발견했다.

- 이기고 싶어서 게임을 한다.
- 가장 높이 쌓아올리고 가장 많이 축적하기 위해 게임을 한다.
- 한 세계를 창조하고, 자신이 설계한 것들로 그곳을 채운 다음, 남들과 그 세계를 공유하고 싶어서 게임을 한다.

마지막 부분이 놀라웠다. 이런 여성적인 경향을 가진 게이머들이 쉽게 접근할 수 있다는 것이 징가의 성공 비결 가운데 하나이다.

"사람들이 게임에서 원하는 것을 줘야 해요." 한 디자이너가 말했다. "세계를 창조하고 싶어 하는 사람들한테는 꾸밀 수 있는 집, 이런저런 상상을 할 수 있는 으스스한 숲, 사람을 채워 넣어야 할 마법의 땅을 줍니다. 그러면 재미있는 이야기를 지어내는 게임이 만들어지겠지요."

우리 가족의 차 여행에 대해서는 온 가족이 함께 새로운 세계를 만들어보라고 했다. 한 사람이 몇 문장으로 이야기를 시작하면 나머지 가족들이 돌아가며 그 뒤의 이야기를 이어나간다. 흥미를 더하기 위해 점수를 매기고 싶다면, 앞의 내용과 자연스럽게 연결되는가를 기준으로 점수를 준다. 앞뒤가 맞는 한 편의 이야기가 완성된다면 가족 전체가 상을 받는다. 한 아버지 디자이너는 이렇게 말했다. "내 아이들을 보면서 느낀 점은, 이렇게 몰두할 수 있고 자기 주변과 관련된 게임을 좋아한다는 겁니다. 다른 세계에 푹 빠지면 아무리 오래 차를 타도 싫증을 내지 않죠."

비행기가 취소된다면?

드디어 공항에 도착했다. 그런데 비 때문에 우리가 타고 갈 비행기의 운항이 취소되고 말았다. 이리저리 돌아다닐 수는 있지만 제한된 공간 내에서만 움직여야 한다. 이제 뭘 하지?

미션 임파서블

딸들이 어릴 때부터 우리 가족은 '미션mission'이라는 게임을 했다. 역 대합실에 있으면 아이들에게 게시판에 있는 글자들을 읽어 오게 했고, 수영장에서는 의자 수를 세어 오라고 시켰다. 아이들이 부끄럼을 많이 탔기 때문에, 누군가의 이름이나 고향을 알아 오라는 심부름도 자주 시켰다. 그리고 아이들은 심부름을 하고 돌아오면 이렇게 발표해야 했다. "내 이름은 에덴입니다. 지금 하늘에 먹구름이 심하게 끼어 있답니다."

징가의 디자이너들도 아이들과 이런 비슷한 게임을 많이 하지만, 나보다 훨씬 더 능숙했다. 우선, 그들은 여러 가지 심부름을 좀 더 창의적으로 섞는다. "공항 직원 아저씨한테 수하물 꼬리표 두 개 받아 오고, 카페에 가서 빨대 세 개 얻어 와. 그리고 암스테르담행 비행기가 언제 출발하는지 알아봐줘." 둘째, 상을 아낌없이 베푼다. "다섯 명한테 네 소개를 하고 명함을 세 장 얻어 오면 아이스크림 사줄게." 마지막으로 점점 난이도를 높인다. "16번 게이트까지 아기 걸음으로 걸으면 몇 걸음이나 가야 할까? 그럼, 공룡 걸음으로는? 그 걸음을 반으로 줄이면 보너스 점수 3점을 줄게."

"아이들은 게임을 하는 주된 목적이 레벨을 높이는 겁니다." 한 디자이너가 말했다. "뭔가를 성취하고 싶은 게 인간의 본능이잖아요. 가라데를 하는 사람들이 오래전에 이런 점을 잘 이용해서 띠 등급을 만들었죠. 검은 띠를 따고 싶게 만든 거예요."

저 사람은……

활동적이고 더 창의적인 게임을 소개해달라는 내 부탁에 엄마 디자이너들은 다른 승객들을 이용해보라고 했다. 한 사람을 지목한 다음, 그가 누군지, 어디에서 왔는지, 어디로 갈 건지에 대한 이야기를 가족이 돌아가며 지어내는 것이다.

"내가 아이들과 같이하는 게임이에요." 한 어머니가 말했다. "그러면 아이들은 사람들을 보고, 사람들의 말을 듣고, 사람들이 무슨 옷을 왜 입었는지 관찰하는 데 점점 더 능란해지죠. 우리 아들은 이제 비행기가 좋은 곳이든 안 좋은 곳이든 어디로 날아가는지 알면 그 정보를 이용해서 사람들이 그곳에서 어떤 일을 할지 추측해요. 그러면 더 정교한 이야기를 지어낼 수 있죠."

어메이징 레이스

아침식사가 끝난 후, 시티빌을 맡고 있는 부회장이자 앳된 얼굴의 미국 중서부 사람인 스티브 파키스Steve Parkis가 내게 징가 사옥을 구경시켜주었다. 그는 40대 초반이지만, 아동용 야구게임을 해도 아무런 제지를 받지 않을 것 같은 외모이다. 아침 열 시가 다 됐지만 사무실과 회의실은 여전히 비어 있었다. 그가 해명하듯 말했다. “우리한테는 좀 이른 시간입니다. 새벽 두 시쯤 오시면 시끌벅적한 모습을 보실 수 있어요.”

나는 파키스에게 세 번째 고민을 털어놓았다. 모든 부모는 아이들과 잊지 못할 추억을 쌓고 싶어 한다, 가족여행 때에는 더더욱. 소중한 그 추억은 쉽게 얻어지는 것이 아니다. 여행, 특히 낯선 곳에서의 여행을 최대한으로 즐길 방법은 없을까?

“나는 디즈니에서 10년 동안 일했습니다.” 파키스가 말했다. “픽사pixar(디즈니의 자회사인 컴퓨터 애니메이션 제작사—옮긴이)와 제리 브룩하이머Jerry Bruckheimer(할리우드의 유명 영화제작자—옮긴이)를 합쳐놓은 게임이 좋은 게임 같아요.” 그의 설명에 따르면, 픽사는 이야기가 가장 중요하다는 철학을 가지고 있다. 게임도 다를 바 없어서, 사람들이 오래 할 수 있는 게임을 만들고 싶다면 발단, 전개, 결말을 가진 이야기를 구성해야 한다.

“또, 제리 브룩하이머 감독의 모든 영화가 가지고 있는 요소도 필요합니다. 바로, 결코 평범하지 않은 상황에 처한 평범한 사람들이죠. 한 아이가 엠파이어스테이트빌딩 꼭대기까지 올라가거나, 마틴 루터 킹 주니어 목사가 연설했던 링컨 기념관 계단의 바로 그 자리에 설 기회가 얼마나 되겠습니까?”

그런 게임은 어떤 모습일까? “어메이징 레이스The Amazing Race(두 사람으로 이루어진 팀들이 전 세계를 돌아다니며 미션을 수행하는 미국의 텔레비전 리얼리티 프로그램-옮긴이)죠." 그가 말했다.

"우리 부부는 곧 아이들을 데리고 멕시코 여행을 할 겁니다." 그가 말을 이어나갔다. "거기서 우리 가족을 위한 '어메이징 레이스' 게임을 할 생각이에요." 브룩하이머가 제작한 텔레비전 리얼리티 쇼를 본뜬 그 게임은 '한 주 동안 누가 가장 많은 점수를 따느냐?'가 관건이며, 사소한 과제―사소한 과제―중요한 과제의 순서로 이루어져 있다. 사람마다 점수를 딸 수 있는 과제가 서로 다르다. 몸을 쓰는 역할을 맡은 사람은 바다거북과 함께 헤엄치면 점수를 딸 수 있다. 조수 역할을 맡은 사람은 가방을 나르면 점수를 딸 수 있다.

그는 게임을 미리 상세하게 계획해놓을까?

"정반대예요." 그가 말했다. "아슬아슬한 게임을 위해서 내 자유재량으로 추가 점수를 줄 겁니다. '매트가 지금 1등이야!' '왜 매트가 1등이에요?' '아까 매트가 한 일 못 봤어? 얼른 따라잡아!'"

그는 또 짝을 바꾸기도 한다. "작년에 하와이에 갔을 때, 아들 녀석 하나가 폭포수 밑으로 들어가지 않으려고 하더군요. 그래서 그 아이한테 형을 짝으로 붙여줬습니다. '네 동생을 폭포수 밑으로 데려가면 보너스 점수 3점 줄게.' 그러면 아이는 아빠가 시켜서가 아니라 팀을 위해서 노력하게 되죠. 올해에는 아이들이 자기들 엄마를 설득해서 번지점프를 시킨다면 어마어마한 상을 줄 생각이에요."

가족 중에 한 명이라도 이 게임에 참여하기를 꺼린다면 어떡해야 할까?

"게임을 흥미진진하게 잘 만들어야죠. 매번 이기는 게임에는 금방 싫증이 나잖아요. 매번 져도 마찬가지고요. 그러니까 어려운 게임과 쉬운 게임을 잘 섞어야 합니다. 또, 노력에 합당한 상을 줘야 하고요."

스티브 파키스의 어메이징 레이스는 우리 가족에게 즉각적이고 영속적인 영향을 미쳤다. 바로 다음 날 나는 골든게이트 공원에서 딸들과 함께 네 시간 동안 어메이징 레이스 게임을 해보았다. 피라미드 모양을 몸으로 만들어보기, 대포 위에서 뛰어내리기, 금문교를 건너려면 몇 걸음을 걸어야 할지 맞히기 등등의 과제를 아이들에게 주었다. 어메이징 레이스 게임은 아이들이 15분 넘게 미술관 관람을 하도록 유도하는 데에도 유용했다. "해골이 나오는 조지아 오키프의 그림이 몇 개인지 세어봐" "마티스의 콜라주 작품에 사용된 색깔들에 새 이름을 붙여줘" "마음에 드는 조각 작품을 고르고, 그 작품이 좋은 이유를 세 가지 대봐" "10점을 얻으면 기념품 가게에서 선물 살 돈 10달러를 줄게."

파키스가 알려준 몇 가지 묘책, 특히 아이들이 계속 이기게 해주면 안 된다는 조언은 지키기가 어려웠다. 그는 이렇게 말했다. "게임에 진다고 해서 D학점을 받는 것 같은 기분이 들지는 않습니다. 게임에서는 오히려 실패가 성공을 위한 지름길이 돼요. 실패를 하다 보면 끈기가 생기고 더 낙천적으로 변하죠."

1년 후의 런던 여행에서 우리 가족은 처음으로 일주일에 걸친 게임을 했다. 딸들은 2층버스 100대를 세어 5점을 얻고, 순경에게 영국 수상 관저의 주소를 물어보는 용기를 발휘해 3점을 얻고, 근위기병대 연병장에서 동물에 대한 두려움을 극복하고 말을 만져 보너스 점수를 땄다. 그리고 가족을 이끌고 런던 지하철에 타서 무사히 네 역을 지나고 두 번 갈아탄 대가로 승점에 도달했다. 어메이징 레이스 게임 덕분에 우리는 하루에 여섯 시간씩 우리의 시야를 넓혀주는 즐거운 모험을 할 수 있었다. 아이들이 게임 우승의 대가로 받은 엄청난 상은?

아이스크림이었다.

나는 가족이 행복할 수 있는 비법을 조사하면서 반복적으로 마주쳤던 한 가지 사실을 여기서도 배웠다. 약간의 혼란과 무질서, 긴장이 가족에게는 정상적인 현상이라는 것이다. 여행을 떠나면 어디서 식사를 해결할지의 문제로 가끔 다투기도 할 것이다. 짐을 잃어버리기도 할 것이다. 하지만 창의성과 융통성을 조금만 발휘하고 점검표를 사용하면 스트레스를 줄이고 실수를 금방 만회할 수 있다.

여행이든 다른 일이든 가족생활을 성공적으로 해내려면, 부정적인 요소를 제거하는 일보다는 긍정적인 면을 최대화하는 일에 더 초점을 맞추어야 한다. 그렇게 할 수 있는 한 가지 쉬운 방법이 있다. 전화기를 옆으로 치워두고, 아이들과 눈높이를 맞추어 함께 놀아주는 것이다. 스티브 파키스가 마지막에 내게 이렇게 말했다. "시간이 지나면서 나와 아이들의 공통분모가 많지 않다는 사실을 깨달았습니다. 아이들은 지금 여덟 살, 아홉 살이에요. 아이들과 내가 인생 경험에서 같이 나눌 수 있는 부분은 그리 많지 않죠. 하지만 나는 게임을 하니까, 아이들과 순수하게 동등한 입장에서 함께할 일이 있어요."

"나는 아버지와 사이가 좋지 않았어요." 그의 이야기가 계속 이어졌다. "그래서 내 아이들만은 그런 일을 겪게 하지 말자, 다짐했죠. 나는 언제나 테마 공원에서 영감을 얻습니다. 가족끼리 여행을 하면 차를 타고 가는 내내 다투죠. 집에 돌아오면 무엇 하나 완벽한 게 없어요. 하지만 테마 공원에 있는 동안에는 모두가 사이좋게 잘 놀잖아요. 어메이징 레이스 같은 게임이 바로 그런 역할을 해줍니다. 다른 걱정은 잠시 접어두고 즐거운 경험을 온 가족이 함께할 수 있죠. 우리가 한가족임을 새삼 느끼게 되는 겁니다."

12

자녀의 스포츠 활동

그냥 응원해주세요!

1월의 어느 토요일 이른 오후, 디즈니월드에서 그리 멀지 않은 플로리다 주의 아폽카에 있는 축구 경기장. 마흔일곱 살의 스티븐은 경기장의 사이드라인에 선 채 고민에 빠져 있었다. 열 살짜리 딸 조가 시즌 전에 열리는 첫 시범경기에서 노스 플로리다 퓨어리 팀의 좌측 미드필더로 뛰고 있었다. 조의 팀이 이길 확률이 높았다. 조는 유니폼을 다 챙겨 입었지만, 아이 어머니는 가족행사 때문에 아버지에게 딸을 맡겨놓고 가버렸다. 스티븐은 조가 속한 축구클럽의 회장이지만, 딸의 머리를 어떻게 묶어주어야 할지 몰라 쩔쩔맸다.

"많은 아빠들이 딸이 뛰고 있는 축구팀의 일에 적극적으로 참여하고 있지만, 머리 때문에 골치를 앓아요. 머리를 묶어주는 일만큼은 아이 엄마를 찾게 되죠."

스코틀랜드 글래스고의 노동자 집안에서 자란 스티븐은 건장한 체격에 스코틀랜드 억양이 강하며, 어린 시절 권투선수로 뛴 경험이 있다. 그는 댈러스 출신의 재기 넘치는 검은 머리의 모범생과 결혼했고, 두 사람은 그들의 두 가족과 적절한 거리를 유지할 수 있는 플로리다 주의 잭슨빌에 자리를 잡았다. 스티븐은 주식을 거래하고 미국인들에게 이런저런 불만이 많으며, 그의 아내는 세 딸을 키우면서 그 지역 문화에 적응하려 애쓰고 있다. 두 사람이 이사를 고려하고 있을 때 예상치 못한 일이 벌어졌다.

어느 날 조가 집에 오더니 축구를 그만두겠다고 선언했다. 천성적으로 수줍음을 많이 타고 예술적 감각이 뛰어난 조는 경쟁을 그리 좋아하지 않았다. 하지만 영국의 만년 하위 팀들을 응원하며 자란 스티븐에게는 무척 가슴 아픈 일이었다. "그래서 딸아이한테 '내가 너희 팀을 맡으면 열심히 해볼래?'라고 물었죠."

스티븐은 갑자기 자신의 소명을 찾았다. 바로 전 시즌에서 조의 팀은 단 한 경기도 이기지 못했다. 스티븐은 소녀 선수들에게 공격과 패스를 가르치고, 방향을 바꾸고 양발을 다 사용하는 방법을 알려주었다. "우리 팀에는 순둥이들이 참 많았습니다. 그중에서도 조가 가장 심했죠. 우리 딸은 창의적이고 상냥하고 순해요. 하지만 나는 험한 동네에서 자랐고, 누가 날 밀치면 나도 똑같이 되갚아줘야 한다고 배웠습니다. 우리 팀 선수들한테도 그런 방식을 조금 순화해서 가르쳐줬죠."

그리고 그 전략은 효과가 있었다. 그다음 해에 팀은 불패 기록을 이어나갔다. 만년 꼴찌 팀이 파란을 일으킨 것이다. 머지않아 스티븐은 다른 두 딸도 지도했고, 인기 선수들을 팀에 영입했다. 그리고 수년 후, 그는 코치를 그만두고 무보수로 거의 상근해야 하는 클럽 회장직에 출마하기로 결정했다. 자금이 두둑한 상대와 맞붙은 선거에서 스티븐은 근소한 차로 승리를 거두었다.

"우리 클럽으로 가족들을 끌어모으는 전략은 간단했습니다. 부모로서 우리의 목표는 아이들을 행복하고 훌륭한 어른으로 키우는 거죠. 그렇다면 성공의 비결은 뭘까요? 똑똑한 아이들이 반드시 성공하는 건 아닙니다. 행복을 느낄 줄 알고 남들과 잘 어울리는 아이들, 결단력과 끈기가 있는 아이들이 훌륭한 어른으로 자라죠. 축구를 하면서 바로 그런 자질을 배울 수 있어요. 밀려서 넘어졌다가 다시 일어서는 법을 배우고, 2 대 0으로 지고 있더라도 이길 수 있다는 것을 배웁니다."

그날 아침, 딸들에게 바로 그런 자질이 필요했다. 겨울 동안 오래 쉰 탓인지 몸이 무뎌진 퓨어리 팀은 좀처럼 힘을 내지 못하고 몇 분 만에 두 골을 먹고 말았다. 현역 공군 주병州兵인 로빈 모트 코치는 큰 소리로 이런저런 지시를 내렸다. "아멜리아, 패스해!" "매들린, 공 뒤로 돌려!"

한편, 반대편 사이드라인 쪽에 자리를 잡은 퓨어리 팀의 부모들은 심하게 짜증을 내고 성질을 부리기까지 했다. 담요나 해변용 의자에 앉은 10여 명의 엄마들과 소수의 아빠들은 마치 자기 아이들이 악어로 가득한 늪을 건너고 있는 양 굴었다. 그들은 아이들을 격려하기보다는 혼내고 있었다. "올리비아, 네 자리 좀 잘 지켜." "공을 차야지, 에밀리! 생각을 좀 해." 부모들은 자신들의 욕심을 그대로 표출하고 있었다.

아이들의 스포츠는 이렇게 격한 감정으로 이어지는 경우가 많다. 열 살이 안 된 이 소녀들은 그들의 인격을 형성하고 자신감을 키우며 학업에서부터 연애에 이르기까지 모든 것에 도움이 될 기술을 갈고 닦을 수 있는 경기장에서 뛰놀고 있었다. 다른 각도에서 보면, 이 경기장은 현대 부모들의 가장 부정적인 성향을 보여주고 있었다. 그들은 열심히 해라, 잘 해라, 빨리 전문가가 되라며 아이들을 끊임없이 압박했다. 이 두 가지가 합쳐지면 아이들의 스포츠는 현대 가족에게 가장 위험한 영역이 되어버리고 만다.

그렇다면 부모와 놀이를 위한 새로운 규칙을 세울 수는 없을까? 행복한 가족은 스포츠에 어떻게 대처할까?

"이런, 조! 괜찮니?"

바로 그때, 조가 머리에 공을 맞고 쓰러졌다. 뛰어나가려던 조의 아버지는 몸을 축 늘어뜨린 채 멍하니 경기장을 바라보았다. 부모는 경기장 안으로 들어갈 수 없기 때문에 그는 놀라운 자제력을 발휘하여 사이드라인에 그대로 남아 있었다. 심판이 조에게 달려갔다. 다른 선수들이 무릎을 꿇고 앉았다. 타이머가 멈추었다. 그리고 갑자기 아이들과 경기의 모든 취약성이 경기장 위에 고스란히 드러났다. 이 순간 조는 부상당한 선수일까? 아니면 괴로워하는 딸일까?

부모의 욕심이 유소년 스포츠를 망친다

팀 스포츠는 7~10세의 미국 아이들에게 가장 중요한 과외활동이다. 밴드나 합창단, 종교활동, 심지어는 개인 스포츠보다 더 인기가 많다. 스포츠용품 제조 협회Sporting Goods Manufacturing Association가 이 주제에 관해 해마다 실시하는 가장 권위 있는 연구에 따르면, 6~17세의 남녀 5,000만 명이 한 가지 이상의 팀 스포츠에, 1,000만 명은 개인 스포츠에 참여하고 있다. 이는 미국 아이들의 70퍼센트 정도에 달하는 수치이다. 스포츠 중에서도 농구가 가장 인기가 많고, 축구, 야구, 소프트볼, 라크로스가 그 뒤를 잇고 있다. 남자 고등학생들 사이에서는 풋볼이 가장 인기 있는 스포츠이다.

스포츠용품 제조 협회 회장의 말처럼, "미국은 팀 스포츠에 의해 움직이는 사회이다."

처음부터 그런 것은 아니었다. 스포츠가 가족이 상대해야 할 문제가 된 것은 비교적 최근의 일이다. 1800년대 후반까지만 해도, 대부분의 아이들의 생활을 좌지우지하는 것은 종교였고 부모와 함께 일하는 것이 주된 활동이었다. 팀 스포츠는 산업사회의 부상과 함께 점점 더 도시화되는 사람들에게 조직화된 오락을 제공하기 위한 시도로 시작되었다. 천식을 앓던 어린 시절 권투의 묘미를 발견한 시어도어 루스벨트 대통령은 도시생활 때문에 남자아이들이 '연약한 여자애'처럼 되는 것을 막을 방법으로서 스포츠를 강조했다. 루스벨트의 지원 덕분에, 현대 올림픽 대회뿐만 아니라 운동장, 체육, YMCA, 리틀 리그도 함께 성장했다. 그야말로 스포츠가 유년 시절의 중심적인 부분으로 자리 잡아가고 있었다.

그럴 만한 충분한 이유가 있었다. 수많은 연구들은 아이들에게 운동이 이롭다는 사실을 증명해주었다. 스포츠에 참여하면 자신감, 시간 관리 능력, 자기 몸에 대한 긍정적인 이미지를 키우고, 우울증, 10대 임신, 흡연을 줄일 수 있다. 미국 정부가 실시한 2005년 연구에 따르면, 운동을 하는 사람들은 그렇지 않은 사람들에 비해 대학과 대학원에 진학하는 비율이 더 높았다. 〈포춘〉 선정 500대 기업의 고위 간부들을 대상으로 한 조사는 그들 중 95퍼센트가 고등학교 시절 운동선수로 뛴 경험이 있는 데 비해, 학생회 활동을 한 사람은 50퍼센트, 전국 우수학생 모임의 회원이었던 사람은 그보다 적다는 사실을 밝혔다. 웰링턴 공작이 "워털루 전쟁의 승리는 이튼 학교 운동장에서 시작되었다"라는 유명한 말을 남긴 것도 그리 놀라운 일이 아니다.

스포츠에 대한 미국인들의 집착을 가장 잘 보여주는 한 가지 통계가 있다. 인공수정을 시도하는 부부의 3분의 2는 SAT 점수나 대학 성적 같은 지적 능력보다는 운동과 관련된 유전자를 우선시한다. 고등학교 시절 공부벌레였던 나 같은 사람들에게 조금 괴로운 사실은, 학교 운동선수들은 창 없는 방에서 음란한 잡지들을 훌훌 넘기고만 있어도 주위에 여자들이 끊이지 않는다는 것이다!

하지만 유년기 스포츠의 단점 역시 점점 더 확연하게 드러나고 있다. 문제의 핵심은 아이들이 어떻게 성장하는지, 아이들이 왜 운동을 하는지 이해하지 못하고 자신들이 아이에게 얼마나 큰 압박감을 주고 있는지 깨닫지 못하는 부모들이다. 뿐만 아니라, 리틀 리그 월드 시리즈 중계에서부터 값비싼 시범경기, 주문 제작하는 유니폼, 개인 코치, 여름캠프에 이르기까지 유소년 스포츠 산업이 붐을 이루면서 비정상적인 현실이 나타나고 있다.

몇몇 통계만 봐도 알 수 있다. 전미대학체육협회NCAA에 속한 대학들은 매년 체육 특기자 장학금으로 15억 달러 이상을 할당하고 있다. 타이틀 IX(미국의 어느 누구도 공공기금을 지원받는 교육 프로그램이나 활동에서 차별받아서는 안 된다는 남녀차별금지 법안–옮긴이)에 따라 남성과 여성의 스포츠에 동등한 자금이 지원되어야 하기 때문에 특히 여학생들이 이득을 보았다. 퓨어리 팀 선수의 한 엄마는 내게 이렇게 말했다. "이 아이들 수준만큼만 뛰면 체육 특기자가 될 수 있어요. 확실해요." 이 말의 뜻은 무엇이겠는가? 이 소녀들은 아홉 살이나 열 살밖에 되지 않았는데, 그들의 부모는 벌써부터 자녀를 대학에 공짜로 보낼 방법을 궁리하고 있다.

누가 그들을 탓할 수 있을까? 공짜로 학교에 다니게 해주겠다는데 누가 마다하랴? 하지만 유년기의 스포츠를 장학금의 수단으로 생각하면 부작용이 생길 수 있다. 첫째, 전문화이다. 아이들이 가을에는 축구, 겨울에는 발리볼, 봄에는 야구, 이런 식으로 계절에 따라 다른 스포츠를 하던 시절은 지나갔다. 이제 아이들은 한 스포츠를 골라서 거기에 전념하라고 강요받는다. 예를 들어, 퓨어리 팀에 소속된 9~10세의 소녀들 대부분은 세 시즌 동안 축구를 하고 여름에는 축구 캠프에 참여한다. 한 아이의 엄마는 자신의 딸이 축구 특기생을 약속받긴 했는데 혹시나 싶어 축구 개인교사까지 고용했다고 말했다. 이런 엄마는 한둘이 아니었다.

전문화의 가장 큰 문제점은 발육이 완전히 끝나기도 전에 종목을 선택하면 부상 같은 문제가 초래할 수 있다는 것이다. 아이들의 60퍼센트가 기본적인 운동 기술을 수행할 수 있는 나이를 보여주는 간단한 도표가 있다.

	남자아이	여자아이
던지기	5세 반	8세 반
차기	7세 반	8세 반
점프	9세 반	11세

기본적인 기술도 제대로 구사할 줄 모르는 일곱 살, 여덟 살, 아홉 살에 어떻게 한 스포츠에 전념할 수 있겠는가?

이런 지나친 열기는 불가피하게 부도덕한 행위로 이어지는데, 경기를 뛰는 아이들의 이야기가 아니다. 스포츠 대회에서 추태를 보이는 부모들에 대한 이야기는 누구나 들어봤을 것이다.

- 메릴랜드 주에서 14세 이하 여자 축구팀의 부모들이 열여섯 살짜리 심판을 위협하고, 경기가 끝난 후 그녀를 차까지 따라갔다.
- 캘리포니아 주에서 14세 이하 남자 축구경기가 열리던 중 서른 명의 어른이 말다툼을 벌이는 바람에 경기가 중단되었다.
- 위스콘신 주에서 한 아버지는 자기 아들에게 발을 걸었다며 10세 이하 축구팀의 소년을 때려 눕혔다.

이런 사건들은 특이한 경우라고 생각하고 싶겠지만, 수치를 보면 결코 그렇지 않다. 전국 유소년 스포츠 연합National Alliance for Youth Sports은 부모와 코치 사이에, 부모와 심판 사이에, 혹은 부모들 사이에 충돌이 일어나는 경기가 15퍼센트 정도 된다고 보고했다. 스티븐 메일은 2~3주에 한 번씩 그런 말썽이 생긴다며, 그런 부모들에게는 클럽 탈퇴를 권유한다고 말했다.

사단이 생기는 가장 큰 원인은 부모가 아이에게 거는 기대가 너무 크기 때문이다. 이 문제와 관련해서도 충격적인 연구 결과가 있다. 9~14세의 레슬링 선수들을 대상으로 한 연구에 따르면, 경기 전 아이들의 가장 큰 걱정거리는 경기 결과가 좋지 않으면 부모가 어떤 반응을 보일까 하는 것이다. 13세 스키 선수들에 관한 연구는 부모의 '실망이나 비난'을 두려워하는 선수들이 좋지 않은 성적을 내는 반면 부모를 '긍정적인 지원자'로 생각하는 선수들은 더 좋은 성적을 낸다는 사실을 발견했다.

이 문제를 상징적으로 보여주는 가슴 아픈 일화가 있다. 미국 유소년 축구 기구American Youth Soccer Organization의 회장은 축구를 계속하다가 어느 해에 선수 선발 테스트에 지원하지 않은 한 아이에 대해 이야기해주었다. 그 아이는 축구 대신 스노보드를 택했다. 그 이유를 묻자 아이는 이렇게 대답했다. "아빠가 스노보드에 대해서는 아무것도 모르거든요. 또, 스키장은 추우니까 아빠가 나와서 보지도 않을 거 아니에요. 그러면 나는 나한테 호통 치는 사람 없이 스노보드를 탈 수 있을 거예요."

"그냥 응원만 해주세요!"

이런 문제는 가족에게 어떤 영향을 미칠까? 아폴카에서 시범경기가 진행되는 동안 나는 부모와 아이 사이의 긴장감이 겉으로 표출되는 장면을 여러 번 목격했다.

첫 경기는 퓨어리에게 잘 풀리지 않았다. 조는 부상에서 회복했다. 물을 한 모금 마시고 조금 걸어보더니 계속 뛰기로 결정했다. 그녀의 팀 동료들, 상대 팀 선수들, 그리고 양팀 부모들은 조의 부상이 심각하지 않다는 사실을 알고는 박수를 쳤다. 그런 스포츠맨십이 인상적이었다. 염려의 순간이 근성의 교훈을 얻는 순간으로 변한 것이다.

하지만 퓨어리 팀은 4 대 2로 졌고, 이는 그 팀이 토너먼트 결승에 진출하지 못할 확률이 높다는 의미였다. 하지만 아이들은 크게 신경 쓰지 않는 듯했다. 경기 내내, 경기가 끝난 후의 짧은 회의에서, 그리고 그 후의 점심시간에도 소녀들은 마치 주말 파티를 즐기듯 학교, 머리, 좋아하는 영화와 책에 관해 수다를 떨 뿐이었다.

하지만 부모들은 그 패배를 그냥 넘기기 힘든 모양이었다. 그들은 차로 향하면서 결정적인 순간들을 되새김질했다. 점심을 먹으면서는 심판의 잘못된 판정, 더위, 아이들이 연습하는 축구장과 다른 잔디에 관해 이야기를 나누었다. 두 번째 경기가 시작될 즈음 부모들은 금방이라도 싸움을 벌일 듯 분노에 가득 차 있었다.

나는 첫 경기 동안에는 선수들 쪽의 사이드라인에 서 있었지만, 두 번째 경기에서는 부모들 쪽으로 옮겼다. 그 차이는 놀라웠다. 대부분이 엄마들이었지만, 내가 다니는 체육관보다 더 남성 호르몬이 넘쳐흐르는 것 같았다. "슛해, 슛!" "공격해." "자리 내주지 말고 싸워!" 그리고 퓨어리 팀이 앞서고 있었다! 가장 눈에 띈 점은 모든 부모가 개인의 성취에 대해서만 이야기하고 있다는 것이었다. 내 아이한테 더 나은 장비를 사줘야 하나? 아이한테 축구 수업을 더 시켜야 하나? 내 딸이 슛을 너무 안 하는 건 아닐까? 반면, 퓨어리 팀에 소속된 자녀가 없고 대학 시절 큰 활약을 했던 이력으로 이 팀을 맡게 된 코치는 선수 개개인보다는 팀에 집중했다.

이런 사실을 알아챈 사람은 나뿐만이 아니었다. 일요일 아침에 열린 세 번째 게임에서 아이들은 부모들의 호통 소리가 듣기 싫다며 코치에게 부모들을 말려달라고 부탁했다. 휴식시간이 되자 코치는 느리지만 위엄 있는 걸음으로 경기장을 가로질러 가 부모들에게 조용히 해달라고 나무랐다. "따님들을 응원하는 건 좋습니다. 하지만 이래라 저래라 지시하지는 마십시오. 나는 아이들에게 경기를 뛰라고 말하고 있는데, 여러분은 슛하라고 호통만 치고 계시지 않습니까? 여러분 때문에 아이들이 헷갈려 해요."

나중에 나는 코치에게 왜 부모들이 경기에 이토록 열성적인지 물었다. 학교 연극이나 피아노 연주회에서는 볼 수 없는 현상이었다.

"우선, 부모들은 자기 아이들과 관련된 일에서는 현실적이지 못합니다." 로빈 모트가 말했다. 고등학교 시절 주 대표 축구선수로 뛰었고 지금은 세 아이의 아버지인 모트는 40년째 유소년 축구계에서 활동하고 있었다. "부모들은 자기 아이들이 어느 방면에 뛰어난지 잘 몰라요."

그는 아이들의 운동기술이 단계에 따라 성장한다고 말했다. 1980년대에 심리학자 벤저민 블룸Benjamin Bloom은 여섯 분야에서 활동하고 있는 사람들, 즉 피아니스트들, 올림픽 수영선수들, 조각가들, 테니스 선수들, 수학자들, 신경학자들 가운데 세계적 수준에 있는 이들을 분석했다. 블룸은 큰 성공을 거둔 사람들과 함께 그들의 부모, 스승들, 코치들도 인터뷰했다. 그는《아이의 재능 키우기Developing Talent in Young People》에서 썼듯이 한 가지 중대한 사실을 발견했다. "'재능이 뛰어난' 아이라고 해서 반드시 '성공하는' 것은 아니다." 많은 부모들의 말에 따르면, '타고난 재능'이 많은 쪽은 다른 아이였다. 그렇다면 형제자매들 중에 성공하는 아이는 그렇지 못한 아이와 어떤 점에서 다를까? 블룸은 "열심히 하고자 하는 의지와 남을 능가하려는 욕구"라고 썼다. 연구 대상자들의 말에서 가장 많이 등장하는 단어는 끈기, 결단력, 그리고 열의였다.

블룸은 아이들이 세 단계를 거쳐 재능을 키워나간다고 말했다.

- **낭만적 단계(6~13세).** 어떤 분야가 아이들을 유혹한다. 아이들은 끌리고, 탐구하고, 발견한다. 아이들은 재미있는 분위기에서 기본적인 기술을 배운다. 칭찬, 박수, 인정을 받기 위해 노력한다. 즐거움이 중요하다.
- **기술적 단계(13~16세).** 지도자나 코치가 아이에게 붙어 전문기술과 규율을 가르친다. 예전에 즐거웠던 것이 노동이 되어버리기 때문에 이 과도기에는 많은 위험이 도사리고 있다. 어떤 아이들은 즐거움을 잃어버리고, 많은 아이들이 중도에 포기한다. 유소년 스포츠 참여도는 열한 살쯤 절정에 달했다가 열네 살이 되면 급격하게 하락한다.

- **성숙 단계(16세 이상).** 아이들은 점점 숙달되어간다. 규칙을 뛰어넘어 자신만의 스타일과 해석을 계발한다. 내적인 동기 부여로 연습에 매진한다.

물론 이 단계들이 고정적인 것은 아니지만, 블룸이 전하고자 하는 메시지는 "아이의 재능을 알아볼 수 있을 때까지는 시간이 조금 걸린다"라는 것이다. 스포츠의 경우, 열두 살 된 아이의 재능을 확실히 파악할 확률은 10퍼센트도 되지 않는다. 모트 코치도 여기에 동의했다. 나는 그에게 10세 이하 여자 축구팀 선수들 중에서 열여섯 살이 되면 훌륭한 선수로 성장해 있을 만한 재목을 알아볼 수 있느냐고 물었다. 그는 단호히 "아니요"라고 답했다. "성장하는 아이도 있고, 그렇지 못한 아이도 있습니다. 기교를 전혀 발전시키지 못하는 아이가 있는가 하면, 의욕을 갖고 갑자기 앞으로 치고 나가는 아이도 있어요."

이번에는 그에게 어떤 선수가 성공적인 인생을 살 수 있을지 예상이 되느냐고 물어보았다. 그는 "누가 상황에 잘 적응하는지는 확실히 알 수 있지요"라고 답했다. 그의 열일곱 살짜리 딸은 키가 152센티미터밖에 되지 않고 소아 류머티즘성 관절염을 앓고 있지만, 축구를 좋아해서 고난이도의 전문기술을 익혔고 경기에 대한 이해력이 뛰어나다. "우리 딸아이는 체격이 크지도 않고 빠르지도 않고 제공 능력도 그리 좋지 않습니다. 하지만 영리하고 공을 열심히 쫓아다니고 어디로 패스해야 할지 잘 알아요." 그녀는 모든 경기에 선발선수로 나갔다.

부모는 자신이 신인 발굴 담당자라도 되는 양 굴어서는 안 된다. 사춘기도 안 된 아이에게 특정 스포츠 종목에서 남들보다 뛰어난 실력을 강요한다면 그 아이는 잘할 기회를 얻기도 전에 포기해버릴 확률이 높다. 12세 이하의 아이들에게 가장 중요한 일은 경기를 즐기는 것, 그것밖에 없다.

경기가 끝난 후 나는 퓨어리 팀의 선수들 열 명에게 이 팀의 선수로 뛰면서 가장 좋은 점은 무엇이냐고 물어보았다.

"친구들이랑 같이할 수 있잖아요." 아이들이 답했다.

"새로운 사람들을 만날 수 있어서 좋아요."

"호텔에서 같이 놀고 경기도 같이 뛸 수 있어요."

"다른 학교에 다니는 애들이랑도 친하게 지낼 수 있어서 좋아요."

나는 아이들에게 개인 스포츠와 팀 스포츠의 차이를 물었다.

"개인 스포츠를 할 때도 경기장에 친구가 있긴 하지만, 팀 스포츠는 팀원들과 같이 경기를 뛸 수 있잖아요."

"팀 스포츠가 더 재미있어요."

"개인 스포츠에서 실수를 하면 그냥 나 혼자 책임을 져야 하지만, 팀원들이 있으면 서로 안아줘요."

이번에는 경기를 뛸 때 부모님이 하지 말았으면 하는 일은 무엇이냐고 물었다.

"응원해주시는 건 괜찮지만, 내 포지션에서 벗어나라고 말하면 무시할 수밖에 없어요. 나한테 화를 내시더라도요."

"'공 쪽으로 달려가! 할 수 있어! 고개 똑바로 들어!' 이런 말을 들으면 윽, 숨 막힌다고요!"

"'여기 와서 인사드려. 너를 보러 오셨어.' 이럴 때 정말 싫어요!"

내가 물었다. "그럼 부모님이 어떻게 하셨으면 좋겠어?"

"그냥 응원만 해주셨으면 좋겠어요!" 아이들은 입을 모아 말했다.

좋다. 부모가 하지 말아야 할 일은 충분히 알았다. 그렇다면 부모가 해야 할 일은 뭘까? 나는 이 문제에 대해 많이 고민한 한 아버지를 금방 찾았다.

짐 톰슨Jim Thompson은 스포츠 스타라기보다는 자식의 스포츠를 지원해 주는 아빠 같은 모습을 하고 있다. 그의 부드럽고 상냥한 표정과 스칸디나비아 사람 같은 불그스름한 안색을 보니 소도시의 목사가 떠올랐다. 1998년, 톰슨은 유소년 스포츠를 부모와 아이 모두에게 행복한 경험으로 만드는 일에 앞장서는 비영리단체인 긍정적인 코칭 연합Positive Coaching Alliance을 설립했다. 이 단체는 20만 명의 코치를 훈련하여 300만 명 이상의 아이들에게 영향을 미쳤다. 조직의 이사회에는 전직 농구선수 및 감독인 필 잭슨, 전직 농구선수 빌 브래들리, 전직 농구감독 딘 스미스, 전직 체조선수인 케리 스트러그, 전직 체조선수인 나디아 코마네치 같은 인물이 포함되어 있다.

"내가 처음으로 맡은 일은 미네소타 주에서 정서 장애를 겪고 있는 아이들을 도와주는 것이었습니다." 톰슨은 캘리포니아 주의 마운틴 뷰에 있는 그의 사무실에서 내게 이야기해주었다. "어떤 상황에서도 긍정적인 생각을 해야 한다는 것이 우리의 이념이었습니다. 물론 제한을 두긴 하지만, 그 경계선 안에서는 아이들이 마음껏 뛰어놀게 해줬죠. 그러고 나서 집으로 돌아가 우리 아이들이 경기하는 걸 봤는데, 교육 수준이 높은 부모들이 아주 잘못된 행동을 하고 있더군요. 그런 모습을 보면서 긍정적인 코칭을 위한 아이디어를 얻었죠."

톰슨은 유소년 스포츠의 목적이 경기 능력과 인성을 성장시키는 거라고 말했다. 그는 부모들에게 경기 능력의 향상은 누구에게 맡겨야 하느냐고 자주 물어본다. “부모들도 답을 알고 있습니다. 바로 코치와 아이들이죠.” 톰슨은 부모에게 더 중요한 의무가 있다고 말한다. “부모는 인성교육이라는 목표에 집중해서, 아이들이 스포츠에서 배운 교훈을 삶에 적용할 수 있도록 도와줘야 합니다.” 만약 아이가 삼진을 당하고, 팀이 졌다고 가정해보자. “경기 능력 향상이라는 목표를 가지고 있다면, 공에 맞을까 두려워 타자석에서 몸을 빼지 마라, 공에서 눈을 떼지 마라 등등의 말을 해줄 수 있을 겁니다. 혹은, 인성교육이라는 목표를 생각해서 끈기나 강인함에 대해 이야기해줄 수 있겠죠.”

이런 목표를 달성할 수 있는 최고의 방법은 뭘까? 톰슨은 경기 전, 경기가 진행되는 동안, 그리고 경기가 끝난 후, 이렇게 세 단계로 나누어 조언해주었다.

경기 전

첫째, 아이에게 스포츠를 강요하지 말라. 아이들이 요구할 때까지 기다려야 한다. 톰슨은 최근에 풋볼 선수인 페이턴 매닝Peyton Manning과 함께 코칭 워크숍을 열었다고 했다. 누군가가 매닝에게 지금까지 겪은 코치 중에 최고는 누구냐고 묻자, 그는 아버지라고 답했다. “아버지는 쿼터백이 되는 방법을 가르쳐줄 수 있다고 말씀하셨지만, 내가 부탁하지 않자 강요하지 않으셨습니다. 그래서 아버지가 집에 오시자마자 나는 졸라댔죠. ‘빨리 나가서 패스 잘하는 법 가르쳐주세요.’” 아이가 하겠다는 의지를 먼저 보이면, 그때는 부모가 관여해도 좋다. 톰슨의 말대로, “항상 부모에게 휘둘리는 아이는 자신이 주도적으로 의욕을 내기가 어렵다.”

둘째, 목표를 명확히 정하라. 톰슨은 부모가 아이에게 운동을 시키는 목표를 명확히 인지하고 있어야 한다고 말한다. 그는 부모들에게 여러 가지 목표를 선정해주고 각 목표에 점수를 매겨 총 100점을 만들게 한다.

_________ 훌륭한 운동선수가 된다.

_________ 스포츠를 배운다.

_________ 팀워크를 배운다.

_________ 승리한다.

_________ 자신감을 키운다.

_________ 인생을 배운다.

_________ 재미있게 논다.

_________ 친구를 사귄다.

_________ 체육 특기생이 된다.

100 총점

"승리한다는 항목에 5점이나 10점 이상을 주는 부모는 거의 없습니다." 톰슨은 아이들에게도 똑같은 표를 작성하게 하여, 부모가 자신과 아이의 답을 서로 비교해보도록 한다.

경기가 진행되는 동안

첫째, 지시는 금물이다. "응원을 하되 이런저런 지시는 하지 마십시오." 톰슨이 말했다. "'패스 잘했어' '슛 잘했어' 같은 말은 괜찮지만, '쟤한테 패스해'라든가 '슛해' 같은 말은 안 됩니다."

둘째, 제대로 된 격려를 해줘라. 퓨어리 팀의 아이들은 부모들이 "기죽을 필요 없어!" "걱정 마, 다음에 이기면 되니까"라고 말하는 게 싫다고 했다. 나는 속으로 '맙소사'를 외쳤다. 그런 격려도 하지 말라니, 부모에게 너무 가혹한 거 아닌가.

톰슨은 혁신적인 해결책을 내놓았다. 아이가 실수를 할 때마다 부모나 아이가 할 일을 정해놓는 것이다. 그는 효과적인 사례를 몇 가지 소개해 주었다.

- 실수를 한 선수는 모자를 벗는다. 그리고 모자를 다시 쓰자마자 지난 실수는 잊고 다음 동작에 집중한다.
- 실수를 한 선수는 헬멧을 두 번 톡톡 친다. 아이가 깜박하면, 아이의 아버지가 자신의 머리를 두 번 톡톡 두드려 실수를 해도 괜찮다는 사실을 일깨워준다.
- "엄청나게 큰 실수를 하면 어떻게 합니까?"라는 한 트레이너의 물음에 톰슨은 "그냥 씻어내려 보내요"라고 답했다. 그 트레이너도 자신의 제자들에게 똑같이 하고 있다. 한 아이가 실수를 할 때마다 팀 전체가 손을 휘휘 저어 그 실수를 물로 씻어내려 보내는 듯한 동작을 한다.

경기가 끝난 후

첫째, 경기를 분석하지 말라. 톰슨은 경기가 끝난 후 부모가 가장 해서는 안 되는 일이 실수를 분석하는 것이라고 말했다. 실축을 하고 삼진을 당하고 공을 떨어뜨린 이유를 하나하나 곱씹어서는 안 된다.

둘째, "네가 이런 사람이라서 좋아." 아이에게 경기에 대해 기억나는 점 세 가지를 물어본 다음, 부모도 자신이 기억하는 세 가지를 말해준다. 아이가 부정적인 이야기를 하면, '난 네가 이런 사람이라서 좋아'라고 이야기해준다.

톰슨은 이렇게 말했다. "'그래, 네가 안타를 치진 못했지만, 아빠는 네가 쉽게 포기하지 않고 잘될 때까지 계속 연습하는 사람이라서 좋아.' 이렇게 말해주면 아이는 '내가 그런 사람인가?'라고 생각하면서도 자존감이 강해집니다. '그래, 그때 실수하긴 했지만 난 쓰러져도 금방 일어나는 사람이야.' 그러면 집으로 돌아가는 길에 부모와 아이는 부정적인 이야기가 아니라 긍정적인 이야기만 할 수 있게 되죠."

스포츠계의 세계적인 리더

ESPN 본사는 코네티컷 주의 소박한 도시 브리스틀에 있던 쓰레기처리장 자리에 지어졌다. 브리스틀은 예전에 대표적인 국화 생산지라 '국화 도시'로 불렸지만, 이제 미국 스포츠의 중심점이 되었다. 12~64세 미국인들의 절반이 매주 ESPN을 시청하고 있으며, 18~34세 남성의 3분의 2는 매일 평균 한 시간씩 시청하고 있다. 퓰리처 상을 수상한 바 있는 텔레비전 비평가 톰 셰일스Tom Shales는 "여성들에게 〈오프라 쇼〉가 있다면 남성들에게는 ESPN이 있습니다"라고 말했다.

나 역시 ESPN을 끼고 사는 남자로서, 운동선수들, 앵커들, 슈퍼볼 챔피언들과 만나서 스포츠와 가족의 행복에 대해 이야기 나눌 생각을 하니 가슴이 두근거렸다. 놀이문화를 제대로 형성하면 더 행복한 가족이 될 수 있을까?

놀이의 핵심은 행복이다. 옥스퍼드 영어사전에는 'play'라는 단어에 '신이 나서 뛰어다니다' '킥킥거리다' '쾅쾅 소리를 내며 걷다' 등 100개가 넘는 정의가 달려 있다. 하버드 대학의 한 인류학자는 놀이란 우리가 인식할 수는 있지만 언어로 명확히 정의하기는 힘든 "수프 같은 행동"이라고 결론지었다. 심리학자 케이 레드필드 재미슨Kay Redfield Jamison은 "우리는 기운이 충만해서 놀지만, 놀기 때문에 활력이 넘치기도 한다"라고 썼다.

스포츠 산업이 발전하기 오래전에 놀이는 대개 가족 중심으로 이루어지는 활동이었다. 가족들이 좀 더 고립되어 있던 한 세기 전만 해도 아이들은 또래끼리 뭉치기보다는 주로 다른 연령대의 형제자매나 사촌들과 어울려 놀았다. 부모들은 어떤 유형의 놀이가 아이들에게 적합한지에 대해 그리 신경 쓰지 않았다. 놀이를 하고 싶으면 온 가족이 함께했다. 카드, 퍼즐, 술래잡기, 굴링쇠 굴리기, 편자 던지기, 목마 넘기 등이 전형적인 레퍼토리였다.

내가 ESPN을 방문해서 만난 모든 이들이 가족과 스포츠가 좀 더 긴밀한 관계에 있던 시절의 추억을 들려주었다. ESPN의 대표적인 아침 프로그램을 진행하고 있는 마이크 그린버그Mike Greenberg는 그의 어린 시절에는 스포츠를 통해 가족이 긴밀한 유대를 다지는 경우가 많았다고 말했다. 지금은 아버지로서 아이들을 키우고 있는 그는 전설적인 UCLA 농구팀 감독인 존 우든John Wooden의 인생 상담서 《위대한 코치 존 우든의 인생 코칭Pyramid of Success》에서 발췌한 글을 아이들에게 메모로 남겨둔다. "나는 '민첩하게 하되 서두르지는 마라'라는 구절을 좋아합니다. 내 아이들에게 백만 번도 더 하는 말이죠. 예를 들어 아이들이 숙제를 할 때요. '빨리 하는 게 좋을 거야, 끝내면 놀 수 있으니까. 하지만 서두르면 안 돼. 그러면 숙제를 하는 의미가 없어지니까'라고 말해줍니다."

그린버그와 공동 진행자이자 풋볼 라인맨 선수 출신인 마이크 골릭Mike Golic은 뒷마당에서 세 아들의 트레이너 역할을 해준 아버지 루에게서 풋볼을 사랑하는 법을 배웠다고 말했다. 한번은 아버지가 도로에서 그들에게 트럭을 밀라고 시킨 적도 있었다고 한다. 골릭의 형인 봅이 고등학교의 풋볼 선수로 뛰고 싶다고 선언했을 때, 캐나다에서 선수생활을 한 경력이 있는 아버지는 얻어맞고 차이고 인대가 찢어질 수도 있다고 경고했다. 봅이 그래도 풋볼을 하고 싶다고 하자 아버지는 아들을 데리고 학교의 풋볼 코치를 찾아가 이렇게 말했다. "내가 이제부터 이 팀의 새로운 헤드코치를 맡겠소." 골릭은 "우리 아버지가 엄청 거구셨거든요. 그래서 그 코치는 '네'라고 대답했죠"라고 회상했다.

앵커인 조시 엘리엇Josh Elliot(후에 ABC 뉴스로 이직했다)은 많은 가족들에게 스포츠란 서로 다른 세대가 함께 사용할 수 있는 공통 언어가 되어준다고 믿는다. "LA 다저스의 홈구장을 처음 봤을 때를 평생 잊지 못할 겁니다. 절대 못 잊죠. 아버지는 내가 어떤 반응을 보일지 예상하고 여섯 살인 나를 경기장에 데려가신 거예요. 아버지의 그런 점이 정말 좋았습니다. 그리고 그 사랑은 스포츠와는 아무런 관계도 없었지만, 스포츠를 통해 전해졌어요."

"나는 성공적인 가족을 논할 입장이 아닙니다." 그가 말을 이었다. "나는 입양됐습니다. 열네 살에 아버지가 생겼죠. 역시 입양된 내 형제자매는 나와 전혀 다릅니다. 그래도 나는 가족에 대해 이야기할 자격이 있다고 생각해요. 나보다 더 큰 무언가와 연결되어 있는 덕분에 내가 계속 앞으로 나아갈 수 있는 거니까요."

부모가 어떻게 그런 감정을 길러줄 수 있을까? ESPN 스포츠 폴Sports Poll의 창립자이자 미국의 유명한 스포츠 사상가인 리치 루커Rich Luker는 서로 다른 세대가 낮은 긴장감 속에서 한데 어울리는 것이 게임의 본질이라고 말했다. "서로 다른 세대가 함께할 수 있는 대중적인 게임들은 몇 세기 동안 명맥을 이어왔죠. 포커, 볼링, 골프만 봐도 알 수 있어요."

이런 게임들을 가장 먼저 가족과 함께함으로써 아이는 앞으로 맞이할 스포츠 인생의 중심에 가족이 있음을 분명히 인식하게 된다. 루커는 이렇게 말했다. "엄마나 아빠가 던져주는 공을 아이가 잡게 하는 것부터 시작하세요. 그러면 공을 잡거나 던지는 행위를 할 때마다 아이는 맨 먼저 부모를 떠올리게 될 겁니다." 그 아이가 나중에 리틀 리그에서 안타를 치면 곧장 부모에게 달려가 기쁨을 나눌 것이다. "그 절정의 순간을 온 가족이 함께 나누는 거죠."

루커는 다음에 아이와 같이 나갈 때는 아이가 좀 더 도전할 수 있도록 용기를 북돋아주라고 말했다. 조금 더 뛰어가서 공을 잡게 하고, 몇 발짝 더 뒤로 가서 원반을 던지게 하는 것이다. "그렇게 자연스럽게 가르칠 기회를 찾으십시오. '봤지? 못할 줄 알았지만 이렇게 해냈잖아! 기분이 어때?' '좋았어요.' 그러면 아이는 더 큰 시도를 해보기로 마음먹게 돼요. 물론 아이가 자신감, 경쟁심, 도전정신 같은 중요한 기질들을 배우고 있는 셈이지만, 이 모든 건 나중에 언제든 얻을 수 있어요. 지금 당장 중요한 건 부모와 아이가 재미있게 놀고 있다는 사실입니다. 그 순간 스포츠는 가족 불화의 원흉이 아니라 끈끈한 유대의 장이 되는 겁니다."

몇 년 후, 아이의 팀이 퓨어리 팀처럼 지역 1위 팀이 되든, 아니면 우리 딸의 팀처럼 시즌의 모든 경기에서 패하든 결과는 그리 중요하지 않다. 경기 전과 후에 일어나는 일이 더 중요하다. 워털루 전쟁의 승리가 이튼 학교 운동장에서 시작되었다면, 아이들의 인성을 바로잡기 위한 전쟁의 승리는 가족의 뒷마당에서 시작된다.

13

완벽한 가족모임을 위한 지침

군인들의 동지애에서 가족애를 배우다

사람들은 열의와 두려움이 함께 밴 눈빛으로 스포츠 음료를 벌컥벌컥 들이켜고 초코바의 포장을 뜯고 있었다. 소원해진 사이를 회복하고 싶어 하는 교사와 그녀의 스물세 살짜리 딸, 이라크의 길가에서 터진 폭탄 때문에 시력을 잃고 동료의 도움을 받아서 걷고 있는 예순두 살의 미 육군 대령, 9·11테러에서 잃은 40명의 동료에게 경의를 표하고 싶어 하는 퇴직 소방관 등 모두 29명이 모여 있었다. 이곳에 오기 위해 꽤 많은 입장료를 낸 그들은 벽돌들이 들어 있는 13킬로그램의 아주 튼튼한 검은색 배낭을 끌고 있었다.

"고럭 챌린지Goruck Challenge에 오신 것을 환영합니다." 이 그룹의 대장인 제이슨 매카시Jason McCarthy가 말했다. "10~12시간. 24~30킬로미터.

그럼 잘살 수 있습니다!"

9월 10일 토요일 저녁 여덟 시. 매카시는 뉴욕 차이나타운의 중심부에 있는 브로드웨이의 어느 어둑한 구석에 서 있었다. 키 198센티미터에 호리호리한 몸매, 이를 다 드러낸 채 웃는 오하이오 출신의 전직 그린베레 대원인 매카시가 앞으로 10여 시간 동안 극기훈련 겸 추모 행진으로 그들을 이끌 것이다. 이 행진은 뉴욕 시의 거리와 다리를 지나, 첫 비행기가 쌍둥이 빌딩의 노스 타워를 들이받은 바로 그 시각에 그라운드 제로(뉴욕에서 2001년 9월 11일에 파괴된 세계무역센터가 있던 곳 – 옮긴이)에서 끝이 난다.

"벽돌들을 잘 싸십시오." 매카시가 고래고래 소리를 질렀다. "테이프와 버블랩은 충분히 있습니다. 지금 보면 잘 싼 것 같겠지만 한 시간 반만 지나면 달그락거리는 소리가 들릴 겁니다. 그러면 우리는 출발선으로 다시 돌아와야 합니다."

이라크전에 참전했던 서른두 살의 매카시는 2008년 고럭('배낭'을 뜻하는 'rucksack'을 변형한 이름이다)을 기업으로 창립했고, 거의 매주 몬태나 주에서부터 조지아 주에 이르기까지 곳곳에서 극기훈련 프로그램을 진행하여 매진 기록을 세우고 있다. 이번에 그 프로그램은 63회를 맞았다.

"군인들의 유대가 왜 그렇게 강한지 아십니까?" 극기훈련이 시작되기 전 매카시가 내게 말했다. "함께 고생하고, 혼자서는 절대 할 수 없을 일들을 한 집단으로서 함께하기 때문입니다. 요즘엔 많은 사람들이 그런 동지애를 잊고 살지요. 세상은 사람들에게 그들이 할 수 없는 일들만 떠들어대지만, 고럭 챌린지는 그들이 무엇을 할 수 있는지 보여줍니다. 그러기 위해서는 먼저 자기만 생각하는 태도를 버려야 합니다."

고럭뿐만 아니라 터프 머더Tough Mudder, 머디 버디Muddy Buddy, 비치 팔

루자Beach Palooza, 워리어 대시Warrior Dash 등이 요즘 한창 뜨고 있는 '극기 훈련을 통한 유대 강화' 산업을 형성하고 있다. 이 회사들이 한 해에 벌어들이는 돈을 합치면 2억 5,000만 달러가 넘는다.

팀 빌딩team building에 대한 이런 뜨거운 관심을 지켜보면서 나는 이 극기훈련들로부터 성공적인 가족모임의 비결을 알아낼 수 있지 않을까 하는 생각이 들었다. 매년 여름 타이비 아일랜드에서 열리는 우리 가족모임과 매년 독립기념일이 낀 연휴 주말에 처가 식구들과 케이프 코드에서 보내는 시간을 좀 더 즐겁게 만들 방법을 그린베레 대원들이 알려줄 수 있지 않을까?

"좋습니다, 여러분." 매카시가 소리쳤다. "이제 대형을 만들겠습니다. 두 줄로 서십시오. 내가 '고!'라고 하면 여러분은 '럭!' 하는 겁니다. 고!"

"럭!"

"고!"

"럭!"

"명심하십시오." 매카시가 큰 소리로 말했다. "모든 일은 한 팀으로 합니다. 곧 엉망이 되겠지만, 걱정 마십시오, 나중에 그 대가를 치르게 될 겁니다. 이제 나를 따라오십시오. 고!"

"럭!"

"고!"

"럭!"

그리고 매카시는 브로드웨이를 전력질주하기 시작했다.

모두 함께 박자를 맞추어

우리 부부의 양가 어머니가 처음 만난 저녁, 두 분은 다른 방으로 사라지더니 5분 후 미소 띤 얼굴로 나오셨다. 우리 부부는 추수감사절과 노동절은 파일러 가족과, 유월절과 7월 4일 독립기념일은 로턴버그 가족과 함께 보내기로 했다. 그 후 매년 여름 열리는 가족모임은 조부모, 형제자매, 사촌 등이 한데 어울리는 가장 중요한 의식이 되었다. 로턴버그 가족모임의 주요 행사는 장거리 자전거 타기, 보드게임, 캠프파이어였다. 파일러 가족모임에서는 집에서 만든 아이스크림, 홀치기염색, 수박씨 뱉기 시합이 하이라이트였다.

미국인의 40퍼센트가 해마다 가족모임에 참석하며, 25퍼센트는 2~3년에 한 번씩 참석한다. 중심이 되는 한 가족의 후손들이 자기가 이룬 가정의 식구들을 데려오면서 이루어지는 이런 모임에는 30명 이하에서 많게는 1,000명까지도 참석한다. 〈리유니언스Reunions〉의 편집자인 에디스 와그너Edith Wagner에 따르면, 해마다 2만 건 이상의 가족모임이 열리고 거기에 참석하는 사람은 1억 명이나 된다고 한다.

어떤 가족모임은 오랜 역사를 지니고 있다. 새뮤얼과 해나 록웰의 후손들은 1847년부터 해마다 모임을 열어왔는데, 이는 미국에서 가장 오래된 가족모임으로 여겨진다. 그들은 8월의 첫 토요일에 펜실베이니아 주 캔턴 외곽에서 모인다. 19세기 펜실베이니아 주에서의 여성의 역할이나 남북전쟁이 가족에게 미친 영향 같은 역사적 의미를 발표하는 시간이 그들 모임에서 가장 흥미로운 부분이다. 어느 해에는 헛간을 짓는 방법을 배우고 가족들이 1883년에 지은 헛간을 둘러보기도 했다.

정성이 많이 들어가는 가족모임도 있다. 화이팅 가족은 1948년부터 매년 1,000명 넘게 애리조나 주의 외진 지역에 모여, 1870년대에 모르몬 교도들의 자작 농장을 건설한 가족의 업적을 축하한다. 후손들은 이발소, 의자 공장, 닭장, 아이스크림 가게 등 원래 마을을 직접 재현해본다.

주제를 가진 가족모임도 많다. 150명의 로즈베어리 가족은 35년 전부터 오클라호마 주의 텐킬러 호수에서 모임을 열어왔다. 그들은 '서바이버'가 가장 재미있는 주제였다고 말한다. '70년대 회상'이라는 주제에는 신혼부부가 서로를 얼마나 많이 아느냐를 시험해보는 퀴즈 게임과 디스코가 포함되었다. 가족마다 서로 다른 색의 티셔츠를 입고, 계주와 편자 던지기 게임을 한다. 그들의 주말은 '도넛 장식'으로 시작해서 '다음 만남을 기약하는 햄버거'로 끝이 난다.

아프리카계 미국인 가족들의 모임도 아주 활발하게 열리고 있다. 알렉스 헤일리Alex Haley의 소설 《뿌리Roots》에서 영감을 받은 많은 흑인 가족들은 노예제가 시행되던 시절까지 거슬러 올라가 그들의 혈통을 추적하기 시작했다. 가이 가족은 1810년 노스캐롤라이나 주 롤리에서 태어난 밀리라는 노예 소녀를 그들의 조상으로 여긴다. 최근 모임에는 거의 700명이 참석하여, 역사 유적 관광, 롤러스케이팅, 장기자랑, 기도 등의 활동을 했다. 그들의 모임이 성공을 거둔 이유 중 하나는 모임 위원회의 회장이 한 달에 한 번 400명의 친척들에게 전화를 걸어 잡담을 나누면서 가족모임에 참석하라고 끈질기게 설득하기 때문이다.

이런 가족모임의 배후에 숨어 있는 사연들은 거의가 비슷하다. 와그너는 한 젊은 직원을 시켜 이런 가족모임들의 발단을 전화로 조사해보게 했다. "반나절 정도 지났을 때 직원이 수화기를 탁 내려놓더니 '더 해봐야 소용없겠어요. 사연이 다들 똑같아요'라고 말하더군요. 장례식에서 만난 가족들이 더 좋은 일로 만나자면서 모임을 추진하기 시작했다는 거예요."

그렇게 시작된 모임은 서서히 복잡해졌다. 모임을 준비하는 사람들이 온라인상에서 만나, 냉동 핫도그를 몇 개 주문하고, 휴대용 변기를 어떻게 임대하고, 줄다리기에 사용할 줄은 길이를 얼마로 할 것인지에 대해 의논한다. 나도 똑같은 경험을 했다. 우리 양가의 가족모임도 세월이 흐르면서 점점 더 화려해졌다. 어느 해에 장모님이 캠프파이어를 시작하셨고, 그다음 해에 우리는 티셔츠와 응원가를 더했다. 또 그다음 해에는 짧은 연극도 하고 나무 표지판도 만들었다. 어머니가 도표를 좋아하셔서 요리하는 사람들을 위한 스프레드시트, 보물찾기 놀이를 위한 상세 지도, 모래성 짓기와 게 잡기를 위한 세세한 일정표를 준비했다. 우리의 휴가는 점점 스카우트 캠프처럼 변하기 시작했다.

바로 그때 이런 생각이 스쳐 지나갔다. 제각기 따로 노는 사람들을 똘똘 뭉친 한 팀으로 변모시키는 일에 군인들만 한 전문가가 또 있을까? 그들은 수천 년 동안 그런 일을 해온 사람들이다. 역사가인 윌리엄 맥닐William McNeill은 그의 매력적인 저서 《박자에 맞추어 단결하기Keeping Together in Time》에서 인간은 춤, 훈련, 북치기, 행진, 박수, 노래 등을 집단적으로 함으로써 유대감을 형성하는 고유한 능력을 지니고 있다고 썼다. '나'가 '우리'로, '내 것'이 '우리 것'으로 변하는 것이다.

고럭 같은 극기 체험 프로그램들은 바로 그런 군대의 기법을 민간인에게 적용하고자 한 시도이다. 나는 그들의 방식을 직접적으로 모방할 생각은 없었다. 처가 식구들에게 13킬로그램 나가는 벽돌을 해변까지 끌고 가라고 부탁할 수는 없으니 말이다. 하지만 좀 더 재미있는 가족모임, 좀 더 단결된 가족을 만들 몇 가지 비결은 알아낼 수 있을 것 같았다.

통나무로 유대감 키우기

제이슨 매카시가 브로드웨이를 한 블록 반 정도 뛰었을 때 팀 63의 동지애는 사라지고 말았다. 몇몇 사람은 벽돌의 무게 때문에 축 늘어져버렸다. 또 몇몇은 과도하게 빠른 속도로 움직이고 있었다. 처음엔 단단히 뭉쳐 있던 팀이 지금은 한 사람, 두 사람, 혹은 세 사람씩 띄엄띄엄 떨어져 마치 모스부호처럼 보였다.

"저기요, 빨리 좀 와요!" 누군가가 소리쳤다.

"속도 좀 냅시다!"

매카시는 이렇게 설명했다. "사람들이 여기 처음 올 때는 각자 자기 것만 챙깁니다. '나한텐 물이 있어. 먹을 것도 있고. 내 몸은 내가 챙겨야지.' 하지만 여기서 중요한 건 개인이 아닙니다. 우리는 그들이 똘똘 뭉쳐야 한다는 걸 보여줘야 합니다."

매카시는 자유의 여신상이 내려다보이는 맨해튼 남단의 광장까지 사람들을 이끌고 갔다.

"난 뉴저지 대표야!" 누군가가 소리쳤다.

매카시의 표정이 썩 좋지 않았다. "여러분이 자기 출신지를 자랑하거나 '서둘러요'라고 소리치는 걸 들으면 '나 멋지지?' '못 따라오는 놈은 엿이나 먹어'라는 말로 들립니다. 그렇게 허세를 부리고 싶으면 다음에 마라톤 대회에나 나가십시오. 지금은 잠시 속도를 늦출 필요가 있을 것 같습니다." 그는 잠깐 말을 멈추었다. "여러분, 곰처럼 엉금엉금 기어서 가십시오."

팀 63의 29명 전원이 포장도로 위에서 난간을 따라 네 발로 기어가기 시작했다. 다들 제멋대로의 부정확한 리듬으로 움직였다. 매카시는 성에 차지 않았는지, 사람들에게 배를 땅에 대고 기어가라고 했다. 그래도 만족하지 못한 그는 팀원들에게 발가락을 공원 벤치에 올려놓고 강을 바라보며 팔굽혀펴기를 하라고 시켰다. "그러면 자유의 여신상이 더 잘 보일 겁니다."

이때부터 몇몇 사람이 무너지기 시작했다. 불평하는 소리가 귀에 들릴 정도였다. 한 사람이 일어나서 비틀거리며 매카시 쪽으로 걸어가더니 어둑한 밤거리로 내빼버렸다.

"이제 28명이 됐습니다." 매카시가 쩌렁쩌렁한 목소리로 외쳤다. "이제 뉴저지가 어떻게 보이십니까?"

한 시간 반이 지나서야 매카시는 사람들을 조금 풀어주었다. 그는 사람들을 노점으로 데려가 물을 마시게 했다. 그런 다음 다시 박차를 가해서, 사람들에게 이제부터는 가방을 어깨에 메지 말라는 지시를 내렸다. 그렇다면 북쪽을 향해 조깅할 때 배낭을 팔로 들어야 한다는 의미였다.

매카시의 엄격한 조처는 어느 정도 효과가 있었다. 사람들은 뉴욕 증권거래소 앞에 멈춰서 포복과 팔굽혀펴기를 또 했다. 아까보다는 박자가 잘 맞았다. 그다음에는 브루클린 다리를 건너 이스트 강까지 가서, 물속으로 걸어 들어가 얼굴을 검은 강물 속으로 집어넣으며 팔굽혀펴기를 했다.

"지금쯤 사람들은 이런 생각을 하죠. '내가 지금 왜 이런 짓을 하고 있는 거지?'" 매카시가 내게 말했다. "그들은 다 자란 어른입니다. 몸 구석구석이 그들에게 이렇게 말하고 있겠죠. '그만 둬'라고 말입니다."

"비행기에서 뛰어내리는 것과 마찬가집니다." 그가 말을 이었다. "나는 뛰어내릴 때마다 속이 메스꺼웠어요. 하지만 군대는 기꺼이 뛰어내리는 사람들을 필요로 합니다. 그렇게 하려면 사람들이 스스로 시스템을 만들어내도록 하는 수밖에 없습니다."

매카시는 그런 시스템을 만들어낼 확실한 방법이 하나 있다고 했다. 그 방법이 가족에게도 효과가 있을 거라는 말도 덧붙였다. 그리고 그것은 맨해튼 다리 한가운데에서 팀 63을 기다리고 있었다.

바로 통나무였다.

"이제부터 이 통나무도 여러분의 동료입니다." 팀원들이 울퉁불퉁한 나무줄기 주위에 모이자 매카시가 말했다. 그는 통나무의 무게가 450킬로그램 정도 나갈 거라고 했다. "여러분은 이 동료와 아주 친밀해질 겁니다. 시스템을 한번 만들어보십시오. 단, 여러분의 새 동료가 땅에 닿으면 팔굽혀펴기 25회입니다."

사람들은 곧바로 행동에 들어갔다. "무릎 위에 올려요!"라고 누군가가 소리쳤다. 또 다른 사람은 "나 좀 도와줘요"라고 소리쳤다. 그러자 "통나무 떨어뜨리지 말아요"라고 누군가가 덧붙였다.

10분 후, 통나무는 3미터도 움직이지 않았다.

"통나무만큼 팀 빌딩에 도움이 되는 것도 없습니다." 매카시가 말했다. "모두가 참여할 수밖에 없으니까요. 혼자서는 도저히 들 수 없고, 다른 사람들과 꼭 달라붙어 있어야 합니다. '몇 분 만에 끝날 거야'라고 생각하지만 세 시간 동안 계속 매달려 있어야 하죠. 가족에게도 교훈이 될 만한 일입니다. 엉망이 될 뻔했던 소중한 순간들을 생각해보십시오. 휴가 여행에서 비가 내리고, 소풍을 가서는 벌레한테 물리고, 결혼식에서는 누군가가 술에 취하고. 이런 안 좋은 일들이 벌어지게 마련입니다. 그러면 바로 그 순간에 선택을 해야 합니다. 서로 등을 질 건지, 아니면 마주볼 것인지. 마주보기 위해 가장 필요한 것이 바로 통나무죠."

팀 63은 똑같은 리듬을 찾기 위해 참으로 오랫동안 힘겹게 싸웠다. 그들은 30걸음마다 한 번씩 쉬는 방식을 썼다가, 20걸음, 그다음엔 15걸음으로 줄여나갔다. 처음엔 모두가 통나무를 짊어졌다가, 몇 사람씩 교대로 드는 방식으로 바꾸기도 했다. 소리도 질러보았다. 거의 한 시간이 지났는데도 그들은 여전히 다리 위에 있었다.

"거의 다 왔습니다." 매카시가 내게 속삭였다. "한번 보십시오."

새벽 4시 23분이었다.

팀원들이 커넬 가에 발을 딛고 하늘에 첫 햇빛이 나타나자마자 놀라운 일이 벌어졌다. 사람들의 어깨가 일직선이 되고, 다리들이 일제히 움직이기 시작한 것이다. 그들의 눈은 앞을 보고 있었다. 팀 63은 갑자기 땅콩 하나를 손쉽게 실어 나르는 개미 무리처럼 보였다.

"괜찮아요, 로런?" 누군가가 큰 소리로 물었다.

"내가 힘을 잘 못 내고 있는 것 같아요." 그녀가 말했다.

"잘하고 있어요." 누군가가 답했다.

어느 바에서 하이힐을 신은 젊은 여자가 비틀거리며 나오다가 고럭 사람들을 보고는 몸을 똑바로 세우더니 박수를 쳤다.

"이걸 샀는데 배달을 안 해주더라고요." 한 팀원이 큰 소리로 말했다.

모두가 웃었다. 이런 상황에서 웃음이라니! 어깨에는 450킬로그램짜리 나무를, 등에는 13킬로그램짜리 벽돌을 짊어지고, 열 시간 동안 가혹하게 시달린 그들의 발바닥에는 피와 땀이 배어 있는데 말이다.

"어느 시점에 이르면 사람들은 갑자기 깨닫기 시작합니다." 매카시가 말했다. "다른 사람들에게 도움을 받으면서 자신에게 필요한 것이 충족되는 느낌을 받죠. 그리고 자기 자신은 맨 마지막에 생각하게 됩니다. 우리의 몸은 약하지만 시스템은 강해요."

매카시가 전하는 메시지는 내가 가족에 대해 연구하면서 얻은 다른 교훈들과 다를 바가 없었다. 가족 안에서 집단의 요구와 개인의 요구가 충돌할 때 가장 큰 위기가 생긴다. 더 자고 싶어도 아이들을 깨워서 학교에 보내야 한다. 어떤 사람은 할머니에게서 생명 유지 장치를 떼어내고 싶어 하고, 또 어떤 사람은 그렇지 않다. 그 순간 우리는 도망치거나 맞서 싸우거나 아니면 그저 입을 삐죽거릴 수도 있다. 하지만 갈등을 극복하고 팀원들과 한 시스템을 만들어내야 진정으로 행복한 가족이 될 수 있다.

아침 7시 30분 직전, 팀 63은 지네처럼 꿈틀꿈틀 움직이며 그라운드 제로로 다가갔다. 통나무와는 이미 타임스스퀘어에서 작별한 그들은 5번 애비뉴를 전력질주하며, 녹초가 되어 초췌한 모습으로 숨을 헐떡거렸다.

"개인적으로 볼 때, 고력 챌린지는 여기서부터 시작입니다." 매카시가 말했다. "지금부터는 순전히 여러분의 마음에 달렸어요."

매카시는 팀에게 두 사람씩 짝을 지어 한 사람이 나머지 한 사람을 결승선까지 옮겨가라고 했다. 몸집이 더 작은 사람이 큰 사람을 날라야 한다. 그리고 팀원들은 그렇게 했다. 어떤 사람은 자기 짝을 어깨에 둘러맸고, 딸은 엄마를 등에 업었다. 아침 여덟 시 직후, 뉴욕의 맑디맑은 아침에 열네 팀 모두 마침내 결승선을 통과했다.

"생각했던 것보다 훨씬 더 가슴이 벅차더군요." 딸의 등에 업혔던 어머니가 잠시 후 내게 말했다. "군대에 가고 싶다는 딸 때문에 걱정했는데 이제는 이해가 돼요. 정말 진한 감동이 느껴지네요. 이렇게 다른 사람들과 끈끈하게 이어진 느낌은 생전 처음이에요. 고력 체험자들이 페이스북에서 서로를 형제자매라고 부르는 이유를 알겠어요."

소방관은 울타리에 기대어 흐느끼고 있었다. "지금 이 순간 9·11 때 잃어버린 동료들이 무척이나 그립습니다. 하지만 여기 이 사람들이 없었다면 여기까지 오지도 못했겠죠." 그는 주위의 팀원들을 가리키며 말했다. "내년에도 또 올 겁니다."

옆으로 비켜 선 제이슨 매카시 역시 생각에 잠긴 모습이었다.

"나는 결손가정에서 태어나 조부모님 밑에서 자랐습니다. 나 혼자서도 충분히 살아갈 수 있다고 생각하던 시절이 있었죠. 나한테 가족은 필요 없었어요. 하지만 내 생각이 틀렸다는 걸 알았습니다. 인생은 다른 사람과 함께해야 의미가 있어요. 나한테 가장 즐거웠던 경험은 모두 다른 사람들과 함께할 때였으니까요. 고럭에 참여하는 사람들도 그런 경험을 할 수 있었으면 좋겠습니다. 누구에게나 가족이 필요하지만, 그런 가족을 얻기 위해서는 노력이 필요합니다."

가족 올림픽

그럼 이런 기법들 가운데 가족에게 꼭 들어맞는 것이 있을까? 나는 이 의문의 답을 알고 있을 만한 사람을 찾아갔다.

미국 해군사관학교는 메릴랜드 주 아나폴리스에 있다. 340에이커 면적의 교정을 가진 이 학교에 4,000명의 사관생도와 500명의 교수가 적을 두고 있다. 그 교관들 중 한 명인 데이비드 스미스David Smith 중령은 리더십 · 윤리 · 법학과 과장이자 부대 내 화합을 구축하는 문제에 있어서 미국에서 손꼽히는 전문가이다. 또한 해군사관학교에서 촬영된 영화 〈붉은 10월The Hunt for Red October〉에 등장하는 해군 역사가(알렉 볼드윈 분)와 똑같은 역할을 하고 있다. 최근 미국 국방부는 군대의 사기를 진작시키는 방법을 검토하면서 스미스 중령에게 연락했다.

"한 집단의 구성원이 되는 건 인간이라면 누구나 갈망하는 일입니다." 스미스가 내게 말했다. "연대감. 맺고 있는 인간관계의 수와 유형. 이 모든 것이 행복한 인생에 아주 중요한 역할을 합니다."

미군 지휘관들이 행복에 관한 서적들을 읽는다는 이야기를 들으니 재미있기도 했지만, 이런 정서는 옛날부터 있었다. 중국 철학자 노자는 2,000년 전에 처음으로 군대의 사기에 대해 이야기했으며, 셰익스피어의 《헨리 5세》는 군인들을 '형제들band of brothers'로 표현했다. 하지만 군대가 부대 내 화합이라는 개념을 "한 집단이 공동의 목적을 위해 일관적으로 협력하는 능력"으로 정의하고 체계적으로 연구하기 시작한 것은 제2차 세계대전 이후부터였다.

스미스에 따르면, 최근까지도 군부는 개인의 '인간성을 말살하는' 방식으로 부대 화합을 가르쳤다고 한다. 영화 〈풀 메탈 재킷Full Metal Jacket〉과 〈사관과 신사An Officer and a Gentleman〉에서 병사들을 괴롭히는 훈련 교관들을 생각해보라. 하지만 요즘의 군부는 고려과 비슷한 공동활동을 통해 정체성을 구축하는 데 주력하고 있다. 스미스는 가족모임에 적용할 만한 몇 가지 방법을 알려주었다.

가족사 이야기하기

한 집단을 구축하는 기본적인 방법은 그 집단의 의미를 설명해주는 이야기를 구축하는 것, 즉 사회학자들이 말하는 '의미 형성sensemaking'이다. 스미스는 해군사관학교 4학년 생도들에게 신입생들을 데리고 최초의 해군 비행사의 묘지를 찾아가거나 교정에 진열되어 있는 B-1 폭격기를 보러 가는 등 해군의 역사를 느낄 수 있는 활동을 함께하라고 조언한다.

많은 가족이 그들의 모임에서 묘석 닦기나 구전 역사 모으기 같은 비슷한 기법을 사용한다. 캘리포니아의 닐 가족은 가족모임에서 가족사와 관련된 퀴즈대회를 연다. 거기에는 다음과 같은 질문이 포함된다.

- 엘리저와 올리 닐은 일곱 명의 자식을 두었다. 그들의 이름을 차례대로 말하라.
- 스티븐과 프랜시스는 목화 재배로 생계를 잇다가 목화다래바구미 때문에 문제가 생기고 말았다. 그 후에 그들은 어디로 옮겨갔을까?
- 닐의 형제 중에 자기 아이들에게 아이스크림을 잘 안 사주기로 유명한 사람은?
- 사촌 중에 샌프란시스코 자이언츠의 극성팬은?

오하이오 주의 머피 가는 가족모임을 이용하여 가족의 병력을 조사한다. 모임에 참석한 사람들이 다 함께 가계도를 작성하는데, 단순히 출생 날짜와 장소뿐만 아니라 죽음의 원인까지 기록하여 패턴을 발견하려고 노력한다. 그들은 가족에게 자주 발생하는 병에 대해 의논하기 위해 의사를 부르기도 한다. 이런 모임을 가지는 가족들이 점점 늘고 있다.

시합

여름캠프의 팀 경기는 사기를 진작시키는 훌륭한 활동이다. 스미스에 따르면, '우리'가 똘똘 뭉칠 최고의 방법은 '상대편'이 생기는 것이라는 연구 결과가 있다고 한다. 승리가 아닌 친선을 목적으로 하는 경기도 서로 다른 세대와 가족을 하나로 단결시켜 '우리' 집단의 정체성을 형성하는 데 도움이 될 수 있다. 팀의 색깔, 응원가, 깃발을 채택하는 것도 사기를 크게 진작시켜준다. 군대가 수천 년 동안 그것들을 사용해온 것도 이런 이유 때문이다.

코원 가족은 뉴욕 주 로체스터 근처에서 가족 올림픽을 열었다. 근처의 시내에서 종이배 타기 경주를 하고, 뒷짐을 진 채 생크림이 잔뜩 쳐진 파이 먹기 대회를 열고, 과자 쌓기 게임을 하고, 눈가리개를 한 팀원들이 들판 여기저기 서 있다가 서로를 큰 소리로 불러 다시 모이기 시합을 했다.

오하이오 주의 도미니크 가족모임에 참석한 사람들은 15명씩 네 팀을 만들었다. 그리고 테이블에 놓여 있는 가족 물건들(할아버지의 오래된 담뱃대, 할머니의 부엌에 있던 꽃병 등)을 몇 분 동안 가만히 본 뒤 물건들에 대한 질문("담뱃대는 얼마나 오래됐지?" "꽃병에 그려진 무늬 세 가지를 대시오")에 답하는 게임을 했다. 폭 60센티미터, 길이 400센티미터의 판을 펴놓고 그 위에서 사람들이 처음엔 키 순서대로, 다음엔 알파벳순으로, 그다음엔 나이순으로 서는 게임도 있었다.

로턴버그 가족의 7월 4일 모임에서 우리는 아침에 아이들만 참가하는 '케이프 하우스 챌린지Cape House Challenge'라는 게임을 했다. 아이들이 신나게 팀 이름을 짓고 응원가를 열심히 만드는 모습이 무척 놀라웠다. 게임이 끝나고 나서도 한참이나 집 안에 응원가가 울려퍼지고 있었다.

놀이

군부는 유대감 형성과 관련된 여러 유형의 활동이 미치는 영향을 연구했다. 볼링이나 골프처럼 혼자 하는 게임은 효과가 미미하다. 릴레이 경주도 그리 큰 효과는 없다. 개인적인 요소와 집단적인 요소를 모두 가지고 있기 때문이다. 가장 효과적인 것은 모든 이들이 서로에게 의존해야 하는 배구, 축구, 원반던지기 같은 게임이다.

"먼저 파일러 가족의 의미를 묻는 것부터 시작하십시오." 스미스는 이렇게 조언해주었다. "그런 다음 가족이 즐길 수 있을 만한 활동을 하나 고르는 겁니다. '우리는 배우는 걸 좋아하니까 뭔가 새로운 걸 시도해보자.' '우린 모험을 즐기니까 행글라이딩 하러 가자.' '우리는 집 안에 틀어박혀 있는 걸 못 견디잖아. 허리케인이 와도 상관없어. 그래도 파도타기 하러 가야지.'"

자연을 무척 사랑하는 노스캐롤라이나 주의 카니 가족은 겨울모임에서 3대가 함께 눈이 무릎까지 쌓인 곳으로 나가 물건 찾기 게임을 했다. 세 가지 다른 종류의 나무 이파리, 세 개의 씨앗, 세 마리의 새, 세 개의 동물 발자국, 곤충 한 마리, 100년 이상 된 물건, 한 달이 안 된 물건, 이 모든 것을 30분 안에 찾아내야 했다. 가져올 수 없는 것은 사진을 찍어야 했다. 이긴 팀은 미역취혹벌레 두 마리, 박새, 어치, 캐나다 기러기, 그리고 야생토끼, 코요테, 개의 발자국 등을 찾아냈다. 눈은 100년 이상 된 것도, 한 달이 채 안 된 것도 있었다.

승자에게 상 주기

군대는 훈장을 좋아한다. 그리고 실제로 그 훈장의 효력이 증명된 바 있다. 스미스는 돈이나 시상식 같은 공로 치하를 인색하지 않게 하면 팀의 사기를 높일 수 있다고 말한다.

위스콘신 주의 시드만 가족은 1933년부터 쭉 모임을 열어왔다. 40명으로 시작한 모임은 이제 400명이 넘는 인원이 참석하고 있다. 그들은 케이크, 파이, 그리고 독일계 혈통을 기리는 의미로 쿠헨(건포도를 넣은 독일식 과자) 등을 굽는 대회를 매년 연다. 심사위원들이 우승한 사람에게 '시드만 게임의 공식 쿠헨' 상을 수여한다. 그런 다음 가족들은 빵 경매에 참여하고, 10대들은 자기 부모가 내놓은 빵의 입찰가를 고의적으로 올린다. 행사 참가비를 지불하는 데 도움을 주기 위해서이다.

케이프 하우스 챌린지를 진행한 나와 처제는 아이들에게 상을 주겠다고 약속했지만 금세 잊고 말았다. 하지만 게임에서 이긴 아이들은 절대 잊지 않았다! 아이들은 24시간 내내 우리를 괴롭혔다. 결국 우리는 증서 비슷한 것을 만들어 게임에서 좋은 성적을 낸 아이들에게 수여하면서 자기 훈장을 직접 꾸미게 했다. 그날 밤 아이들은 그 훈장을 고이 안은 채 잠들었다.

만약 이런 활동들에 찬성하지 않는 가족이 있다면? 내 경험으로 볼 때, 차라리 십자말풀이를 하고 싶어 하거나 온 가족이 함께하는 활동이 너무 많은 것을 불평하는 사람이 꼭 있다. "언제라도 갈등이 생길 수 있습니다, 특히 처음에는 심하지요." 스미스는 이렇게 말하면서, 집단들이 다음의 전형적인 패턴을 따르는 경향이 있다고 설명했다.

형성기

혼돈기

안정기

활성기

우선 사람들이 모여 집단이 형성된다. 그러고 나면 각자가 자신의 역할을 이해하려 애쓰면서 시시한 다툼이 일어난다. 그러다가 규범이 확립되기 시작한다. '한 사람당 욕실을 5분만 사용할 수 있다.' '수건을 거는 할머니만의 방식이 있다.' "결국 모두에게 역할이 생기고, 그 시점부터 성과가 나오기 시작합니다." 스미스가 말했다.

이 패턴은 내게 정말 와닿았다. 매년 8월에 열리는 파일러 가족 모임은 초반에 소동이 벌어져 엉망이 되어버리는 경우가 많다. 내가 행복한 가족에 대해 고민하는 계기를 만들어준 그 저녁식사에서도 그랬듯, 각 가족은 그들만의 갈등과 문제를 껴안은 채 모임에 온다. 하지만 소동은 가라앉고, 우리는 본래의 틀로 돌아가 진정한 유대의 순간을 맞는다. 가족모임을 연구하면서 내가 얻은 교훈 하나는 서로 다른 가족과 세대의 구성원들이 팬케이크를 만들거나 배구 네트를 설치하는 등 같이할 수 있는 일을 꼭 해야 한다는 것이다. 과제 자체보다는 함께 노력하는 과정이 더 중요하다.

스미스는 결국 감정적 결과가 중요하다고 강조했다. 타이비 아일랜드에서 우리는 가족 연극을 시작했다. 아이들이 주연을 맡고, 삼촌들과 고모들은 우스꽝스러운 의상을 입고, 어머니는 배경막을 칠하고, 출연 배우들의 파티를 위해 모두가 쿠키를 굽는다. 그렇다고 해서 다른 날들의 다툼이 사라지는 것은 아니다. 그저 그늘에 가려질 뿐이다. 이는 행복한 가족들이 흔히 겪는 일이다. 어느 가족이든 갈등이 있게 마련이지만, 건강한 가족은 그 갈등을 무색하게 할 만큼 큰 즐거움을 함께 나눈다.

캔자스 주의 멜런브룩 가족이 그 좋은 예이다. 사흘간의 가족모임이 끝나면 예배를 열고, 50명으로 구성된 성가대가 가장인 헨리 프레더릭 멜런브룩이 좋아했던 찬송가들을 부른다. 설교시간에는 멜런브룩이 1898년 2월에 아내와 아홉 명의 자녀에게 쓴 마지막 편지의 일부를 발췌해서 읽는다.

> 사랑하는 아이들아, 너희 모두에게 남겨줄 돈이 없구나. 너희가 나를 사랑하고 내 추억을 소중히 여긴다면 내 충고에 유념하렴. 서로를 사랑해라. 서로에게 관대해라. 다른 사람의 결점을 참아주거라. 양보와 타협을 꺼리지 말거라. 걷도는 사람들에게 친절을 베풀어라. 이 마지막 충고를 각자 한 장씩 나눠 가지고 1년에 한 번은 꼭 읽어보렴.
>
> – 캔자스 주 페어뷰에서 H. F. 멜런브룩

가족은 그의 유지를 받들었다. 이 편지는 110년이 넘는 세월 동안 매년 여름마다 큰 소리로 읽히고 있다.

가족 훈련소

12월 말의 어느 금요일 밤 10시 30분, 노먼 시버스 3세는 플로리다 주 게인즈빌에 있는 집의 차도로 가족을 이끌고 갔다. 키 183센티미터에 몸무게 80킬로그램인 시버스는 일리노이 주의 화목한 아프리카계 미국인 가정에서 자랐고, 고등학교 농구팀에서 주전 선수로 뛰던 시절의 몸을 지금까지 유지하고 있다. 마흔두 살의 생명공학 회사 관리자인 지금은 코와 턱에 희끗희끗한 수염이 나 있다.

"자, 다들 잘 들어." 그는 아내 나타샤와 네 살에서 열네 살인 네 아이(첫째는 열네 살, 막내는 네 살)에게 말했다. "벽돌 하나씩 배낭에 집어넣어. 재미있을 거야. 하지만 다 같이 똘똘 뭉쳐야 해. 그렇지 못하면 재미없어질 테니까."

노먼은 최선을 다해 제이슨 매카시를 흉내 내고 있었다. 고럭 챌린지를 막 마치고 돌아온 노먼은 아이들에게 사진을 보여주면서 자신의 체험담을 들려주었다. "아이들이 아주 재미있겠다면서 흥미를 보이더군요. 열두 살짜리 아들은 특수부대에 관한 프로그램을 즐겨보고, 다른 아이들은 운동을 아주 좋아합니다. 내 이야기를 듣자마자 자기들도 체험하게 해달라고 졸라댔어요."

고럭 챌린지의 방식을 가족에게 적용하는 사람은 비단 노먼뿐만이 아니다. 버지니아 주 페어팩스에서 홀로 아이들을 키우고 있는 폴 모린은 어린 아들과 딸에게 어린이용 배낭과 통나무를 짊어지고 달리게 한다. 워싱턴 D. C.의 제러미 가녜는 아내가 농산물 직거래 장터까지 4.8킬로미터를 걸어가는 토요일을 아이들과 함께하는 고력 챌린지 시간으로 바꾸어 놓았다.

시버스 가족은 이미 만만치 않은 가족훈련을 실천하고 있었다. 토요일마다 노먼은 가족을 근처 들판으로 데려가, 그들을 27미터 앞에서 출발시키고 몸무게 30킬로그램의 검은색 래브라도 리트리버를 보내 그들을 뒤쫓게 한다. 그런 다음, 다섯 명이 합쳐서 총 150개의 팔굽혀펴기를 하게 한다. 그 후에는 플로리다 게이터스 팀의 9만 석 풋볼 경기장인 스왐프The Swamp로 데려가서, 개와 함께 경기장 꼭대기까지 네 번 뛰게 한다.

"거창한 휴가를 떠나고 싶어도 아이가 넷 있으면 그리 쉬운 일이 아닙니다." 노먼이 말했다. "토요일은 우리가 무언가를 함께할 수 있는 시간이죠." 그에 따르면, 이런 훈련을 하는 동안 아이들이 질문을 많이 한다고 한다. "나와 아내가 대학 시절을 어떻게 보냈는지 알고 싶어 하더군요. 우리는 우리가 어떻게 자랐고 어떤 신념을 가지고 있는지 아이들에게 이야기해줄 수 있어요. 우리가 어떤 실수를 했고, 아이들의 앞길에 어떤 난관이 닥쳐올지에 대해서도."

그의 말을 듣다 보니, 우리의 가치관을 자녀들에게 분명히 알려줘야 한다는 스티븐 코비의 생각과 아이들에게 우리의 성공과 실패를 이야기해주어야 한다는 마셜 듀크의 조언이 떠올랐다.

"성경적인 관점이죠." 노먼이 말했다. "사람들에게 그들이 어디에서 왔는지 이야기해주는 거니까요."

노먼은 처음엔 아이들에게 고력을 체험시키는 것을 꺼렸다. (그의 아내는 첫 훈련에는 참가하지 않겠다고 했다.) 하지만 그는 결국 생각을 바꾸었다. 헤드램프를 네 개 사고, 잘 시간이 지나서 아이들을 밖으로 데리고 나갔다. "아이들한테는 그렇게 늦은 시간에 밖에 있는 것 자체가 큰 도전이죠."

그는 아이들을 근처의 자전거 도로로 데려가 팔굽혀펴기와 런지를 몇 번 시키고는, 그들의 어깨까지 오는 나뭇가지들을 찾아오게 했다. 그리고 밤새도록 그 나뭇가지가 땅에 닿지 않게 하라고 했다. 한 시간쯤 지났을까, 도로에 한 남자가 나타났다. "그 남자는 마치 크리스마스트리처럼 빛나고 있었습니다." 노먼이 그때를 회상하며 말했다. "자기 몸과 자전거에 온통 전구를 달아놨더군요."

노먼은 이 기회를 놓치지 않았다. 그는 아이들에게 이 남자가 그들의 적이라고 말했다. 그들에게는 그가 통나무인 셈이었다. 노먼은 아이들에게 길가의 배수로로 들어가 나뭇잎 같은 것으로 위장하라고 말했다. "아이들은 완전히 침묵을 지켰습니다. 자기들은 그 남자가 보이는데 그 남자는 자기들을 못 본다는 게 신기했나 봐요. 남자가 못 알아채고 그냥 지나가니까 아이들은 잔뜩 신이 나서는 집으로 달려가 엄마한테 어떤 일이 있었는지 계속 떠들어댔어요."

그래서 금융설계사인 나타샤도 다음 고럭에 참가하기로 했다. 이번 고럭에서 노먼은 모두에게 배낭에 벽돌을 하나씩 집어넣게 한 다음, 다섯 개의 단서를 숨겨둔 근처의 공원으로 그들을 데려갔다. 아이들은 걸음 수를 세고, 솔방울로 탑을 쌓은 다음, 나뭇가지들로 은신처를 지어야 했다. 그는 딱 한 번, 그들이 처지기 시작했을 때 벌을 내려 거의 1분 동안 팔굽혀펴기 자세를 유지하게 했다. "큰아들은 처음엔 웃더니 곧 상황을 파악하고 내 지시를 따랐습니다."

마침내 가족은 단서들을 따라가 한 나무에 도착했다. 큰 아이들이 네 살짜리 동생을 들어 올렸고, 동생은 나뭇가지 사이에서 사탕 한 봉지를 발견했다. "아이들이 크리스마스 아침보다 더 좋아하더군요."

그럼, 그 훈련 후에 달라진 점이 있을까?

"그럼요. 큰아들은 훌륭한 운동선수가 되거나 좋은 성적을 받기 위해서는 더 절제할 줄 알아야 한다는 사실을 깨달았습니다. 딸은 경쟁의식이 생겼죠. 그리고 네 살짜리 막내는 경쟁심이 어찌나 강한지 뒷마당에서 혼자 훈련을 해요."

또 다른 일도 벌어졌다. 아이들은 다음 훈련에 친구나 사촌을 데려오고 싶어 했다. 나는 노먼에게 고럭 방식의 훈련이 일가친척들에게도 효과가 있을까 하고 물었다.

"물론 모두에게 효과가 있지는 않겠지요." 노먼이 답했다. "도무지 설득할 수 없는 사람도 있을 테고, 막상 시도해도 10분 만에 포기해버리는 사람도 있을 겁니다. 하지만 자발적으로 시도하는 사람들은 엄청난 효과를 볼 수 있어요."

훈련의 끝에 마침내 아이들이 사탕 봉지를 찾았을 때 그는 뿌듯함을 느꼈을까?

"우리 가족만의 고럭 훈련을 마쳤을 때 나는 무척이나 놀라운 감정을 느꼈습니다. 뭔가 해야 할 일을 제대로 한 듯한 느낌이었죠. 아이들과 처음으로 함께한 그날 밤과 똑같은 감정이었습니다. 지금은 그런 감정을 자주 느끼고 있죠. 우리가 훈련을 하거나 서로를 도와 시내를 건널 때 아이들의 미소가 보일 겁니다. 그러면 나는 아내에게 이렇게 말하겠죠. '우리가 지금 이 일을 함께하고 있는 거야.' 팀워크와 헌신에 대한 이런 배움은 훗날 아이들의 학업이나 직업, 그리고 그들만의 가족에게도 이어질 겁니다."

"우리는 지금부터 시작입니다." 그가 말을 이었다. "아이들은 어려요.

우리도 아직 늙지 않았고요. 우리는 가족의 일에 아주 열정적입니다. 앞으로 아이들의 멋진 인생을 보게 되겠죠. 그리고 그것이 그 어떤 직업보다, 그 어떤 휴가보다 더 행복한 일이 아닐까요?"

모든 행복한 가족들

할리우드의 사운드스테이지에 들어가면서 나는 흥분과 약간의 실망을 동시에 느꼈다. 흥분한 건 인기 드라마 〈모던 패밀리〉의 뒷모습을 들여다볼 수 있으리라는 기대감 때문이었다. 세팅해놓은 음식도 멋지고, 세트장의 싱크대에서 실제로 물이 나온다는 사실도 신기했다. 목욕 가운을 입은 여배우의 모습은 정말이지 근사했다.

하지만 이 모든 것이 허구라는 사실을 깨달으면서 실망감이 엄습했다. 창밖의 나무들은 다 가짜잖아? 이런, 저 배우가 이렇게 키가 작았어? 맙소사, 사소한 장면 하나를 열다섯 번이나 촬영하다니.

20명의 작가가 모든 대사를 만들어주고, 의상·분장 전문가들이 옷을 입혀주고, 수많은 무대 담당자들, 목공들, 음식 조달자들이 대기하고 있다가 전구를 바꿔주고, 물이 새는 곳을 수리해주고, 모든 식사를 준비해주기만 한다면 행복한 가족이 되기는 훨씬 쉬울 것이다. 드라마 속의 가족처럼 되고 싶지 않은 사람이 어디 있을까!

〈모던 패밀리〉의 주인공들인 세 가족의 집으로 등장하는 세트장은 한데 모여 있었다. 뚱뚱한 동성애자 캠을 연기하는 에릭 스톤스트리트가 몇 가지 안 좋은 소식을 알게 되는 장면을 촬영 중이었다. 그의 배우자인 미철이 그날 밤 계획된 기금 모금 행사의 초대장을 보내지 않은 것이다. 캠은 크랩 케이크를 주문하고 하프까지 빌렸지만, 손님은 한 명도 없었다.

"미철한테 전화해봐!" 캠이 조카인 루크에게 소리 질렀다.

그러고는 우스운 상황이 이어진다. 루크는 미철의 전화번호를 모른다. 캠은 전화기를 집어 들어 단축 다이얼을 누른다. 미철이 전화를 받지 않아 음성사서함으로 넘어간다. 루크는 재다이얼을 누르는 방법을 모른다. 캠이 수화기를 낚아채 재다이얼을 누른 뒤 전화기를 다시 넘긴다. 10초 동안 다섯 번 전화기가 오가지만 결국엔 연락하지 못한다.

셰익스피어의 작품에 등장하는 연인들은 사람을 착각하여 혼란에 빠지고 만다. 〈모던 패밀리〉의 부부는 통화 실패로 인해 난감한 상황에 처한다.

〈모던 패밀리〉가 그토록 '모던한' 이유는 우리를 분통 터지게 만들기도 하는 현대 과학기술의 일면을 아주 정확하게 그려내고 있기 때문이다. 거의 모든 장면이 아이패드 스크린, 휴대전화 카메라, 유아 모니터, 유튜브 동영상 등을 통해 전달된다. 등장인물들이 직접적으로 의사소통하지 않고 서로를 힐끔거리기만 하는 경우도 많다.

"휴대전화 때문에 시트콤이 망한다는 이야기를 우리끼리 하곤 했죠. 이젠 사람들이 남의 집에 찾아가지를 않으니까요." 〈모던 패밀리〉의 제작자들 중 한 명인 에이브러햄 히긴보덤이 말했다. "〈프렌즈〉를 예로 들면 이젠 레이철과 로스의 집으로 찾아갈 필요가 없어요. 전화해서 '야, 어떻게 지내?' 하면 그만이니까요. 우리는 과학기술을 이야기의 일부로 받아들이기로 했습니다."

어쩌면 가족 시트콤 〈올 인 더 패밀리All in the Family〉의 제작자인 노먼 리어보다 마크 주커버그가 〈모던 패밀리〉에 더 큰 영향을 미치고 있는지도 모른다.

디지털 기기들이 많이 등장하건 어쨌긴 〈모던 패밀리〉는 가족을 통해 시대상을 보여주는 기나긴 역사의 코미디와 맥을 같이하고 있다. 교외 지역 백인들의 유토피아를 그린 〈비버는 해결사Leave It to Beaver〉에서부터 세대 간의 치열한 다툼을 보여주는 〈올 인 더 패밀리〉, 옛 시절의 이상화된 온정이 풍기는 〈코스비 가족The Cosby Show〉에 이르기까지, 각 세대마다 그 시대를 가장 잘 포착해주는 가족 코미디가 있었다. 그렇다면 〈모던 패밀리〉는 현대 가족들에 대해 무엇을 말해주고 있을까? 나는 제작진과 배우들에게 이 질문을 던졌고, 몇 가지 인상적인 답을 얻었다.

첫째, 모두가 행복한 가족을 원한다. 〈못 말리는 번디 가족Married... with Children〉이나 〈로잔 아줌마Roseanne〉처럼 가족의 와해를 미화하는 가족 코미디도 몇 편 있긴 했지만 대체로 난관을 극복하고 유대감을 회복하는 가족의 이야기가 주를 이루었다. 그러나 2000년대에 가족의 전통적인 가치를 중시하는 경쾌한 분위기의 코미디는 한물간 구식으로 여겨졌다. 〈사인펠트Seinfeld〉나 〈오피스The Office〉의 신랄한 유머가 큰 인기를 얻었다. 사람들은 텔레비전의 탄생 이후 할리우드의 중추를 이루던 가족 코미디의 시대가 끝났다고 말했다.

〈모던 패밀리〉는 그 말이 틀렸음을 증명해 보였다. 미국인들은 여전히 건강하고 화목한 가족을 열망하고 있다. "최근 몇 년간은 괜찮은 가족 코미디가 없었습니다." 미철을 연기하는 제시 타일러 퍼거슨이 말했다. "〈사인펠트〉나 〈못 말리는 패밀리Arrested Development〉 같은 공상적이고 비판적인 코미디들이 있었죠. 나는 사람들이 〈코스비 가족〉이나 〈패밀리 타이즈Family Ties〉처럼 진정한 가족 가치를 보여주는 드라마를 그리워하고 있다고 생각해요."

둘째, 갈등은 불가피하다. 코미디는 갈등 상황 속에서 더 재미있어진다. 인물들 간의 서먹서먹함, 엉터리없는 시나리오, 엉뚱한 음모가 있어야 코미디가 제대로 살아난다. 〈모던 패밀리〉가 근 수십 년간의 그 어떤 드라마보다 실감나게 포착해내고 있는 것은 자녀를 어떻게 키워야 할지 갈피를 잡지 못하는 부모들의 모습이다. 〈브래디 번치The Brady Bunch〉와 〈행복한 나날Happy Days〉 같은 전통적인 드라마에 등장하는 엄마와 아빠는 모든 해답을 알고 있었지만, 이제 그런 부모는 찾기 힘들다.

〈모던 패밀리〉에서 세 명의 아이를 키우느라 쩔쩔매는 어머니 클레어 던피만큼 해답에 목말라 있는 인물도 없다. 클레어를 연기하는 줄리 보언 자신도 세 아이의 어머니이다. 그녀에게 클레어와 그녀의 괴짜 남편 필의 현대적인 면모는 무엇이냐고 묻자 그녀는 이렇게 답했다. "이 부부는 아직도 섹스를 하잖아요. 그 점이 아주 현대적이죠. 그리고 파일럿 에피소드에서는 아이에게 장난감 총을 쏠 계획을 짜요. 그게 최고의 자녀교육 방식이라고 생각하면서요. 이런 점도 현대적이에요. 하지만 이 부부의 가장 현대적인 점은 아이들이 항상 귀여운 짓만 하는 건 아니라는 사실을 받아들인다는 거예요. 지난 10년간은 아이들이 하는 일은 무엇이든 완벽하고, '예쁘다' '착하다'라는 말만 해주면 아이들이 완벽해질 거라는 생각이 우세했죠. 하지만 사실은 그렇지 않잖아요. 클레어와 필은 서로를 사랑하고 아이들을 사랑하지만, 자기 아이들이 밉살스러운 골칫거리이기도 하다는 사실을 인정해요. 미국인들이 바로 이런 점에 공감하지 않을까요?"

셋째, 미국적인 방식의 사랑. 〈사인펠트〉의 주연배우인 제리 사인펠트는 "포옹 없음, 교훈 없음"이라는 단순한 신조가 그의 드라마의 중심에 있다고 말했다. 〈모던 패밀리〉의 바탕을 이루는 것은 정반대의 사상이다. 즉, 아무리 큰 문제라도 포옹으로 해결할 수 있다는 것이다. 드라마에 등장하는 몇몇 가족은 비전통적이지만(나이 많은 영국계 미국인 이혼남과 그의 아내인 젊은 라틴계 이혼녀, 딸을 입양한 동성애 부부), 드라마가 전하는 가치는 더할 나위 없이 전통적이다. 〈모던 패밀리〉는 현대성에 대한 가족의 승리를 이야기하는 드라마이다.

"코미디는 사람들이 서로를 미워하는 이야기를 많이 다룹니다." 히긴보덤이 말했다. "우리 드라마는 사람들이 애정으로 싸우고, 애정으로 다투고, 애정으로 우는 모습을 보여줍니다. 우리는 사람들이 눈물을 흘리며 빈틈을 보이는 순간도 두려움 없이 표현합니다. 가족 안에서 흔히 일어나는 일이죠. 가족이 우리의 마음을 움직이니까요."

그런 감정은 대화, 솔직담백한 대화를 통해 생겨난다. "우리 드라마에는 직접적으로 소통하는 장면이 많이 나옵니다." 드라마의 공동 각본가인 크리스토퍼 로이드가 말했다. "대부분의 가족과 달리 우리 등장인물들은 고민과 감정에 대해 대화를 많이 나누죠. 그래서 사람들이 우리 드라마에 끌리는 것 같아요. 시청자들은 자기 가족도 우리 인물들처럼 좀 더 직접적으로 소통할 수 있기를 바라는 겁니다."

마지막으로, 작은 변화. 나는 〈모던 패밀리〉를 만들고 있는 팀과 이야기를 나눠보고 나서야 가족 코미디의 근본적인 법칙을 알게 되었다. 등장인물들이 잘 변하지 않는다는 것이다. 매주, 매년 똑같은 허점을 보인다.

"대체로 시트콤의 인물들은 크게 성장하지 않습니다." 필을 연기하는 타이 버렐이 말했다. "사람들은 항상 내게 이렇게 물어요. '언제 철들 거예요?' 안됐지만 우리 드라마의 인물들은 앞으로도 철들지 않을 겁니다."

이 드라마의 인물들은 일을 망치거나 자신의 실수를 깨달으면 가벼운 볼키스, 쓴웃음, 짧은 포옹 등으로 대수롭지 않게 넘겨버린다. "그렇게 갈등을 해결하는 모습은 인물들이 아주, 아주 조금 성장한 것처럼 보이죠." 버렐이 말했다. "하지만 다음 주가 되면 모든 인물이 똑같은 실수를 또 하고 있어요."

아마도 이것이 현실 속 가족들에게 가장 큰 교훈이 되지 않을까 싶다. 갈등은 매일 일어난다. 불운한 일도 벌어진다. 하지만 안아주고, 등을 툭툭 쳐주고, 침대에 작은 위로의 선물을 놔두고, 가방에 메모를 넣어주는 등의 아주 작은 화해의 몸짓이 크나큰 효과를 낸다.

다른 식구가 단 며칠 만에 완전히 달라질 거라고 기대하지만 않으면 된다.

행복한 가족의 비밀

나는 한 가지 단순한 질문의 답을 찾고 싶은 마음에 이 책을 쓰기 시작했다. 행복한 가족의 비결은 무엇이고, 어떻게 하면 우리 가족이 더 행복해질 수 있을까? 나는 가는 곳마다 사람들에게 이 질문을 던졌고, 그 과정에서 가족에 대해 전에는 몰랐던 점들을 많이 알게 되었다.

우선, 가족은 우리의 전반적인 행복에 중대한 역할을 한다. 지난 10년 동안 우리의 삶에서 가족이 하는 역할에 대해 중요한 재평가가 이루어졌다. 모든 연구가 증명해주듯, 우리는 의지에 반하여 억지로 집단을 이루어 살고 있는 것이 아니다. 인간은 선천적으로 사회적인 동물이다. 주변 사람들과 협력하고 공존하는 능력에 따라 우리 삶의 모습이 결정된다. 그리고 집단을 이룰 때 우리의 능력은 최대치로 발휘된다.

물론 낯선 사람들, 동료들 혹은 친구들로 이루어진 집단도 있다. 하지만 우리의 정체성, 자존감, 포용력, 삶의 만족도에 가장 중요한 영향을 미치는 근본적인 집단은 가족이다. 끈끈하고 사랑스러우며 우리의 애를 태우기도 하는 이 혈연집단은 어릴 때는 참고 견디다가 웬만큼 나이가 들면 바로 도망쳐 나오는 곳이 아니라 우리의 자연적인 상태이다.

우리는 가족을 이루고 살 운명인 것이다.

그럼 어떻게 하면 화목한 가족을 이룰 수 있을까? 오늘날의 가족에게 알맞은 최선의 해답을 찾는 작업에 착수하면서, 나는 새롭게 알게 된 사실을 간단한 규칙으로 만들어 사람들에게 강요하는 일은 하지 않으리라 마음먹었다. 그런 규칙은 없다는 믿음에는 지금도 변함이 없다. 역시 짐작한 대로, 내가 이런저런 조사를 하면서 알게 된 비법을 우리 가족에게 알려주었을 때 저마다 다른 부분에 흥미를 보였다.

나는 저녁식사를 하면서 (혹은 다른 때라도) 가족사에 대해 이야기하기, 아이들을 훈육할 때는 푹신푹신한 의자에 앉기, 가족여행에서 정성 들인 보물찾기 게임 하기 같은 아이디어들이 아주 흥미로웠다. 그리고 두 여성 법칙, 사전 부검, 가족끼리 어려운 대화를 나누는 비결 등이 특히 마음에 들었다.

아내 린다는 판에 박힌 일과를 바꾸어야 한다, 외부의 아이디어들을 받아들여야 한다, 아이들이 자신의 벌을 스스로 정하고 시간 계획을 스스로 짜고 자신의 가정교육에 직접 참여할 수 있게 해줘야 한다는 생각에 열렬히 호응했다. 또 가족 사명서를 식당에 걸어놓고 딸들과 이야기할 때 그것을 자주 언급하자고 고집한 사람도 아내였다.

한편 누나는 가족회의는 마땅찮게 여겼지만, 아이들이 점검표를 통해 자기 할 일을 확인하는 방식을 마음에 들어 했다. 처남은 가족 사명서에는 시큰둥했지만, 용돈과 성교육에 관한 내용에는 관심을 보였다. 모든 가족을 더 행복하게 만들어줄 단 하나의 공식은 없다는 명백한 사실이 내게는 위안이 되기도 했다.

하지만 놀랍게도 조사를 하면서 반복적으로 듣게 되는 이야기가 있었다. 그리고 몇 가지 중요한 개념들이 정리되기 시작했다. 그래서 위선적으로 보일지는 몰라도, 행복한 가족들의 일관적인 특징을 목록 아닌 목록으로 작성해보았다.

1. 융통성

20세기 중반 미국의 전형적인 가족은 아버지, 어머니, 아이들에게 저마다의 역할이 미리 정해져 있었다. 명확한 하나의 답안이 있었고, 수많은 사람들이 그 답안을 실천하고 싶어 했지만 실제로 그렇게 한 사람은 거의 없었다.

그 답안은 버려졌다. 가족의 구성, 매일 아침 일어나는 혼란을 줄이는 방법, 가족끼리 식사를 즐겁게 하는 방법, 가족을 가르치고 즐겁게 해주고 격려하는 방법, 이 모든 문제를 고려할 때 우리는 융통성을 발휘해야 한다. 즉, 애자일 가족이 되어야 한다. 신뢰할 만한 연구 결과들과 성공적인 가족들이 이를 증명해주고 있다.

'애자일 가족'은 여러 모습을 띤다. 애자일 방법론을 가장 먼저 가족에 적용한 사람들이 그랬듯, 점검표를 사용하여 가족의 책임감을 키우기도 한다. 혹은 매주 가족회의를 열어 가족이 잘 굴러가고 있는지 평가해본다. 아니면 언제 식사를 하고, 어떻게 용돈을 주고, 가족끼리 이야기를 나눌 때 어디에 앉는지를 검토한 뒤 가끔 이런저런 변화를 주기도 한다. 무엇보다 중요한 사실은 애자일 가족은 발전하고 변화할 수 있다는 것이다.

일리노이 대학의 리드 라슨Reed Larson과 로욜라 대학의 메리스 리처즈Maryse Richards가 미국의 가족들을 정밀하게 연구한 결과에 따르면, 성공적인 가족들은 끊임없이 재조정의 과정을 겪는다. 라슨과 리처즈는 "가족 전체의 행복은 고정된 역할 분배가 아니라, 가족이 상황에 따라 적절하게 대처하도록 돕는 유연성 있는 과정에 달려 있다"라고 썼다.

《초우량 기업의 조건》의 저자이자 경영 컨설턴트의 권위자인 톰 피터스는 끊임없는 재창조라는 이 개념을 잘 포착해주는 근사한 용어를 만들어냈다. 그는 변화무쌍한 우리 시대의 흐름에 뒤처지지 않으려면 이른바 "성공을 위한 유일하고도 확실한 공식", 즉 S. A. V.screw around vigorously(열심히 실패하면서 돌아다녀라)를 따라야 한다고 말했다.

그렇다. 더 행복한 가족이 되고 싶다면? 계속해서 변화를 주어야 한다.

2. 대화

대부분의 건강한 가족들은 이야기를 많이 나눈다. 식사시간이나 차 안에서, 부부싸움이든 형제자매 간의 다툼이든, 돈 문제든 성에 관련된 문제든 성공적인 가족들은 활발히 소통한다. 코네티컷 주의 수영부 여학생들은 성교육에 대해 "그냥 단발성으로 끝나는 이야기가 아니에요. 계속 이어지죠. 그건 대화예요"라고 말했다. 이는 가족생활의 거의 모든 측면에 적용된다.

하지만 '대화'란 단순히 '어떤 문제에 대해 진지하게 이야기하는' 것만을 의미하지는 않는다. 자기 자신에 대해 긍정적인 이야기를 하는 것 또한 중요하다. 구체적으로 말하자면, 온 가족이 함께 가족의 이야기를 만들어내는 것이다.

이러한 개념은 가족사를 아는 것의 중요성을 연구한 에머리 대학의 심리학자 마셜 듀크로부터 처음 들었다. 듀크는 아이들이 자신의 부모와 조부모에 대해, 특히 그들의 성공과 실패에 대해 많이 알수록 난관을 극복하는 능력이 향상된다는 사실을 증명해 보였다. 해군 역시 신병들에게 선배들의 인생을 되새겨주는 비슷한 기법을 사용하고 있다.

조너선 헤이트는 《행복의 가설》에서 이야기하기의 중요성을 설명했다. 자신에 대해 만족할 수 있으려면 경험들을 진취적이고 희망적인 이야기로 엮어야 한다. "역경을 이해하고 그것으로부터 건설적인 교훈을 이끌어내는 방법을 찾아야 한다." 난관에 부닥쳤을 때 행복한 가족은 행복한 사람들과 마찬가지로 그들의 인생담에 시련 극복이라는 새로운 장을 하나 더할 뿐이다. 이런 기술은 청소년기에 정체성이 확립되는 아이들에게 특히 중요하다.

간단히 말해, 더 행복한 가족을 원한다면 가족의 긍정적인 순간들과 시련 극복에 대한 이야기를 정교하게 만들고 다듬어 가족끼리 함께 나누어야 한다.

3. 가족과 함께 신나게 놀기

유연성 있게 변화를 도모하고 대화를 나누는 것으로 끝이 아니다. 재미있게 즐겨야 한다.

게임을 하고, 여행을 가고, 가족모임을 열고, 소소한 전통을 만들고, 요리를 하고, 하이킹을 하고, 아버지가 좋아하는 옛 노래를 부르고, 축구를 하고, 볼링을 치고, 식탁 위에서 도미노 게임을 하는 것이다. 가족과 함께 하는 즐거운 놀이는 가족을 더욱더 행복하게 만들어준다.

거의 200년 전 영국 작가 존 메이슨 굿John Mason Good은 "행복은 활동 속에 존재한다. 행복은 한곳에 괴어 있는 물웅덩이가 아니라 흐르는 시냇물이다"라고 말했다.

현대 과학도 그의 말을 뒷받침해준다. 행복 전문가 소냐 류보머스키Sonja Lyubormirsky의 말처럼, 우리는 창조적인 활동을 할 때 지속적인 행복을 느낀다. 우리는 그저 팔짱 끼고 앉아서 즐거움을 받아들이는 것이 아니라, 스스로 즐거움을 만들어낸다. 류보머스키는《행복도 연습이 필요하다The How of Happiness》에서 "여러분은 행복을 재생산할 수 있다"라고 썼다. 자신과 주변 사람들이 긍정적 감정을 불러일으키는 근원이라면, 행복은 "재생 가능하다."

그리 획기적인 개념들은 아닐지 몰라도 행동으로 옮기기는 아주 어려워 보인다. 더 행복한 가족을 원한다면 가족과 함께 즐거운 시간을 가져야 한다.

톨스토이와 행복

레프 톨스토이가 다섯 살이었을 때 그의 형 니콜라이는 자신이 세상의 행복에 대한 비밀을 작은 녹색 막대기에 새겨서 러시아 동부의 가족 사유지에 있는 골짜기에 숨겨놨다고 말했다. 그 막대기가 발견되면 온 인류가 행복해질 거라고 니콜라이는 말했다. 모든 질병이 사라지고 화를 내는 사람도 없고 모든 이들이 사랑에 둘러싸일 거라고 말이다.

이 녹색 막대기 이야기는 톨스토이의 인생에서 강력한 은유가 되었다. 톨스토이는 글을 쓰고 영적 의미를 탐구하는 여정에서, 고통 없고 행복으로 가득한 세상이라는 개념으로 계속 회귀했다. 《전쟁과 평화》와 《안나 카레니나》의 습작노트에 그는 "행복한 사람에겐 역사가 없다"라는 프랑스 속담을 여러 번 언급했다. 행복한 사람은 역사가 없고 불행한 사람은 역사가 있다는 이 개념은 《안나 카레니나》의 첫 문장에 영감을 주었다. "모든 행복한 가족은 비슷하고, 불행한 가족은 그들만의 불행을 껴안고 있다."

톨스토이가 그의 유명한 격언에서는 행복한 가족을 멸시했을지 몰라도 그 자신은 끝까지 행복을 찾으려 애썼다. 말년에 그는 고통이 사라지고 기쁨이 넘쳐흐르는 세상이라는 개념으로 다시 돌아갔다. 그는 형이 행복의 비밀을 숨겨놨다고 했던 가족 사유지의 골짜기에 묻히기를 원했다. 톨스토이는 이렇게 썼다. "내 육신을 묻는 동안 어떤 의식도 없어야 한다. 내 몸을 나무 관에 넣고, 원하는 사람 아무나 그 관을 작은 녹색 막대기가 있는 곳, 스타리 자카스(옛 숲)로 옮겨가길."

톨스토이는 지금까지도 그 숲의 비석 없는 무덤에서 녹색 풀에 덮인 채 잠들어 있다.

행복을 선택하라

작은 녹색 막대기를 찾기 위한 톨스토이의 평생 동안의 여정은 내가 가족의 행복을 연구하며 얻은 마지막 교훈을 완벽하게 설명해준다. 즉, 행복은 발견하는 것이 아니라 만드는 것이다.

잘 운영되는 조직, 스포츠계의 우승팀 같은 성공적인 집단을 연구한 연구자들은 모두가 거의 같은 결론을 내릴 것이다. 성공은 주변 상황의 문제가 아니라 선택의 문제이다. 그리고 그런 선택을 할 수 있는 최선의 방법은 작은 걸음으로 조금씩 나아가는 것이다. 단 하나의 거창하고 결정적인 행동을 한다고 해서, 혹은 마법의 버튼을 누른다고 해서 해결될 일이 아니다. 그저 조금씩 변화를 만들고 '작은 승리들'을 축적해나가야 한다.

점차적으로 성과를 만들어나가야 한다는 말은 바쁜 가족들에게 위안과 힘이 될 것이다. 대대적인 개조를 할 필요는 없다. 시작하는 것이 중요하다. 행복한 가족을 연구하는 여정에서 내가 끊임없이 들은 말이다. 가족을 삐걱거리게 만드는 확실한 방법은 현재 상태에 만족하는 것이다. 불행의 지름길은 아무것도 하지 않는 것이다.

반대로, 행복의 지름길은 무언가를 하는 것이다. 달라이 라마가 말했듯이, "행복은 이미 주어진 일을 하는 것이 아니다. 스스로 행동하는 데서 행복이 찾아온다." 가족을 괴롭히는 문제와 맞붙어 싸우고, 이젠 아무 효과가 없는 습관은 버리고, 어려운 대화를 피하지 않고, 옷장에 처박아둔 장난감을 꺼내야 한다.

녹색 막대기를 찾아나서야 한다.

하루, 이틀, 혹은 한 달 만에 찾지 못할지도 모른다. 아이들이 사춘기를 지날 때까지 발견하지 못할 수도 있다. 하지만 평화로운 아침을 만들기 위한 새로운 전략을 짜거나, 시간을 내어 모든 가족이 뒷마당에 모여 즐기는 것은 가능할 것이다. 이렇게 시작만 할 수 있다면 언젠가는 그 막대기를 찾을 수 있다. 결국, 행복한 가족이 되는 가장 확실한 비결은?

행복한 가족이 되기 위한 노력을 시작하는 것이다.

이 책에 실명으로 등장하는 수십 명에게 고마움을 전하고 싶다. 그들은 나를 자택이나 사무실로 반갑게 맞아주고, 자녀들을 소개해주고, 식사를 대접해주고, 가끔은 그들의 집에 묵게 하면서 아주 개인적인 질문에도 따뜻하고 정직하고 예리한 답변을 해주었다. 수많은 교훈을 안겨주고, 새로운 세상을 보여주고, 내 주변 사람들의 삶을 풍요롭게 바꾸어준 그들에게 깊이 감사한다. 이 책은 가족에 대한 그들의 감동적인 헌신에 보내는 찬사이다.

그 밖에도 수많은 이들이 내 질문에 기꺼이 응해주고 뜻밖의 의견들을 제시해주었으며, 이 책에 수집된 아이디어들과 이야기들을 제공해주었다. 마이크 아헌, 재니스 배킹, 지나 비앙키니, 캠벨 브라운, 댄 세너, 벨과 웬시스 카사레스, 로리 데이비드, 버니 디코번, 나디야 디레코바, 대니 듀덱, 조 플래터리, 린 포글, 레슬리 고든, 로빈 건, 빌 호프하이머, 세라 허디, 릴라 이브라힘, 마이클 레이즈로, 노먼 리어, 수전 레비, 데브라 런드, 실라 마셀로, 베스 미들워스, 마크 핀커스, 소피 폴리트 코엔, 메리데스 포스트, 로버트 프로바인, 조애나 리스, 존 햄, 이블린 레시, 케빈 슬래빈, 래리 웬트에게 감사의 말을 전한다.

나는 이 책에 담긴 많은 주제들과 관련하여 〈뉴욕타임스〉의 선데이 스타일스Sunday Styles 섹션에 기고할 수 있는 영광을 누렸다. 이런 특별한 기회를 주신, 항상 멋지고 사려 깊은 스튜어트 엠리치에게 감사드린다. 로라 마머는 미숙한 내 아이디어들을 제대로 된 칼럼들로 완성할 수 있도록 도와주었다. 매일 그녀가 내게 나눠준 지혜와 따뜻한 동료애는 큰 기쁨이었다. 매기 머피는 〈퍼레이드〉에 가족의 저녁식사에 대한 글을 기고하도록 격려해주었다. 리사 벨킨, 랜디 코언, K. J. 델란토니아, A. J. 제이콥스, 조디 캔터, 론 리버, 코비 커머, 제인 리어, 게리 로슨, 그레천 루빈, 봅 라이트 등 동료 작가들과 잡지사 직원들에게도 감사드린다.

앨런 버거, 크레이그 제이콥슨, 브라이언 파이크, 샐리 윌콕스와 그토록 긴밀히 협조할 수 있어서 무척이나 기뻤다.

윌리엄 머로 출판사의 마이클 모리슨, 리에트 스텔릭 등 많은 직원들이 나를 격려해주고 열의를 북돋아주었다. 특히 린 그래디, 타비아 코월후크, 그리고 샤린 로젠블룸에게 감사드린다. 헨리 페리스는 이 책의 모든 측면을 개선하는 작업을 빈틈없이 해주었다. 그러니 페이지마다 우리의 우정이 녹아 있는 셈이다. 콜 해거에게도 고마운 마음을 전하고 싶다.

데이비드 블랙은 물론 데이브 라라벨, 수전 라이호퍼, 그리고 데이비드 블랙 저작권사의 직원들은 모든 작가가 함께 일하기를 꿈꾸는 파트너이다.

재능 있는 작가이자 지칠 줄 모르는 일꾼 채드윅 무어에게 만세 삼창을 보낸다.

서니 베이츠, 로라 벤저민, 저스틴 카스틸로, 데이비드 크레이머, 캐런 레먼 블록, 안드레아 메일, 린 오벌랜더, 데이비드 솅크, 제프 셤린, 로런 슈나이더, 맥스 스티어, 조 와이스버그. 이들은 유쾌한 성격으로 내게 큰 힘을 주었다. 벤 셔우드는 선견지명 있는 지도자이자 훌륭한 아버지이다. 조슈아 라모는 최종 원고에 대해 통찰력 있는 평가를 해주며 이 책의 탄생에 깊숙이 관여했다.

나는 운 좋게도 훌륭한 두 가족을 가졌다. 아내의 부모님인 데비와 앨런 로턴버그만큼 가족에게 헌신적인 사람들을 본 적이 없다. 아버님, 어머님, 제게 많은 가르침을 주셔서 고맙습니다. 그리고 함께 여행을 하면서 수많은 게임과 즐거운 아침을 선사해주고 여러 비법을 알려준 엘리사와 댄 로턴버그, 레베카와 매티스 골드먼을 꼭 안아주고 싶다. 나는 처가 식구들에게 합격점을 받을 수 있을지 모르겠다.

나는 늘 새로운 방법으로 주변 사람들의 기를 북돋아주며 계속해서 발전해나가는 건강한 가족 안에서 큰 격려를 받으며 자랐다. 특히 부모님인 제인과 에드 파일러, 그리고 캐리와 로드 벤더에게 경의를 표하고 싶다. 형 앤드루는 소중한 시간을 투자하여 예리한 통찰력으로 이 책의 원고를 보강해주었다. 고마워, 형.

위대한 의사 존 힐리 선생님에게 눈물 어린 사랑과 감사의 마음을 보낸다. 나는 암을 이겨냈고 5년이 지난 지금 이 책이 탄생하게 되었다. 내가 내딛는 모든 걸음은 선생님 덕분입니다.

이 책을 쓰는 동안 든든한 지원자를 곁에 둔 듯한 느낌이었다. 아내 린다 로턴버그는 이런저런 아이디어를 실험하는 데 자발적으로 참여해주었고, 가끔은 내 의견에 반대하기도 했지만 대개는 내 이야기에 장단을 맞춰주었으며, 원고를 예리한 눈으로 읽어주었다. 그녀와 한가족을 이룬 나는 엄청난 행운아이다. 내가 행복한 가족을 연구하면서 큰 결실을 얻을 수 있었던 것은 새로운 아이디어를 기꺼이 받아들이고 개선해준 아내 덕분이다. 사랑해, 여보.

이 책의 처음부터 끝까지 나는 같은 날 태어나 즐거움과 놀라움을, 가끔씩은 대혼란과 고성을, 그리고 무엇보다 모든 주변 사람에게 기쁨을 가져다준 두 사람에게서 영감을 얻었다. 타이비, 에덴, 이 책을 너희에게 바친다. 너희가 아주 어릴 때 내가 밤에 짧은 시를 하나 지어줬었지. "너희가 어디를 가든/무엇을 하든/항상 기억하렴/이 아빠가 너희를 사랑한다는 걸." 하지만 너희는 그 시를 다르게 바꿔서 읽어달라고 졸라댔어. "너희가 어디를 가든/무엇을 하든/항상 기억하렴/이런, 내가 까먹었네……." 그러곤 너희는 웃었지.

앞으로 너희의 삶에 웃음과 추억, 모험, 그리고 무엇보다 행복한 가족이 함께하길 빈다.

후기

이 책을 쓰면서 집단, 조직, 네트워크, 사업체, 그리고 가족의 효율성을 최대치로 높이는 방법에 대한 다수의 새로운 연구들과 아이디어들로부터 큰 도움을 받았다. 이 책에 실린 모든 인터뷰는 수년에 걸쳐 내가 직접 진행한 것이다. 지금부터는 내가 참고한 광범위한 자료들의 출처를 소개하고자 한다.

서문: 왜 가족에 대한 새로운 사고가 필요한가

남들과 함께 시간을 보내는 것이 행복의 핵심적인 요소임을 밝힌 연구는 긍정 심리학 분야에서 찾을 수 있다. 특히 조너선 헤이트의《행복의 가설》, 대니얼 길버트Daniel Gilbert의《행복에 걸려 비틀거리다Stumbling on Happiness》, 마틴 셀리그먼의《긍정 심리학》을 읽으면 도움이 될 것이다. 육아 방식의 양극단을 보여주는 에이미 추아Amy Chua의《타이거 마더Battle

Hymn of the Tiger Mother》와 파멜라 드러커맨Pamela Druckerman의 《프랑스 아이처럼Bring Up Bébé》도 참고하면 좋다.

1. '애자일'한 가족

데이비드 스타의 논문 〈가족을 위한 애자일 실천법: 자녀들·부모들과 함께 반복하기〉(2009)는 http://pluralsight-free.s3.amazonaws.com/david-starr/files/PID922221.pdf에서 볼 수 있으며, 여기에는 스타 가족의 아침 점검표와 순서도를 찍은 사진들도 실려 있다. 애자일 선언서를 작성하는 작업에 참여한 사람들의 사진, 서명인들의 명단, 그리고 회의를 열게 된 배경에 대한 설명은 http://agilemanifesto.org에 실려 있다.

가족의 행복에 관한 퓨 리서치 센터의 수치는 〈결혼의 감소와 새로운 가족의 부상The Decline of Marriage and Rise of New Families〉(2010. 11)에 기록되어 있다. 가족 관련 스트레스가 아이들에게 미치는 영향에 대한 연구도 많이 이루어졌다. 2010년 1월에 미국 국립보건원은 소아 비만에 대해 조사했고, 2003년 10월에 〈미국 의학협회보Journal of the American Medical Association〉는 정신질환에 대한 내용을 실었으며, 2009년 4월에 국제·미국 치아연구학회는 충치에 대해 조사했다. 엘런 갤린스키의 연구 내용은 그녀의 저서 《아이들에게 물어라Ask the Children》에 소개되어 있다.

제프 서덜랜드에게 영감을 준 다케우치 히로타카와 노나카 이쿠지로의 〈새롭고 새로운 생산품 개발 게임〉은 〈하버드 비즈니스 리뷰〉(1986. 1~2)에 실렸다. 애자일 조직에 관한 톰 피터스의 발언은 www.tompeters.com/blogs/freestuff/uploads/TP_Purpose083107.pdf에서 따왔다.

아이들이 자신의 목표를 직접 정하는 문제에 관해서는 캘리포니아 대학 버클리 캠퍼스의 실비아 번지Silvia Bunge가 행한 다수의 연구를 참고했다. http://vcresearch.berkeley.edu/news/learning-getting-heads-schoolchildren 혹은 포 브론슨Po Bronson과 애슐리 메리먼Ashley Merryman의 《양육 쇼크Nurture Shock》에서 그 연구들의 개관을 볼 수 있다. 알렉스 펜틀랜드Alex Pentland의 논문 〈위대한 팀을 조직하는 새로운 과학The New Science of Building Great Teams〉은 〈하버드 비즈니스 리뷰〉(2012. 4)에 실려 있다.

2. 가족과 함께하는 저녁식사

내가 존과 제니퍼 베시 부부를 인터뷰한 내용은 〈퍼레이드〉 2012년 6월 17일자에 소개되어 있다. 로리 데이비드는 그녀의 저서 《가족의 저녁식사》에 가족이 함께하는 식사의 가치에 대한 방대한 양의 연구를 수집해 놓았다. 그 외의 추가적인 연구들은 www.thefamilydinnerproject.org와 www.barilla.com/share-table?p=research-on-the-benefits-of-family-meals에 정리되어 있다. 가족의 식사시간이 학업 성취와 정서 건강을 예측할 수 있는 변수가 된다는 사실에 대해서는 미시간 대학 인구연구센터의 샌드라 호퍼스Sandra Hofferth와 존 샌드버그John Sandberg의 논문 〈미국 아동들의 시간의 변화, 1981~1997Changes in American Children's Time, 1981-1997〉을 참고했다.

가족끼리 식사하는 시간의 감소에 대한 연구는 여러 곳에서 찾을 수 있다. 유니세프 보고서는 www.unicef-irc.org/publications/pdf/rc7_eng.pdf에서 볼 수 있고, UCLA의 연구 내용은 엘리너 오크스Elinor Ochs와 리사 캡스Lisa Capps의 《살아 있는 이야기Living Narrative》에 소개되어 있다. 가족의 회복력에 대한 마셜 듀크와 로빈 피버시의 연구는 〈케첩과 친족에 관하여Of Ketchup and Kin〉(2003. 5), www.marial.emory.edu/pdfs/Duke_Fivush027-03.pdf에 실려 있다. 세대 간 자아에 대한 그들의 연구는《개인적이고 집단적인 자기 영속성Individual and Collective Self-Continuity》(파비오 사니 편집)에서 볼 수 있다.

케네디 가의 가족식사에 대한 이야기는 에블린 링컨Evelyn Lincoln의《존 F. 케네디와 함께 보낸 12년My Twelve Years with John F. Kennedy》과 토머스 리브스Thomas Reeves의《인격의 문제A Question of Character》에서 따왔다. 가족끼리 식사를 할 때 실질적인 대화는 약 10분 동안 이루어진다는 통계는 쇼샤나 블룸 쿨카Shoshana Blum-Kulka의《식사시간의 대화Dinner Talk》, 린 포글의《제2언어 사회화와 학습자 동인Second Language Socialization and Learner Agency》, 그리고 포글과의 인터뷰를 참고했다. 엘런 갤린스키의 어휘력 연구는《내 아이를 위한 7가지 인생 기술Mind in the Making》에 소개되어 있다. 코넬 대학의 왕치 교수는 미국 어머니들과 아시아계 어머니들의 대화 방식을 비교하는 광대한 연구를 실시했다. 그녀의 연구 내용은 www.human.cornell.edu/hd/outreach-extension/upload/wang.pdf에 요약되어 있다. 공동으로 이야기하기co-narration는 엘리너 오크스, 루스 스미스Ruth Smith, 캐럴린 테일러Carolyn Taylor의 〈식사시간의 탐정소설Detective Stories at Dinnertime〉(〈문화 역학Cultural Dynamics〉, 1989)에 간략하게 설명되어 있다.

3. 가족 사명서의 위력

마리아 크라이선Maria Krysan, 크리스틴 무어Kristin Moore, 니콜라스 질Nicholas Zill은 미국 보건복지부를 위해 〈성공적인 가족의 특징Identifying Successful Families〉이라는 연구 논문을 썼다. 마틴 셀리그먼의 24가지 성격 강점을 비롯한 기타 자료들은 블로그(www.authentichappiness.sas.upen.edu)와 그의 저서《성격 강점과 미덕Character Strengths and Virtues》에서 볼 수 있다. 피터 크러티의 다른 작품에 대한 정보를 얻으려면 www.peterkrutyeditions.com을 방문해보길 바란다.

《반항적인 아이를 기르는 카즈딘 교육법The Kazdin Method for Parenting the Defiant Child》에는 육아에 관한 앨런 카즈딘의 조언들이 실려 있다. 이상적인 자아에 대한 로라 킹의 연구는 〈인생의 목표에 대해 쓰는 것이 건강에 미치는 유익한 영향The Health Benefits of Writing About Life Goals〉(2001)에서 볼 수 있으며, 그 기법과 감사 일기를 비교한 내용은 케넌 셸던Kennon Sheldon과 소냐 류보머스키의 〈긍정적인 감정을 늘리고 유지하는 방법How to Increase and Sustain Positive Emotions〉(2006)을 참고하면 된다.

4. 영리하게 싸워라

인간관계에 있어서의 다툼에 대해 다룬 수많은 문헌이 있다. 다툼을 방지할 수 있다는 개념에 대해서는 리드 라슨과 메리스 리처즈의 《서로 다른 현실들Divergent Realities》을 참고했다. 다툼이 남성에게 미치는 생리학적 영향은 《서로 다른 현실들》과 타라 파커 포프의 《연애와 결혼의 과학For Better》에 논의되어 있다. 여성에게 미치는 영향은 《연애와 결혼의 과학》과 《서로 다른 현실들》에 개관되어 있다. 언제 싸워야 하는가에 관해서는 《서로 다른 현실들》, 데보라 태넌의 《널 사랑해서 하는 말이야》, 대니얼 카너먼의 《생각에 관한 생각》을, 언어에 관해서는 제임스 펜베이커의 《대명사의 은밀한 생활》과 샘 고슬링의 《스눕Snoop》을, 몸짓 언어에 관해서는 존 카치오포의 《인간은 왜 외로움을 느끼는가Loneliness》를 참고했다. 배우자 간의 대화를 분석한 존 가트맨의 광범위한 연구는 그의 대중서적들인 《행복한 부부 이혼하는 부부The Seven Principles for Making Marriage Work》와 《부부를 위한 사랑의 기술Ten Lessons to Transform Your Marriage》에 요약되어 있다.

윌리엄 유리의 협상 철학을 가장 잘 엿볼 수 있는 책은 그가 로저 피셔와 함께 저술한 《Yes를 이끌어내는 협상법》이다. 일과 삶, 가정의 이야기를 다룬 조슈아 와이스의 오디오북 시리즈 《당신 안의 협상가The Negotiator in You》도 큰 도움이 된다. 음식의 유통기한을 무시해도 좋은 이유에 대해 내가 수집한 조사 자료들을 보려면 내 칼럼 〈쓰레기를 회수하라Take Back the Trash〉(〈뉴욕타임스〉, 2001년 5월 4일자)를 참고하기 바란다. 그 일이 내 생활에 얼마나 큰 영향을 미쳤는지 보려면 우리 집 부엌을 찾아오시라.

5. 자녀의 용돈관리법

자녀와 용돈에 대한 내용은 유니버시티 칼리지 런던의 애드리안 펀햄Adrian Furnham에게서 큰 도움을 얻었다. 그는 고맙게도 그의 저서 《젊은이들의 경제적 사회화The Economic Socialisation of Young People》의 원고를 내게 보내주었다. 그 책은 이 주제에 관한 한 최고의 개론서이다. 이 외에도 대니얼 핑크의 《드라이브》, 대니얼 카너먼의 《생각에 관한 생각》, 데이비드 오언의 《아빠 은행》 역시 큰 도움이 되었다. 캐슬린 보스의 연구는 〈돈의 생리학적 영향The Psychological Consequences of Money〉(〈사이언스〉, 2006. 11. 17)에 실려 있다. 그녀가 스탠퍼드 대학에서 한 강연은 http://www.youtube.com/watch?v=qrMoDJnJeF8에서 볼 수 있다.

일레인 이커Elaine Eaker와 동료들은 부부, 싸움, 돈 문제를 다룬 논문 〈결혼 여부, 부부 간 긴장, 관동맥성 심장병 발병률 혹은 총 사망률Marital Status, Marital Strain and the Risk of Coronary Heart Disease or Total Mortality〉(2007)을 발표했다. 제이 자고르스키는 혼인 여부와 금전적 이득에 관한 연구 논문 〈결혼과 이혼이 부에 미치는 영향Marriage and Divorce's Impact on Wealth〉(2005)을 발

표했다. 존 데이비스는《대대로Generation to Generation》를 저술했다.

6. 가족 간 갈등 해결법

형제자매 간의 갈등에 관해서는 힐디 로스(http://watarts.uwaterloo.ca/~hrosslab/index.html)와 일리노이 대학 가족복원센터 소속인 로리 크레이머(http://familyresiliency.illinois.edu/people/Kramer/profile.html)의 도움을 받았다. 포 브론슨과 애슐리 메리먼의《양육 쇼크》에도 동기간 관계에 대한 여러 연구가 소개되어 있다.

견실한 가족과 어려운 대화에 관한 존 디프레인의 연구는 오스트레일리아 가족연구소가 발간하는 잡지인 〈가족 문제Family Matters〉(1999년 겨울)에 개관되어 있다.

과학 논문과 브로드웨이 뮤지컬에 관한 브라이언 우지의 연구는 니콜라스 크리스타키스Nicholas Christakis와 제임스 파울러James Fowler의《연결Connected》에 소개되어 있다. 게리 클라인은 〈하버드 비즈니스 리뷰〉(2007. 9)에 사전 부검 기법을 설명했다. 애니타 울리Anita Woolley, 크리스토퍼 샤브리스Christopher Chabris, 알렉스 펜틀랜드, 나다 하시미Nada Hashimi, 토머스 말론Thomas Malone은 〈인간 집단들의 행위에 나타나는 집단 지능 요인의 증거Evidence for a Collective Intelligence Factor in the Performance of Human Groups〉(〈사이언스〉, 2010. 9)라는 논문을 발표하여 두 여성 법칙을 뒷받침했다. 더 많은 배경지식을 얻고 싶다면, 비키 크레이머Vicki Kramer, 앨리슨 콘래드Alison Konrad, 숨루 에르쿠트가 웰즐리 여성출판국센터를 위해 발표한 논문 〈필요한 기업 임원의 인원수Critical Mass on Corporate Boards〉(2006)와 션 파랜드Sean Farhand와 그레고리 와로Gregory Wawro의 〈미국 상소 법원의 제도적 역학Institutional Dynamics on the U. S. Court of Appeals〉(〈법, 경제학, 그리고 조직 저널Journal of Law, Economics, & Organization〉, 2004)을 참고하면 좋다.

나는 〈뉴욕타임스〉(2012년 7월 27일자)의 내 칼럼 〈아버지는 어른의 아이이다The Father Is Child of the Man〉에서 나의 부모님과의 대화에 대해 다른 맥락에서 쓴 바 있다.

7. 가족이 나누어야 하는 성 이야기

10대의 성에 관한 구트마허 연구소의 광범위한 연구는 www.guttmacher.org/pubs/FB-ATSRH.html에 개관되어 있다. 콘돔 사용 같은 성 문제에 대해 부모와 아이들이 나누는 대화에 관한 데이터는 마크 슈스터Mark Schuster, 캐런 이스트먼Karen Eastman, 로잘리 코로나Rosalie Corona의 〈말하는 부모, 건전한 10대Talking Parents, Healthy Teens〉(〈소아과학Pediatrics〉, 2006. 10)에서 따왔다. 부모와 자녀 간의 대화에서 나타나는 성별 간 차이에 관한 자카드Jaccard, 디터스Dittus, 고든Gordon의 연구는 《부모와 10대 자녀 간의 대화Parent-Teen Communication》에 논의되어 있다. 마크 레그너러스Mark Regnerus는 〈성에 대해 이야기하기Talking About Sex〉(〈사회학 계간The Sociological Quarterly〉, 2005)에서 10대와 성에 관한 문헌들을 개관했다.

유럽 10대들의 성에 관한 자료는 에스더 페렐의 《왜 다른 사람과의 섹스를 꿈꾸는가》를 참고했다. 남자아이들의 성적 경험을 늦추는 데 부모들이 할 수 있는 역할에 대해서는 멜빈 코너Melvin Konner의 《아동기의 진화The Evolution of Childhood》를 참고했다. 부모의 태도가 여자아이들의 행동에 영향을 미치는 원리에 대한 문헌은 조이스 맥패든의 《당신 딸의 침실》과 에블린 레시Evelyn Resh의 《10대 소녀들의 비밀스런 생활The Secret Lives of Teen Girls》에 개관되어 있다. 부녀지간이 친밀할수록 딸의 성경험이 늦어지는 사실에 대한 연구는 마크 레그너러스와 로라 루치스Laura Luchies의

〈부모-자녀 관계와 청소년의 첫 성경험The Parent-Child Relationships and Opportunities for Adolescents' First Sex〉(〈가족 문제 저널 27Journal of Family Issues 27〉, 2006)을 참고했다.

미국 소아과 학회는 www.healthychildren.org/Engligh/ages-stages/preschool/pages/Talking-to-Your-Young-Child-About-Sex.aspx에서 자녀들과 성에 관한 이야기를 나눌 것을 권유하고 있다.

오르가슴으로부터 남성과 여성이 얻는 이득에 관한 문헌은 크리스토퍼 라이언Christopher Ryan과 카실다 제타Cacilda Jethá의《왜 결혼과 섹스는 충돌할까Sex at Dawn》에 개관되어 있다. 타라 파커 포프는《연애와 결혼의 과학》에서 부부 충실도에 대해 분석하고, 결혼 후 성적 활동이 감소하는 문제를 면밀히 개관하고 있다. 행복한 부부관계에 대한 도스의 공식은 대니얼 카너먼의《생각에 관한 생각》에 소개되어 있다.

8. 행복한 부부관계의 비법

내가 게리 채프먼과 인터뷰한 내용의 일부가 〈뉴욕타임스〉(2011년 11월 19일자)의 〈게리 채프먼이 당신의 결혼생활을 구원해줄 수 있을까?Can Gary Chapman Save Your Marriage?〉에 실려 있다. 조너선 헤이트는《행복의 가설》에서 부부관계에 대해 논하고 있다. 타라 파커 포프는《연애와 결혼의 과학》에서 결혼의 긍정적인 영향과 이혼 관련 통계 자료를 소개하고 있다. 부부 상담 치료 업계에 대한 내 생각은 레베카 데이비스의《좀 더 완벽한 결합More Perfect Unions》에 영향을 받았다. 〈누가 부부 상담 치료를 두려워하는가?Who's Afraid of Couples Therapy?〉(〈심리치료 네트워커The Psychotherapy Networker〉, 2011. 11/12)라는 논문은 부부 상담에 관한 내용을 다루고 있다.

엄마, 행복, 종교에 대한 연구는 제프리 듀Jeffrey Dew와 W. 브래드포드 윌콕스Bradford Wilcox의 〈엄마가 행복하지 않다면If Momma Ain't Happy〉(〈결혼과 가족 저널Journal of Marriage and Family〉, 2011. 2)을 참고했다. 아빠, 행복, 종교에 관해서는 W. 브래드포드 윌콕스의 〈종교가 답인가?Is Religion an Answer?〉(결혼과 가족 센터, 2012. 6)를 참고했다. 임채윤과 로버트 퍼트넘은 사회적 접촉이 종교기관에 미치는 영향을 연구한 논문 〈종교, 사회 관계망, 그리고 삶의 만족도Religion, Social Networks, and Life Satisfaction〉(〈미국 사회학 리뷰American Sociological Review〉, 2010)를 발표했다.

이 외에도 셸리 게이블, 지안 곤자가Gian Gonzaga, 에이미 스트래치맨Amy Strachman의 〈일이 잘 풀릴 때 나와 함께 기뻐해줄 건가요?Will You Be There for Me When Things Go Right?〉(〈성격 및 사회심리학 저널Journal of Personality and Social Psychology〉, 2006), 〈미안하다는 말에는 돈이 들지 않는다Saying Sorry Really Does Cost Nothing〉(〈사이언스 데일리Science Daily〉, 2009. 9) 등의 연구 논문들이 이 장에 언급되어 있다.

부부관계 개선과 관련하여, 아서 에어런과 동료들은 〈자아에 타인들을 포함시키기Including Others in the Self〉(〈유럽 사회심리학 리뷰European Review of Social Psychology〉, 2004. 3)라는 논문을 발표하면서, 부부관계에서 '나'를 중시해야 한다는 점을 강조했다. 부부 데이트의 중요성에 대해서는 W. 브래드퍼드 윌콕스와 제프리 듀의 〈부부 데이트의 기회The Date Night Opportunity〉(미국 결혼 프로젝트, 2012), 타라 파커 포프의 〈결혼생활을 오래 한 부부들을 위한 데이트 재창조Reinventing Date Night for Long-Married Couples〉(〈뉴욕타임스〉, 2008년 2월 12일자)를 참고했다. 더블데이트에 대해서는 리처드 슬래처의 〈해리와 샐리가 딕과 제인을 만났을 때When Harry and Sally Met Dick and Jane〉(〈개인적 인간관계Personal Relationships〉, 2010)를 참고했다. 가족의 밤에 대해서는 제니퍼 시니어Jennifer Senior의 〈기쁘지만 재미없어: 왜 부모들은 육아를 싫어하는가All Joy and No Fun: Why Parents Hate Parenting〉(〈뉴욕〉, 2010년 7월 4일자)와 W. 브래드퍼드 윌콕스의 〈아기가 태어나면When Baby Makes Three〉(미국 가치 연구소와 미국 결혼 프로젝트, 2011. 12)을 참고했다.

9. 손자를 돌보는 조부모들

가족 안에서 조부모가 하는 역할에 관해서는 세라 블래퍼 허디와 존 카치오포와의 인터뷰, 그리고 그들의 훌륭한 저서들, 특히 허디의 《어머니들과 타인들Mothers and Others》과 《어머니의 탄생Mother Nature》, 그리고 카치오포의 《인간은 왜 외로움을 느끼는가》로부터 도움을 받았다. 조부모가 인류의 '비장의 카드'라는 점에 대해서는 허디의 《어머니들과 타인들》을 참고했다. 할머니 효과에 대해서는 멜빈 코너의 《아동기의 진화》를 참고했다.

현대 조부모들의 영향력에 대한 연구는 코너의 《아동기의 진화》에 개관되어 있다. 조부모의 자녀 양육 개입에 대한 통계는 미국 국립 가족·가계 조사의 데이터를 사용한 〈아이들을 돌보는 할머니와 할아버지Grandma and Grandpa Taking Care of the Kids〉(〈아동 동향Child Trends〉, 2004. 7)에서 따왔다. 조부모가 아이들에게 미치는 영향에 대해서는 제러미 요거슨, 로라 파딜라 워커Laura Padilla-Walker, 제이미 잭슨Jami Jackson의 〈함께 살지 않는 조부모의 정서적·금전적 개입이 초기 청소년기 손자에게 미치는 영향Nonresidential Grandparents' Emotional and Financial Involvement in Relation to Early Adolescent Grandchild Outcomes〉(〈청소년 연구 저널Journal of Research on Adolescence〉, 2011. 9)을 참고했다.

나이를 먹을수록 긍정적인 감정이 커진다는 로라 카스텐슨의 연구 내용은 http://psych.stanford.edu/~jmikels/carstensen_mikels_cd_2005.pdf에서 볼 수 있다. 다이애나 박서는 〈잔소리: 가족 갈등의 장Nagging: The

Familial Conflict Arena〉(〈화용론 저널Journal of Pragmatics〉, 2010. 12)이라는 잔소리에 관한 논문을 발표했다. 클리포드 내스 또한《관계의 본심The Man Who Lied to His Laptop》에서 잔소리와 건설적인 비판에 대해 썼다.

10. 똑소리 나는 공간 활용법

가족을 위한 공간의 중요성에 대한 내 생각은 크리스토퍼 알렉산더의 걸작《패턴 랭귀지》, 토비 이즈리얼Toby Israel의《집 같은 곳Some Place Like Home》, 클레어 쿠퍼 마커스Claire Cooper Marcus의《집은 자아를 비추는 거울House as a Mirror of Self》의 영향을 받았다. 색깔과 행복에 대한 논의는 샐리 오거스틴과의 인터뷰에서 비롯되었다. 파버 비렌Faber Birren의《색채심리Color Psychology and Color Therapy》와 리트리스 아이즈먼Leatrice Eiseman의《색채Color》도 참고했다. 미와 요시코와 하뉴 가주노리의〈상담실의 실내장식이 상담가의 인상과 의사소통에 미치는 영향The Effects of Interior Design on Communication and Impressions of a Counselor in a Counseling Room〉(〈환경과 행동Environment and Behavior〉, 2010. 5)에는 조명에 관한 문헌들이 훌륭하게 개관되어 있다.

공간을 평가하는 방법에 대한 샘 고슬링의 아이디어들은 그의 저서《스눕》에 소개되어 있다. 혼란스러운 공간이 인간관계에 미치는 영향과 혼란의 유형, 그리고 성별과 공간에 대한 에릭 에이브러햄슨의 연구 내용은 그의 저서《완벽한 혼란》(데이비드 프리드먼과 공저)에서 볼 수 있다. 부부 각자가 자신이 집 안 청소에 기여하는 정도를 과대평가하는 경향에 대해서는 대니얼 카너먼의《생각에 관한 생각》에 논의되어 있다.

집集사회적, 이離사회적 배치라는 험프리 오스먼드의 개념들은 위니프레드 갤러거Winifred Gallagher의《집을 생각하다House Thinking》에 논의되어 있다. 앉는 거리에 관해서는 마이클 아가일Michael Argyle과 재닛 딘Janet Dean의 〈눈맞춤, 거리, 그리고 친화Eye-Contact, Distance, and Affiliation〉(《소시오메트리Sociometry》, 1965. 9)에 논의되어 있다. 테이블에 앉는 위치에 관한 연구는 브라이언 로슨Bryan Lawson의 《공간 언어Language of Space》에 소개되어 있다. 앉는 자세와 푹신한 의자에 대해서는 대나 카니Dana Carney, 에이미 커디Amy Cuddy, 앤디 얩Andy Yap의 〈효과적인 자세Power Posing〉(《심리과학Psychological Science》, 2010. 9)에 분석되어 있다.

11. 가족여행 점검표

피터 프로노보스트의 점검표는 아툴 가완디Atul Gawande의 《체크 체크리스트The Checklist Manifesto》와 프로노보스트의 《존스 홉킨스도 위험한 병원이었다Safe Patients, Smart Hospitals》의 소재로 다루어진 바 있다. 사교적 게임에 대한 내용은 제인 맥고니걸Jane McGonigal의 《누구나 게임을 한다Reality is Broken》를 참고했다. 미국과 아시아의 친사회적 게임에 대한 연구는 더글러스 젠타일Douglas Gentile과 동료들이 발표한 〈친사회적 비디오 게임이 친사회적 행동에 미치는 영향The Effect of Prosocial Video Games on Prosocial Behaviors〉(《인성과 사회심리학 회보Personality and Social Psychology Bulletin》, 2009. 3)을 참고했다.

12. 자녀의 스포츠 활동

유소년 스포츠에 대한 내용은 톰 파리Tom Farrey의 《아직 끝나지 않은 경기Game On》, 짐 톰슨Jim Thompson의 《이중 목표 코치The Double-Goal Coach》, 리치 루커의 《단순한 공동체에서 살기/단순한 공동체 건설하기Living Simple Community/Building Simple Community》 등의 많은 저서들뿐만 아니라 톰슨과 루커와의 대화로부터도 큰 도움을 받았다. 유소년 스포츠 참여율 통계, 운동선수들과 〈포춘〉 선정 500대 기업에 대한 연구, 다양한 운동 기술의 습득에 대한 도표 등은 파리의 저서를 참고했다. 부모의 폭행 사례는 톰슨의 저서에 논의되어 있다. 소년과 스노보드에 얽힌 이야기 역시 톰슨의 저서에 소개되어 있다. 레슬링 선수들과 스키 선수들에 관한 연구 내용은 라이언 헤드스트롬Ryan Hedstrom과 대니얼 굴드Daniel Gould의 〈유소년 스포츠 연구Research in Youth Sports〉(유소년 스포츠 연구소, 2004)에서 따왔다.

어린이와 재능 습득에 관한 연구는 벤저민 블룸의 《아이의 재능 키우기》를 참고했다. 톰슨의 100점 테스트는 짐 톰슨의 《긍정적인 스포츠 육아Positive Sports Parenting》에 소개되어 있다. 케이 레드필드 재미슨의 인용문은 《활력Exuberance》에서 따온 것이다. 나는 〈남자만의 공간 지배하기Dominating the Man Cave〉(〈뉴욕타임스〉, 2011년 2월 3일자)라는 칼럼에서 ESPN의 다른 측면에 대해 쓴 바 있다.

13. 완벽한 가족모임을 위한 지침

가족모임의 통계와 특별한 사례에 대해서는 〈리유니언스〉의 편집자인 에디스 와그너의 도움을 받았다. 군부대 내 화합에 대한 내용은 윌리엄 맥닐의 《박자에 맞추어 단결하기》, 존 존스John Johns와 마이클 비켈Michael Bickel의 《미국 군대의 화합Cohension in U.S. Military》, 제프 밴 엡스Geoff Van Epps의 〈부대 내 화합의 재검토Relooking Unit Cohesion〉(〈밀리터리 리뷰Military Review〉, 2008. 11/12)를 참고했다.

결론: 모든 행복한 가족들

〈모던 패밀리〉의 제작진, 작가, 배우들과의 인터뷰 내용을 더 보고 싶다면

〈뉴욕타임스〉(2011년 1월 21일자)에 실린 내 칼럼 〈'모던 패밀리'가 현대 가족에 대해 말해주고 있는 것들What 'Modern Family' Says About Modern Families〉을 참고하기 바란다. 리드 라슨과 메리스 리처즈는《서로 다른 현실들》에서 끊임없는 재협상에 대해 썼다. 조너선 헤이트의《행복의 가설》에서는 이야기하기에 대한 헤이트의 생각을 알 수 있다. 톨스토이와 작은 녹색 막대기에 얽힌 이야기에 대해 더 알고 싶다면 http://www.tolstoy.org.uk/biography.html을 참고하기 바란다. 여기에는 톨스토이가 쓴 편지 원본의 이미지도 실려 있다.

참고문헌

- Abrahamson, Eric, and David H. Freedman. *A Perfect Mess: The Hidden Benefits of Disorder.* London: Phoenix, 2007.
- Ackerman, Jennifer. *Sex Sleep Eat Drink Dream: A Day in the Life of Your Body*. Boston: Houghton Mifflin, 2007.
- Andreasen, Nancy C. *The Creative Brain: The Science of Genius*. New York: Plume, 2006.
- Apter, Terri. *What Do You Want from Me?: Learning to Get Along with In-Laws*. New York: W. W. Norton, 2009.
- Ariely, Dan. *The Upside of Irrationality: The Unexpected Benefits of Defying Logic at Work and at Home*. New York: Harper, 2010.
- Baskin, Julia, Lindsey Newman, Sophie Politt-Cohen, and Courtney Toombs. *The Notebook Girls: Four Friends, One Diary, Real Life*. New York: Warner, 2006.
- Berreby, David. *Us and Them: The Science of Identity*. Chicago: University of Chicago Press, 2008.
- Blau, Melinda, and Karen L. Fingerman. *Consequential Strangers: Turning Everyday Encounters into Life-Changing Moments*. New York: W. W. Norton, 2010.
- Bloom, Paul. *How Pleasure Works: The New Science of Why We Like What We Like*. New York: W. W. Norton, 2010.
- Blum-Kulka, Shoshana. *Dinner Talk: Cultural Patterns of Sociability and Socialization in Family Discourse*. Mahwah, NJ: Lawrence Erlbaum Associates, 1997.
- Blyth, Catherine. *The Art of Conversation: A Guided Tour of a Neglected Pleasure*. New York: Gotham, 2009.
- Brizendine, Louann. *The Female Brain*. New York: Morgan Road, 2006.
- Bronson, Po, and Ashley Merryman. *Nuture Shock: New Thinking About Children*. New York: Twelve, 2009.
- Browning, Don S. *Marriage and Modernization: How Globalization Threatens Marriage and What to Do About It*. Grand Rapids, MI : William B. Eerdmans Publishing Company, 2003.
- Bryson, Bill. *At Home: A Short History of Private Life*. New York: Doubleday, 2010.
- Cacioppo, John T., and William Patrick. *Loneliness: Human Nature and the Need for*

Social Connection. New York: W. W. Norton, 2008.

- Carter, Christine. *Raising Happiness: 10 Simple Steps for More Joyful Kids and Happier Parents*. New York: Ballantine, 2010.
- Chabon, Michael. *Manhood for Amateurs: The Pleasures and Regrets of a Husband, Father, and Son*. New York: Harper, 2009.
- Chapman, Gary. *The Family You've Always Wanted: Five Ways You Can Make It Happen*. Chicago: Northfield Publishing, 2008.
- ——. *The 5 Love Languages: How to Express Heartfelt Commitment to Your Mate*. Chicago: Northfield Publishing, 1995.
- ——. *The 5 Love Languages of Teenagers: The Secret to Loving Teens Effectively*. Chicago: Northfield Publishing, 2010.
- ——. *Things I Wish I'd Known Before We Got Married*. Chicago: Northfield Publishing, 2010.
- Chapman, Gary D., and Ross Campbell. *The 5 Love Languages of Children*. Chicago: Moody, 1997.
- Christakis, Nicholas A., and James H. Fowler. *Connected: The Surprising Power of Our Social Networks and How They Shape Our Lives*. New York: Little, Brown, 2009.
- Chudacoff, Howard P. *Children at Play: An American History*. New York: New York University Press, 2007.
- Cialdini, Robert B. *Influence: The Psychology of Persuasion*. New York: HarperCollins, 2007.
- Cohen, Jon. *Almost Chimpanzee: Redrawing the Lines That Separate Us from Them*. New York: Times Books, 2010.
- Collins, James C. *Good to Great: Why Some Companies Make the Leap . . . and Others Don't*. New York: HarperBusiness, 2001.
- Collins, James C., and Jerry I. Porras. *Built to Last: Successful Habits of Visionary Companies*. New York: HarperBusiness, 1994.
- Coontz, Stephanie. *The Way We Never Were: American Families and the Nostalgia Trap*. New York: Basic, 1992.
- Cooper, Wyatt. *Families: A Memoir and a Celebration*. New York: Harper & Row, 1975.
- Covey, Sean. *The 7 Habits of Highly Effective Teens*. New York: Fireside, 1998.
- ——. *The 6 Most Important Decisions You'll Ever Make: A Guide for Teens*. New York: Fireside, 2006.
- Covey, Stephen R. *The 7 Habits of Highly Effective Families: Building a Beautiful Family Culture in a Turbulent World*. New York: Golden, 1997.

- ——. *The 7 Habits of Highly Effective People: Powerful Lessons in Personal Change.* New York: Fireside, 1989.
- Csikszentmihalyi, Mihaly. *Creativity: Flow and the Psychology of Discovery and Invention.* New York: HarperCollins, 1996.
- ——. *Flow: The Psychology of Optimal Experience.* New York: Harper & Row, 1990.
- Damasio, Antonio R. *Looking for Spinoza: Joy, Sorrow, and the Feeling Brain.* Orlando, FL: Harcourt, 2003.
- Davis, Rebecca L. *More Perfect Unions: The American Search for Marital Bliss.* Cambridge, MA: Harvard University Press, 2010.
- De Waal, Frans. *Our Inner Ape: A Leading Primatologist Explains Why We Are Who We Are.* New York: Riverhead, 2005.
- Deak, JoAnn M., and Teresa Barker. *Girls Will Be Girls: Raising Confident and Courageous Daughters.* New York: Hyperion, 2002.
- DeKoven, Bernie. *The Well-Played Game: A Playful Path to Wholeness.* San Jose: Writers Club, 2002.
- Diamandis, Peter H., and Steven Kotler. *Abundance: The Future Is Better Than You Think.* New York: Free Press, 2012.
- Drexler, Peggy. *Our Fathers, Ourselves: Daughters, Fathers, and the Changing American Family.* New York: Rodale, 2011.
- Duke, Marshall, and Sara Duke, eds. *What Works with Children: Wisdom and Reflections from People Who Have Devoted Their Careers to Kids.* Atlanta: PeachTree, 2000.
- Estroff, Sharon. *Can I Have a Cell Phone for Hanukkah?: The Essential Scoop on Raising Modern Jewish Kids.* New York: Broadway, 2007.
- Fadiman, Anne. *Ex Libris: Confessions of a Common Reader.* New York: Farrar, Straus and Giroux, 1998.
- Farrey, Tom. *Game On: The All-American Race to Make Champions of Our Children.* New York: ESPN, 2008.
- Feldman, Robert S. *The Liar in Your Life: The Way to Truthful Relationships.* New York: Twelve, 2009.
- Fernández-Armesto, Felipe. *Near a Thousand Tables: A History of Food.* New York: Free Press, 2002.
- Fischer, Claude S. *America Calling: A Social History of the Telephone to 1940.* Berkeley: University of California Press, 1992.
- ——. *Made in America: A Social History of American Culture and Character.* Chicago: University of Chicago Press, 2010.

- Fish, Joel, and Susan Magee. *101 Ways to Be a Terrific Sports Parent: Making Athletics a Positive Experience for Your Child*. New York: Simon & Schuster, 2003.
- Fisher, Roger, William Ury, and Bruce Patton. *Getting to Yes: Negotiating Agreement Without Giving In*. New York: Penguin, 1991.
- Fliegelman, Jay. *Prodigals and Pilgrims: The American Revolution Against Patriarchal Authority, 1750–1800*. Cambridge, UK: Cambridge University Press, 1982.
- Freud, Sigmund. *Group Psychology and the Analysis of the Ego*. Mansfield Centre, CT: Martino, 2010.
- Galinsky, Ellen. *Ask the Children: What America's Children Really Think About Working Parents*. New York: William Morrow, 1999.
- ——. *Mind in the Making: The Seven Essential Life Skills Every Child Needs*. New York: HarperStudio, 2010.
- Gallagher, Winifred. *House Thinking: A Room-by-Room Look at How We Live*. New York: HarperCollins, 2006.
- ——. *Rapt: Attention and the Focused Life*. New York: Penguin, 2009.
- Gawande, Atul. *The Checklist Manifesto: How to Get Things Right*. New York: Picador, 2010.
- Gazzaniga, Michael S. *The Ethical Brain: The Science of Our Moral Dilemmas*. New York: Harper Perennial, 2006.
- ——. *Human: The Science Behind What Makes Us Unique*. New York: Ecco, 2008.
- Gersick, Kelin E., John A. Davis, Marion McCollom Hampton, and Ivan Lansberg. *Generation to Generation: Life Cycles of the Family Business*. Boston: Harvard Business School, 1997.
- Gladwell, Malcolm. *Blink: The Power of Thinking Without Thinking*. New York: Little, Brown, 2005.
- Glickman, Elaine Rose. *Sacred Parenting: Jewish Wisdom for Your Family's First Years*. New York: URJ Press, 2009.
- Godin, Seth. *Tribes: We Need You to Lead Us*. New York: Portfolio, 2008.
- Gosling, Sam. *Snoop: What Your Stuff Says About You*. New York: Basic Books, 2008.
- Gottman, John M., and Joan DeClaire. *The Relationship Cure: A Five-Step Guide to Strengthening Your Marriage, Family, and Friendships*. New York: Three Rivers Press, 2002.
- Gottman, John M., and Nan Silver. *The Seven Principles for Making Marriage Work*. New York: Three Rivers Press, 1999.
- Graff, Gerald, and Cathy Birkenstein. *They Say, I Say: The Moves That Matter in Academic Writing*. New York: W. W. Norton, 2010.

- Gray, Peter B., and Kermyt G. Anderson. *Fatherhood: Evolution and Human Paternal Behavior*. Cambridge, MA: Harvard University Press, 2010.
- Gurian, Michael. *The Wonder of Girls: Understanding the Hidden Nature of Our Daughters*. New York: Atria, 2003.
- Haidt, Jonathan. *The Happiness Hypothesis: Finding Modern Truth in Ancient Wisdom*. New York: Basic Books, 2006.
- Hall, Edward T. *The Hidden Dimension*. New York: Anchor, 1990.
- Hall, Stephen S. *Wisdom: From Philosophy to Neuroscience*. New York: Alfred A. Knopf, 2010.
- Higley, Jim. *Bobblehead Dad: 25 Life Lessons I Forgot I Knew*. Austin, TX: Greenleaf Book Group, 2011.
- Hrdy, Sarah Blaffer. *Mother Nature: A History of Mothers, Infants, and Natural Selection*. New York: Pantheon, 1999.
- ——. *Mothers and Others: The Evolutionary Origins of Mutual Understanding*. Cambridge, MA: Belknap Press, 2009.
- Israel, Toby. *Some Place Like Home: Using Design Psychology to Create Ideal Places*. Chichester, UK: Wiley-Academy, 2003.
- Iyengar, Sheena. *The Art of Choosing*. New York: Twelve, 2010.
- Jamison, Kay Redfield. *Exuberance: The Passion for Life*. New York: Vintage, 2004.
- Johns, John H., and Michael D. Bickel. *Cohesion in the U.S. Military*. Washington, DC: National Defense University Press, 1984.
- Johnson, Steven. *Mind Wide Open: Your Brain and the Neuroscience of Everyday Life*. New York: Scribner, 2004.
- Judson, Olivia. *Dr. Tatiana's Sex Advice to All Creation*. New York: Henry Holt, 2002.
- Jung, C. G. *The Essential Jung*. Edited by Anthony Storr. Princeton, NJ: Princeton University Press, 1997.
- Kahneman, Daniel. *Thinking, Fast and Slow*. New York: Farrar, Straus and Giroux, 2011.
- Kaplan, Michael, and Ellen Kaplan. *Bozo Sapiens: Why to Err Is Human*. New York: Bloomsbury, 2009.
- Konner, Melvin. *The Evolution of Childhood: Relationships, Emotion, Mind*. Cambridge, MA: Belknap Press, 2010.
- Krasnow, Iris. *The Secret Lives of Wives: Women Share What It Really Takes to Stay Married*. New York: Gotham, 2011.
- Larson, Reed, and Maryse Heather Richards. *Divergent Realities: The Emotional Lives of Mothers, Fathers, and Adolescents*. New York: Basic Books, 1994.

- Levine, Madeline. *The Price of Privilege: How Parental Pressure and Material Advantage Are Creating a Generation of Disconnected and Unhappy Kids.* New York: HarperCollins, 2006.
- Ling, Rich. *The Mobile Connection: The Cell Phone's Impact on Society.* San Francisco: Morgan Kaufmann, 2004.
- ——. *New Tech, New Ties: How Mobile Communication Is Reshaping Social Cohesion.* Cambridge, MA: MIT, 2008.
- Luker, Rich. *Living Simple Community/Building Simple Community.* St. Petersburg, FL: Tangeness, 2009.
- Lyubomirsky, Sonja. *The How of Happiness: A Scientific Approach to Getting the Life You Want.* New York: Penguin, 2008.
- Marcus, Clare Cooper. *House as a Mirror of Self: Exploring the Deeper Meaning of Home.* Berkeley, CA: Conari, 1995.
- McFadden, Joyce T. *Your Daughter's Bedroom: Insights for Raising Confident Women.* New York: Palgrave Macmillan, 2011.
- McGonigal, Jane. *Reality Is Broken: Why Games Make Us Better and How They Can Change the World.* New York: Penguin, 2011.
- McNeill, William Hardy. *Keeping Together in Time: Dance and Drill in Human History.* Cambridge, MA: Harvard University Press, 1995.
- Meeker, Margaret J. *Strong Fathers, Strong Daughters: 10 Secrets Every Father Should Know.* Washington, DC: Regnery Publishing, 2006.
- Mintz, Steven. *Huck's Raft: A History of American Childhood.* Cambridge, MA: Belknap Press, 2004.
- Minuchin, Salvador. *Families and Family Therapy.* London: Routledge, 1991.
- Mitchell, Stephen A. *Can Love Last? The Fate of Romance Over Time.* New York: W. W. Norton, 2002.
- Mogel, Wendy. *The Blessing of a Skinned Knee: Using Jewish Teachings to Raise Self-Reliant Children.* New York: Scribner, 2001.
- Mortimer, Jeylan T. *Working and Growing Up in America.* Cambridge, MA: Harvard University Press, 2003.
- Nass, Clifford, and Corina Yen. *The Man Who Lied to His Laptop: What Machines Teach Us About Human Relationships.* New York: Current, 2010.
- Nass, Clifford Ivar, and Scott Brave. *Wired for Speech: How Voice Activates and Advances the Human-Computer Relationship.* Cambridge, MA: MIT, 2005.
- Notkin, Melanie. *Savvy Auntie: The Ultimate Guide for Cool Aunts, Great-Aunts, Godmothers, and All Women Who Love Kids.* New York: William Morrow, 2011.

- Nowicki, Stephen, Marshall P. Duke, and Amy Van Buren. *Starting Kids Off Right: How to Raise Confident Children Who Can Make Friends and Build Healthy Relationships*. Atlanta: Peachtree, 2008.
- Owen, David. *The First National Bank of Dad: The Best Way to Teach Kids About Money*. New York: Simon & Schuster, 2003.
- Parker-Pope, Tara. *For Better: The Science of a Good Marriage*. New York: Dutton, 2010.
- Pasanella, Marco. *Uncorked: My Journey Through the Crazy World of Wine*. New York: Clarkson Potter, 2012.
- Patterson, Kerry, Joseph Grenny, Al Switzler, and Ron McMillan. *Crucial Conversations*. New York: McGraw-Hill, 2012.
- Perel, Esther. *Mating in Captivity: Unlocking Erotic Intelligence*. New York: Harper, 2007.
- Phelan, Thomas W. *1-2-3 Magic: Effective Discipline for Children 2–12*. Glen Ellyn, IL: ParentMagic, 2003.
- Pink, Daniel H. *Drive: The Surprising Truth About What Motivates Us*. New York: Riverhead, 2009.
- ——. *A Whole New Mind: Why Right-Brainers Will Rule the Future*. New York: Riverhead, 2006.
- Pinker, Steven. *The Language Instinct*. New York: William Morrow, 1994.
- Powers, William. *Hamlet's Blackberry: A Practical Philosophy for Building a Good Life in the Digital Age*. New York: Harper, 2010.
- Pronovost, Peter J., and Eric Vohr. *Safe Patients, Smart Hospitals: How One Doctor's Checklist Can Help Us Change Health Care from the Inside Out*. New York: Hudson Street, 2010.
- Provine, Robert R. *Laughter: A Scientific Investigation*. New York: Viking, 2000.
- Quartz, Steven, and Terrence J. Sejnowski. *Liars, Lovers, and Heroes: What the New Brain Science Reveals About How We Become Who We Are*. New York: William Morrow, 2002.
- Quindlen, Anna. *Living Out Loud*. New York: Random House, 1988.
- Rathje, William L., and Cullen Murphy. *Rubbish!: The Archaeology of Garbage*. New York: HarperCollins, 1992.
- Remen, Rachel Naomi. *Kitchen Table Wisdom: Stories That Heal*. New York: Riverhead, 1996.
- Resh, Evelyn K., and Beverly West. *The Secret Lives of Teen Girls: What Your Mother Wouldn't Talk About But Your Daughter Needs to Know*. Carlsbad, CA: Hay House, 2009.

- Restak, Richard M. *The Naked Brain: How the Emerging Neurosociety Is Changing How We Live, Work, and Love*. New York: Harmony, 2006.
- Ridley, Matt. *The Red Queen: Sex and the Evolution of Human Nature*. New York: Macmillan, 1994.
- Ripken, Cal, and Larry Burke. *The Ripken Way: A Manual for Baseball and Life*. New York: Pocket, 1999.
- Rubin, Gretchen Craft. *The Happiness Project*. New York: HarperCollins, 2010.
- Ryan, Christopher, and Cacilda Jethá. *Sex at Dawn: The Prehistoric Origins of Modern Sexuality*. New York: Harper, 2010.
- Sapolsky, Robert M. *Why Zebras Don't Get Ulcers*. New York: Henry Holt, 2004.
- Sargent, Ted. *The Dance of Molecules: How Nanotechnology Is Changing Our Lives*. New York: Thunder's Mouth, 2006.
- Sawyer, R. Keith. *Explaining Creativity: The Science of Human Innovation*. Oxford: Oxford University Press, 2006.
- Schnarch, David Morris. *Passionate Marriage: Keeping Love and Intimacy Alive in Committed Relationships*. Brunswick, Australia: Scribe Publications, 2012.
- Seligman, Martin E. P. *Flourish: A Visionary New Understanding of Happiness and Well-Being*. New York: Free Press, 2011.
- Sherwood, Ben. *The Survivors Club: The Secrets and Science That Could Save Your Life*. New York: Grand Central Publishing, 2009.
- Siegel, Daniel J., and Tina Payne Bryson. *The Whole-Brain Child: 12 Revolutionary Strategies to Nurture Your Child's Developing Mind*. New York: Delacorte Press, 2011.
- Sommer, Robert. *Personal Space: The Behavioral Basis of Design*. Bristol: Bosko, 2007.
- Soueif, Ahdaf. *The Map of Love*. New York: Anchor, 2000.
- Stiffelman, Susan. *Parenting Without Power Struggles: Raising Joyful, Resilient Kids While Staying Calm, Cool and Connected*. New York: Atria Books, 2012.
- Stone, Douglas, Bruce Patton, and Sheila Heen. *Difficult Conversations: How to Discuss What Matters Most*. New York: Viking, 1999.
- Surowiecki, James. *The Wisdom of Crowds*. New York: Anchor, 2005.
- Szalavitz, Maia, and Bruce Duncan Perry. *Born for Love: Why Empathy Is Essential—and Endangered*. New York: William Morrow, 2010.
- Taffel, Ron. *Childhood Unbound: Saving Our Kids' Best Selves—Confident Parenting in a World of Change*. New York: Free Press, 2009.
- Taffel, Ron, and Melinda Blau. *Parenting By Heart: How to Stay Connected to Your Child in a Disconnected World*. Cambridge, MA: Perseus, 2002.
- Tannen, Deborah. *I Only Say This Because I Love You: Talking to Your Parents,*

Partner, Sibs, and Kids When You're All Adults. New York: Ballantine, 2002.

- Tannen, Deborah, Shari Kendall, and Cynthia Gordon. *Family Talk: Discourse and Identity in Four American Families*. Oxford: Oxford University Press, 2007.
- Taylor, Ella. *Prime-Time Families: Television Culture in Postwar America*. Berkeley: University of California Press, 1989.
- Thaler, Richard H., and Cass R. Sunstein. *Nudge: Improving Decisions About Health, Wealth and Happiness*. London: Penguin, 2009.
- Thompson, Jim. *The Double-Goal Coach: Positive Coaching Tools for Honoring the Game and Developing Winners in Sports and Life*. New York: Harper, 2003.
- ——. *Elevating Your Game: Becoming a Triple-Impact Competitor*. Portola Valley, CA: Balance Sports, 2011.
- ——. *Positive Sports Parenting: How "Second-Goal" Parents Raise Winners in Life Through Sports*. Portola Valley, CA: Balance Sports, 2009.
- Thurman, Robert A. F. *Inner Revolution: Life, Liberty, and the Pursuit of Real Happiness*. New York: Riverhead, 1998.
- Turkle, Sherry. *Alone Together: Why We Expect More from Technology and Less from Each Other*. New York: Basic Books, 2011.
- Underhill, Paco. *Why We Buy: The Science of Shopping*. New York: Simon & Schuster, 2009.
- Ury, William. *The Third Side: Why We Fight and How We Can Stop*. New York: Penguin, 2000.
- Viscott, David S. *Emotional Resilience: Simple Truths for Dealing with the Unfinished Business of Your Past*. New York: Three Rivers Press, 1996.
- Vonnegut, Kurt. *Slapstick*. New York: Delta Trade Paperbacks, 1999.
- Weick, Karl E., and Kathleen M. Sutcliffe. *Managing the Unexpected: Assuring High Performance in an Age of Complexity*. San Francisco: Jossey-Bass, 2001.
- Wolpe, David J. *Teaching Your Children About God: A Modern Jewish Approach*. New York: HarperCollins, 1993.
- Wrangham, Richard W. *Catching Fire: How Cooking Made Us Human*. New York: Basic Books, 2009.
- Wright, Robert. *The Moral Animal: Why We Are the Way We Are: The New Science of Evolutionary Psychology*. New York: Random House, 1994.
- Yalom, Marilyn. *A History of the Wife*. New York: HarperCollins, 2001.

옮긴이 이영아

서강대학교 영어영문학과를 졸업하고 성균관대학교 사회교육원 전문번역가 양성 과정을 이수했다. 현재 전문번역가로 활동하고 있다. 옮긴 책으로 《비커밍 제인 에어》《도둑맞은 인생》《매직 토이숍》《최고의 공부》《느리게 읽기》《소울 비치》 등이 있다.

가족을 고쳐드립니다

1판 1쇄 인쇄 2014년 6월 23일
1판 1쇄 발행 2014년 6월 30일

지은이 브루스 파일러
옮긴이 이영아

발행인 양원석
편집장 송명주
책임편집 김정옥
교정교열 김명재
전산편집 김미선
해외저작권 황지현, 지소연
제작 문태일, 김수진
영업마케팅 김경만, 정재만, 곽희은, 임충진, 장현기, 김민수, 임우열
송기현, 우지연, 정미진, 윤선미, 이선미, 최경민

펴낸 곳 ㈜알에이치코리아
주소 서울시 금천구 가산디지털2로 53, 20층(가산동, 한라시그마밸리)
편집문의 02-6443-8856 **구입문의** 02-6443-8838
홈페이지 http://rhk.co.kr
등록 2004년 1월 15일 제2-3726호

ISBN 978-89-255-5314-6 (03590)